军队"2110工程"三期建设教材

舰船核反应堆运行物理

陈玉清 蔡 琦 编著

国防工业出版社
·北京·

内 容 简 介

本书主要介绍核动力舰船的发展概况、核动力装置的基本组成及工作原理;原子核物理的基本知识、堆芯内核反应的类型及特点、裂变能的来源及释放能量特点;中子在堆芯内从产生到消失过程的能量变化规律和空间移动规律;反应堆达到临界的基本条件,即堆芯几何特性和材料特性的匹配关系,临界时堆芯热源的分布特征;核反应堆功率运行期间,堆芯特性参数变化对反应堆临界特性的影响,船用反应堆常用的反应性控制方法及特点;反应堆偏离临界时,描述堆芯功率变化的动力学方程及求解方法,堆芯功率随时间的变化规律;反应堆物理试验所开展的试验项目、试验方法及安全注意事项等。

本书主要针对舰船核动力堆的结构组成特点,阐述堆芯内中子与物质的相互作用的基本规律、核能稳定释放的基本条件,并特别强调舰船核反应堆运行过程中的物理现象、运行控制方法,是核动力运行人员、维修保障人员、安全管理人员掌握舰船核反应堆物理特性的重要参考书。

图书在版编目(CIP)数据

舰船核反应堆运行物理/陈玉清,蔡琦编著.—北京:
国防工业出版社,2022.2 重印
 ISBN 978-7-118-10389-2

Ⅰ.①舰… Ⅱ.①陈… ②蔡… Ⅲ.①军用船—核动力装置—反应堆物理学 Ⅳ.①U674.7

中国版本图书馆 CIP 数据核字(2016)第 271715 号

※

国防工业出版社出版发行
(北京市海淀区紫竹院南路23号 邮政编码100048)
北京虎彩文化传播有限公司印刷
新华书店经销

*

开本 787×1092 1/16 印张 12¾ 字数 302 千字
2022年2月第1版第2次印刷 **印数** 1801—2600 册 **定价** 65.00 元

(本书如有印装错误,我社负责调换)

国防书店:(010)88540777   发行邮购:(010)88540776
发行传真:(010)88540755   发行业务:(010)88540717

前　言

热中子反应堆是以可控的方式利用中子诱发铀核裂变释放核能的装置,核反应堆物理作为研究反应堆内中子产生、运动、消失过程的一门学科,是研究核能开发应用的基础,相关课程也是核工程专业的基础必修课程。

本书共分9章,第1章主要介绍核动力舰船的发展概况、核动力装置的基本组成及原理;第2章主要介绍原子核物理的基本知识、堆芯内核反应的类型及特点、裂变能的来源及释放能量特点;第3章介绍中子在堆芯内从产生到消失过程的能量变化规律和空间移动规律;第4章主要介绍反应堆达到临界的基本条件,即堆芯几何特性和材料特性的匹配关系、临界时堆芯热源的分布特征;第5、6章主要介绍核反应堆功率运行期间,堆芯特性参数变化对反应堆临界特性的影响、船用反应堆常用的反应性控制方法及特点;第7章主要介绍反应堆偏离临界时,描述堆芯功率变化的动力学方程及求解方法,以及堆芯功率随时间的变化规律;第8章主要介绍舰船核反应堆核设计的基本原则、内容及分析方法;第9章主要介绍反应堆物理试验所开展的试验项目、试验方法及安全注意事项。

本书由陈玉清统稿,第1~3章由蔡琦编写,第4~9章主要由陈玉清编写。全书由于雷教授审校,此外赵新文、郝建立、王晓龙对本书也提出了许多有益的意见,在此对他们表示衷心的感谢。

由于水平有限,经验不足,书中难免存在缺点和错误,恳切地希望读者指正。

作　者
2016年7月

目 录

第1章 绪论 ·· 1
  1.1 核动力潜艇的崛起 ·· 1
  1.2 核动力水面舰艇的发展 ·· 3
  1.3 舰船核动力装置的基本组成 ·· 3
  1.4 压水堆的基本结构 ·· 5
  1.5 核反应堆运行物理的主要研究内容 ·· 6

第2章 原子核物理基础 ··· 7
  2.1 原子核的基本性质 ·· 7
    2.1.1 原子核的组成 ·· 7
    2.1.2 原子核的质量 ·· 8
    2.1.3 核的大小与液滴模型 ··· 8
    2.1.4 核密度及其计算 ··· 9
  2.2 原子核的结合能与比结合能 ·· 10
    2.2.1 质量亏损与结合能 ·· 10
    2.2.2 比结合能 ··· 11
    2.2.3 裂变能和聚变能 ··· 13
  2.3 核衰变与核反应 ··· 13
    2.3.1 放射性衰变 ·· 13
    2.3.2 核衰变的基本规律 ·· 15
    2.3.3 核反应及其遵循的守恒定律 ··· 16
    2.3.4 反应能和阈能 ·· 17
    2.3.5 核反应的机制 ·· 17
  2.4 中子核反应 ·· 19
    2.4.1 产生中子的核反应 ·· 19
    2.4.2 中子引起的核反应 ·· 20
  2.5 核反应截面与核反应率 ·· 24
    2.5.1 中子密度与中子束强度 ·· 24
    2.5.2 微观截面 ··· 24
    2.5.3 宏观截面 ··· 25
    2.5.4 平均自由程 ··· 27
    2.5.5 核反应率 ··· 27

2.5.6　中子通量密度 ······ 28
　　2.5.7　截面随中子能量的变化 ······ 28
　　2.5.8　共振吸收和多谱勒效应 ······ 31
　　2.5.9　平均截面 ······ 32
2.6　核裂变反应 ······ 33
　　2.6.1　核裂变机理及裂变材料 ······ 33
　　2.6.2　裂变产物与裂变中子 ······ 34
　　2.6.3　裂变能量与反应堆功率 ······ 38
　　2.6.4　核反应堆的剩余释热 ······ 40
习题 ······ 41

第3章　中子的慢化与扩散 ······ 43
3.1　链式裂变反应与反应堆临界 ······ 43
　　3.1.1　实现自持链式反应的条件 ······ 43
　　3.1.2　压水堆内的中子循环过程 ······ 45
3.2　中子慢化与慢化能谱 ······ 47
　　3.2.1　中子慢化机理 ······ 47
　　3.2.2　中子的弹性散射过程 ······ 48
　　3.2.3　慢化剂的性质 ······ 53
　　3.2.4　慢化时间与中子年龄 ······ 54
　　3.2.5　反应堆能谱 ······ 55
3.3　单群中子的扩散 ······ 57
　　3.3.1　斐克扩散定律 ······ 57
　　3.3.2　连续性方程 ······ 60
　　3.3.3　扩散方程 ······ 61
　　3.3.4　稳态扩散问题的解 ······ 64
　　3.3.5　扩散长度与徙动长度 ······ 66
　　3.3.6　扩散时间与中子寿命 ······ 69
习题 ······ 70

第4章　均匀反应堆的临界理论 ······ 71
4.1　均匀裸堆的单群扩散理论 ······ 71
　　4.1.1　均匀平板裸堆单群扩散方程的解 ······ 71
　　4.1.2　均匀裸堆的单群临界方程 ······ 74
　　4.1.3　圆柱形均匀裸堆临界方程的解 ······ 75
　　4.1.4　临界方程的应用 ······ 79
4.2　有反射层反应堆的单群扩散理论 ······ 80
　　4.2.1　有反射层平板堆的单群临界方程 ······ 80
　　4.2.2　反射层节省 ······ 83
　　4.2.3　反射层对中子通量密度分布的影响 ······ 84

    4.3 栅格的非均匀效应及处理方法 ·· 85
        4.3.1 栅格的非均匀效应 ··· 86
        4.3.2 栅格的均匀化处理方法 ·· 86
    4.4 中子通量密度分布的不均匀性及展平方法 ······························ 87
    习题 ··· 89

第5章 核反应堆内反应性的变化 ·· 91
    5.1 反应性及其变化影响因素 ··· 91
    5.2 燃耗效应 ·· 93
        5.2.1 运行过程中核燃料的燃耗及转换 ······························ 93
        5.2.2 运行过程中核燃料核密度的变化规律 ························· 94
        5.2.3 反应堆寿期与燃耗深度 ·· 97
    5.3 中毒效应 ·· 98
        5.3.1 毒性与中毒反应性 ··· 98
        5.3.2 氙中毒(^{135}Xe) ··· 99
        5.3.3 钐中毒(^{149}Sm) ··· 109
        5.3.4 非饱和毒物的中毒效应 ·· 112
    5.4 温度效应 ·· 112
        5.4.1 温度效应产生的原因 ··· 112
        5.4.2 温度效应的定量描述 ··· 113
        5.4.3 温度系数对核反应堆运行特性的影响 ························· 116
    习题 ··· 117

第6章 反应性控制 ·· 120
    6.1 反应性控制的任务、原理及方法 ····································· 120
        6.1.1 反应性控制中所用的几个物理量 ······························ 120
        6.1.2 反应性控制的任务 ··· 120
        6.1.3 反应性控制的原理及方法 ····································· 121
    6.2 控制棒控制 ··· 123
        6.2.1 控制棒的价值 ··· 123
        6.2.2 控制棒的干涉效应 ··· 126
        6.2.3 控制棒插入深度对堆芯功率分布的影响 ······················ 126
        6.2.4 船用压水堆控制棒的运行要求 ································ 127
    6.3 可燃毒物控制 ··· 127
        6.3.1 可燃毒物材料 ··· 127
        6.3.2 可燃毒物的布置及对k_{eff}的影响 ································ 128
    习题 ··· 130

第7章 核反应堆中子动力学 ·· 131
    7.1 中子动态学基础 ··· 131
        7.1.1 简单的中子动态学 ··· 131

  7.1.2 缓发中子的作用 ……………………………………………… 132
  7.1.3 缓发中子对控制起作用的物理条件 ………………………… 133
  7.1.4 反应堆周期 …………………………………………………… 134
 7.2 点堆中子动力学方程 ……………………………………………… 135
  7.2.1 点堆动力学方程的导出 ……………………………………… 135
  7.2.2 点堆中子动力学方程的特点及应用范围 …………………… 138
 7.3 阶跃引入反应性时点堆动力学方程的解 ………………………… 139
  7.3.1 倒时方程的导出 ……………………………………………… 139
  7.3.2 倒时方程根的分析 …………………………………………… 140
  7.3.3 例题分析 ……………………………………………………… 141
 7.4 点堆动力学方程的近似解 ………………………………………… 142
  7.4.1 单组缓发中子近似模型 ……………………………………… 142
  7.4.2 常数缓发中子源近似模型 …………………………………… 142
  7.4.3 瞬跳近似 ……………………………………………………… 142
 7.5 有外中子源时稳态与临界问题 …………………………………… 143
  7.5.1 次临界公式 …………………………………………………… 144
  7.5.2 向临界迫近的中子动态学特性 ……………………………… 144
  7.5.3 无限缓慢提棒与下界周期 …………………………………… 145
 7.6 点堆中子动力学方程的数值解 …………………………………… 147
  7.6.1 点堆中子动力学方程的矩阵形式 …………………………… 147
  7.6.2 微分方程的刚性问题 ………………………………………… 148
  7.6.3 点堆方程数值求解中的刚性问题 …………………………… 148
  7.6.4 隐式差分法求解点堆方程 …………………………………… 150
 7.7 多群时空中子动力学方程 ………………………………………… 151
  7.7.1 反应堆时空中子动力学方程的基本形式 …………………… 151
  7.7.2 时—空中子动力学方程的求解 ……………………………… 152
 习题 ……………………………………………………………………… 153

第8章 舰船核反应堆核设计 ………………………………………… 155
 8.1 舰船核反应堆的核设计准则 ……………………………………… 155
  8.1.1 堆芯燃耗要求 ………………………………………………… 155
  8.1.2 功率分布控制要求 …………………………………………… 155
  8.1.3 堆芯反应性控制 ……………………………………………… 155
  8.1.4 反应性系数 …………………………………………………… 156
  8.1.5 核设计可信度要求 …………………………………………… 156
 8.2 舰船核反应堆设计分析概述 ……………………………………… 156
  8.2.1 核数据库 ……………………………………………………… 156
  8.2.2 燃料组件均匀化计算 ………………………………………… 157
  8.2.3 堆芯临界燃耗分析 …………………………………………… 157

  8.2.4 分析结果的验证 ……………………………………………………… 158
 习题 ……………………………………………………………………………… 158

第9章 核反应堆物理试验 ………………………………………………… 159
 9.1 概述 …………………………………………………………………………… 159
 9.2 外推法测量反应堆临界参数 ………………………………………………… 160
  9.2.1 外加中子源源强的估算方法 ……………………………………… 160
  9.2.2 外推法测量临界参数的基本原理 ………………………………… 161
  9.2.3 外推临界安全的具体措施 ………………………………………… 164
 9.3 堆芯中子通量密度的测量 …………………………………………………… 164
  9.3.1 活化探测器 ………………………………………………………… 165
  9.3.2 自给能探测器 ……………………………………………………… 168
 9.4 堆芯反应性的测量 …………………………………………………………… 170
  9.4.1 周期法测量反应性 ………………………………………………… 170
  9.4.2 动态跟踪法测量反应性 …………………………………………… 171
  9.4.3 落棒法测量反应性 ………………………………………………… 172
 习题 ……………………………………………………………………………… 175

附录 1 核常数表及转换因子表 ……………………………………………… 176
附录 2 核素基本参数及微观截面 …………………………………………… 177
附录 3 贝塞尔函数 ……………………………………………………………… 191
附录 4 反应性-周期 $(\rho \sim T_0)$ 关系表 ………………………………………… 193
参考文献 ……………………………………………………………………………… 194

第1章 绪　　论

铀原子核的裂变现象被发现后不久,科学家就预言,核能将是最理想的潜艇动力源。1954年,美国第一艘核潜艇"鹦鹉螺"号问世,揭开了舰艇核动力推进的序幕,同时为潜艇水下持续隐蔽航行开拓了广阔的前景。这是20世纪中叶造船史上的一次革命,核动力舰船得到了快速的发展。本章将简要介绍核动力舰船的发展情况、舰船核动力装置的基本组成和舰船用压水堆的基本结构。

1.1　核动力潜艇的崛起

核动力潜艇经过半个世纪的发展,无论在战略地位上,还是在技术发展水平上,都已成为强国海军最重要的兵力之一,在政治、军事、外交等方面发挥了其他武器平台难以取代的作用。现代核潜艇集高新技术于一身,采用了大量的先进技术,隐蔽性好,续航力大,潜航时间长,水下航速高、攻击力强,是海军武器装备库中的尖端装备;特别是反应堆与战略核武器"两核联手"的弹道导弹核潜艇,更是以强大的威慑力巩固着一个国家的战略地位。为了把国家战略核力量建立在切实可靠的基础上,无论是美国、俄罗斯这样的核大国,还是英国、法国这样的中等核国家,都无一例外地把弹道导弹核潜艇作为国家战略兵力的发展重点,弹道导弹核潜艇已成为陆上、空中和水下"三位一体"战略核打击力量的中坚。由于世界战略核武器加快向海洋转移,使得海军的打击范围突破了海洋和海岸,而延伸到陆上纵深腹地。核潜艇成为无所不至的武器隐形发射平台。

半个多世纪来,美国、苏联/俄罗斯、英国和法国相继研制了500余艘核潜艇,目前国外在役约140余艘。其中,弹道导弹核潜艇约38艘,巡航导弹核潜艇约11艘,攻击型核潜艇90余艘。

(一) 弹道导弹核潜艇

弹道导弹核潜艇是核大国海军兵力的重要组成部分,与陆基洲际导弹和战略轰炸机组成"三位一体"的战略核威慑力量。与陆基洲际导弹和战略轰炸机相比,弹道导弹核潜艇还具有以下优点:

1. 隐身性能好

弹道导弹核潜艇可以长期在水下航行、机动或发动攻击,隐蔽性好。近年来又广泛采用了降噪措施,使辐射噪声低于海洋本身噪声;同时又采取了各种隐身措施,增大下潜深度至500m,并拥有迷惑或欺骗敌方探测的各种手段,生存概率在90%以上,比陆基导弹固定发射井高10倍以上,比陆基机动战略武器高1倍以上。

2. 机动能力强

弹道导弹核潜艇可以长期在水下连续高速潜航。可以在本国海域游弋,又可滞留在北极庇护所,也可在各大洋巡逻,活动范围很大,且能有效地规避或自卫,使反潜兵力很难进行侦察和搜索,需要发动战略进攻时,则能迅速到达指定海域,攻防能力兼备。

3. 突袭威力大

弹道导弹核潜艇装备的导弹射程最大可达上万千米,一个分弹头的威力就达几十万吨TNT当量,攻击命中率很高(圆概率偏差小于百米)。一旦发生核大战,即使本土陆基战略核力量被全部摧毁,只要有一艘弹道导弹核潜艇,也能对敌方构成严重威胁,从而影响或改变战争的战略格局。

弹道导弹核潜艇在现代战争中负有重要的战略使命,不仅可以打击敌方大片纵深国土上的城市、工业区、机场、港口、运输枢纽和兵力集结地等软目标,而且还能够打击陆上导弹发射井等硬目标。

自20世纪50年代末期以来,美国、苏联/俄罗斯、英国和法国等大国都拥有弹道导弹核潜艇,共建造了近180艘。相比于美国和俄罗斯建立了生存能力强、攻防兼备、核常并容、足够有效的"三位一体"战略核力量,英国和法国出于战略威慑的不同需要,尤其是从本国综合实力和地理条件因素考虑,英国把100%的战略核力量放到了水下,也就是所有的弹道导弹都被安置到战略核潜艇上,而法国海基核力量也承担90%以上的核威慑和核反击任务。

(二) 攻击型核潜艇

攻击型核潜艇是以鱼雷和战术导弹为进攻性武器的核潜艇,是现代造船、核技术、导弹和电子技术相结合的海军装备。其具有下列突出特点:

1. 隐蔽性好

由于采用了核动力,不必像常规潜艇那样浮出水面充电,因此不易暴露,可以长期连续地在水下航行。由于采用各种降噪措施,辐射噪声低,目前已低于海洋背景噪声,下潜深度可达500m,再加上非声隐身措施,具有良好的隐身性,潜航时的生存概率达90%以上。

2. 高速机动,活动范围大,续航力长,攻防能力兼备

先进的攻击型核潜艇装备了大功率长寿命高性能反应堆,一次装料可运行30年,续航力达100万海里以上,最高航速可达30多节,活动范围可遍布各大洋,可远隔重洋快速奔赴战区,可在水下大深度远距离潜航,反潜兵力很难侦察和搜索,其反而会成为攻击型核潜艇跟踪和攻击的目标。

3. 探测能力强

现代攻击型核潜艇装备多种先进探测设备,具有先敌发现目标的能力。艇上装备了先进的声纳设备,数量众多,远程警戒距离可达100海里以外。

4. 攻击力强

攻击型核潜艇装备了6~8具鱼雷发射管,有的还装备了导弹垂直发射筒,可装载鱼雷、反舰导弹、反潜导弹、远程对陆攻击巡航导弹、防空导弹、水雷等多种先进武器。

50多年来,美国、苏联/俄罗斯、英国和法国等西方国家建造了270多艘攻击型核潜艇。冷战结束后,在役的攻击型核潜艇数量有所减少,维持在当前的规模。

（三）巡航导弹核潜艇

巡航导弹核潜艇曾是苏联特有的一种核潜艇。主要作战使命是用反舰导弹攻击航母编队，保卫本国领土不受严重威胁。

苏联/俄罗斯自20世纪60年代以来，在导弹、核武器、潜艇推进和电子技术方面都取得了重大进展，建造了大量巡航导弹核潜艇作为反航母作战的核心力量之一。先后发展了5型65艘巡航导弹核潜艇，目前只有约8艘"奥斯卡"-Ⅱ型巡航导弹核潜艇在役（2000年8月27日，沉没在巴伦支海的库尔斯克号就是该型核潜艇）。"奥斯卡"级核潜艇采用了俄罗斯当时最新的核潜艇技术，可作为先进型核潜艇的代表，其主要任务是在靠近俄罗斯的海域用导弹攻击敌方航母编队，也可与远程海上轰炸机和水面舰艇协同作战对其实施饱和攻击；此外，也可承担巡逻、侦查、搜集情报、布雷等多种作战任务。

该级潜艇装备24枚SS-N-19型反舰导弹（射程550km）和大量鱼雷，可连续两次对水面舰艇发动攻击，攻击力强，结构独特，生命力强，居住性好；辐射噪声低，隐身性好；采用双反应堆推进，功率大，航速高，机动能力好。缺点是作战使命单一，救生能力不足。鉴于现代核潜艇普遍装备反舰导弹执行反舰使命，因此，俄罗斯研制了攻击型与巡航导弹型相结合的"亚森"级核潜艇，该型首艇于2014年正式服役。

由于对陆攻击巡航导弹在近年来现代化战争中的突出表现，2002年10月，美国海军将"俄亥俄"级弹道导弹核潜艇的前4艘改装成巡航导弹核潜艇，原24个弹道导弹发射管中的22管用来装巡航导弹，每管7枚共154枚，同时稍做改进，还具有发射无人机和无人潜航器的能力，另2管在特种作战时用以连接海豹人员输送艇和一个干式甲板舱，海豹输送艇每次可搭载9人，潜艇可运送66名特种作战人员以执行侦察、渗透、偷袭、解救人质等行动。

1.2 核动力水面舰艇的发展

核动力的优越性能鼓励各国在发展核动力潜艇的同时，也积极开展核动力水面舰艇的研制。目前，世界上已有近10万吨级的核动力航空母舰、核动力导弹巡洋舰和核动力导弹驱逐舰在大洋游弋。与常规动力水面舰艇相比，核动力水面舰艇具有更广的战术机动性能和独立的活动能力，能长时间高速航行。例如，1964年，美国的核动力航空母舰"企业"号、核动力导弹巡洋舰"长滩"号和核动力导弹驱逐舰"班布里奇"号在没有后勤支援的情况下，环球航行了3万海里。又如1971年，核动力导弹巡洋舰"特鲁克斯顿"号以平均28节的航速两次横越印度洋，航行8600海里，当时成为水面舰艇历史上航程最远的一次高速航行。

1.3 舰船核动力装置的基本组成

目前，世界上核动力舰船普遍采用的是压水堆核动力装置，其通常由反应堆及一回路系统、二回路系统及轴系、综合控制系统、电力系统及辐射防护系统等组成。

（1）反应堆及一回路系统主要包括主冷却剂系统、保障主冷却剂系统运行的辅助系统（压力安全系统、净化系统、补水系统），确保堆芯安全的专设安全系统（余热排出系统、安全注射系统）等十几个子系统。

（2）二回路系统又称为蒸汽供应系统，主要包括蒸汽系统、蒸汽安全排放系统、凝给水系统等二十余个子系统。

（3）综合控制系统主要包括反应堆控制、测量、运行支持、管理分系统，反应堆及一回路仪表控制分系统，二回路过程监控分系统，轴系测量控制分系统等。

（4）电力系统主要包括正常供电系统、应急供电系统、电气综合监控系统、辅机电气传动控制系统。

（5）辐射防护系统包括辐射防护设施和辐射监测系统两部分，辐射防护设施主要包括屏蔽、通风及净化、堆舱负压及应急排风系统；辐射监测系统以固定式连续监测为主，在舱室有代表性或存在潜在辐射危险的部位设置中子、γ和气载放射性物质的监测点，异常情况可发出报警信号，以控制舱室环境的辐射水平。

反应堆堆芯核燃料裂变产生的热量，由一回路系统主冷却剂（水）的循环流动过程带出堆芯，并通过蒸汽发生器传给二回路水，主冷却剂由主泵驱动返回堆芯，不断循环冷却反应堆，如图1.1所示。舰船核动力装置一回路系统一般是由几条完全相同的、对称并联在反应堆压力容器接管上的密闭环路组成。其中每一条环路都包含蒸汽发生器，反应堆冷却剂泵，反应堆进、出口接管处的各一只冷却剂隔离阀和连接这些设备的主回路冷却剂管道。为了维持反应堆安全可靠地工作，一回路系统还包括一些必须设置的辅助系统。

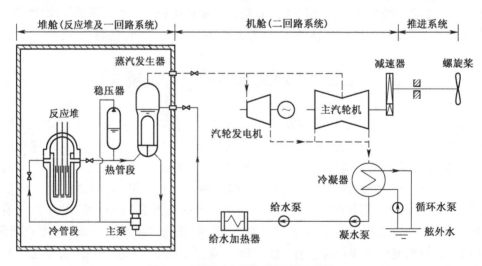

图1.1 舰船核动力装置原理示意图

二回路水在蒸汽发生器（二次侧）中被一回路高温高压水加热成蒸汽，一部分蒸汽驱动主汽轮机旋转，通过齿轮减速箱和轴系带动螺旋桨，推动舰船前进；另一部分蒸汽推动主汽轮发电机旋转发电，提供全船所需的电力。二回路给水泵将各部分蒸汽冷凝水重新打回到蒸汽发生器，形成汽—水循环，同时也完成热能到机械能和电能的转换。

1.4 压水堆的基本结构

各种类型的动力反应堆中,压水堆由于具有结构紧凑、体积小、功率密度高、平均燃耗较深,放射性裂变产物不易外逸,良好的功率自稳自调特性、比较安全可靠等优点,获得了广泛的应用。舰船压水堆与核电厂压水堆本体结构基本类似,图 1.2 给出了典型核电厂压水堆堆芯的基本结构,其主要组成包括:

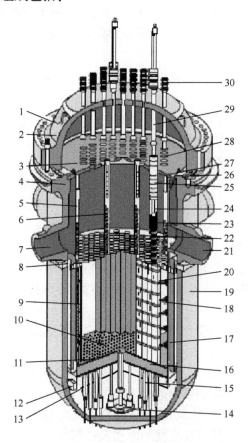

图 1.2 压水堆的结构图

1—吊装耳环;2—封头;3—上支撑板;4—内部支撑凸缘;5—堆芯吊篮;
6—上支撑柱;7—进口接管;8—堆芯上栅格板;9—围板;10—进出孔;11—堆芯下栅格板;
12—径向支撑件;13—底部支撑板;14—仪表管;15—堆芯支撑柱;16—流量混合板;17—热屏蔽;
18—燃料组件;19—压力容器;20—围板径向支撑;21—出口接管;22—控制棒束;23—控制棒驱动杆;
24—控制棒导向管;25—定位销;26—夹紧弹簧;27—控制棒套管;28—隔热套筒;
29—仪表引线管;30—控制棒驱动机构。

(1) 燃料组件。燃料组件是反应堆活性区的核心部件,提供全寿期足够的核裂变反应材料,由燃料芯块、燃料包壳(锆合金)、结构件等组成。

(2) 控制棒及其驱动机构。控制棒由强中子吸收材料(如铪、碳化硼、银—铟—镉)制成,通过驱动机构在堆内上下移动,控制反应堆内用于核裂变反应的中子数量,从而控制反应堆功率。

(3) 主冷却剂。压水堆用水作为冷却剂,将堆芯核反应产生的热量带出;同时水又是慢化剂,用来降低裂变生成的中子动能,使之更容易与铀-235发生裂变反应。

(4) 吊篮。用于安放燃料组件、控制棒、中子源等部件。

(5) 反应堆压力容器。压力容器内部安装堆芯组件,顶盖上安装控制棒驱动机构;与一回路系统共同形成密封空间。

(6) 反应堆屏蔽。为了防止反应堆产生 α、β、γ 及中子对运行人员、设备的辐射损伤,堆芯压力容器外周围设置了屏蔽水箱、铅和聚乙烯等屏蔽体。

1.5　核反应堆运行物理的主要研究内容

根据前面所述,人们设计和运行动力反应堆的主要目标包括:
(1) 反应堆必须能够释热并能维持在所需要功率水平。
(2) 反应堆功率必须能够按需要进行调节与控制。
(3) 必须在确保安全的条件下把堆芯产生的热量不断输送出去。

反应堆运行物理课程主要研究前两个目标,并阐述了实现这两个目标的方法与措施;后一个目标主要由反应堆热工水力学课程研究。为研究反应堆堆芯的热源特征,需要详细分析堆芯内中子与物质核的相互作用,因此,本书主要内容有:

(1) 原子核物理基础,主要介绍原子核的基本特性,核能的来源及开发途径,核与核的转换途径,产生中子的方法,中子与核相互作用的类型、特点及定量描述方法,中子诱发重核的裂变反应等。

(2) 中子的慢化与扩散,主要介绍中子在堆芯内从产生到消失过程的能量变化规律和空间移动规律。

(3) 均匀反应堆的临界理论,主要介绍反应堆达到临界的基本条件,即堆芯几何特性和材料特性的匹配关系,临界时堆芯热源的分布特征。

(4) 核反应堆内反应性的变化及控制,主要介绍反应堆功率运行期间,堆芯特性参数变化对反应堆临界特性的影响、控制反应性的方法及控制特性。

(5) 反应堆中子动力学,主要介绍反应堆偏离临界时,堆芯功率随时间的变化规律。

(6) 反应堆物理试验,主要介绍反应堆新堆投入运行前、运行一定时间或经过长时间维修后重新启堆时,为实测堆芯物理特性所开展的试验项目、试验方法及安全注意事项。

第 2 章 原子核物理基础

设计核反应堆的目的,是利用堆内大量中子与核燃料、慢化剂、结构材料、控制材料及裂变产物等物质核发生各种类型的相互作用,确保稳定、可靠地释放核能。因此,在讨论核反应堆内发生的各种物理过程之前,有必要对有关原子核的基础物理知识作一介绍。

2.1 原子核的基本性质

原子核的基本性质通常是指原子核作为整体所具有的静态性质,这些性质和原子核结构及其变化有密切的关系。本节只对与本课程有关的内容加以讨论,其他性质从略;最后介绍核密度的计算,供以后各章节采用。

2.1.1 原子核的组成

原子核由质子和中子组成。质子和中子统称为核子。质子(用 p 表示)带正电,中子(用 n 表示)不带电。因此,核子有两种状态:带电态,就是质子;不带电态,就是中子。

质子就是氢核,它所带的电荷等于基本电荷,即电子电荷的绝对值:

$$e = 1.602176 \times 10^{-19} \text{C}$$

实验表明,质子和中子的质量分别为

$$m_\mathrm{p} = 1.67262 \times 10^{-27} \text{kg} = 938.2716 \text{MeV} \cdot \text{C}^{-2} \tag{2.1}$$

$$m_\mathrm{n} = 1.674927 \times 10^{-27} \text{kg} = 939.5654 \text{MeV} \cdot \text{C}^{-2} \tag{2.2}$$

自由的质子是稳定的,自然界中质子可以长期存在,在星际空间存在着很多自由质子。

中子是不稳定的,除非将它束缚在原子核内。自由中子将衰变为质子和负电子 β^-,并放出一个反中微子 $\bar{\nu}$:

$$n \rightarrow p + \beta^- + \bar{\nu} \tag{2.3}$$

发生这一过程的平均时间约为 (896 ± 10) s,所以自然界中见不到自由中子。在反应堆内燃料核裂变所放出的中子,从产生到被吸收或泄漏出堆外的平均寿命,对热中子反应堆大约为 10^{-3}s~10^{-4}s 量级,对快中子反应堆则只有 10^{-6}s~10^{-7}s 量级。可见,中子的不稳定性在反应堆物理分析中并不重要。在讨论中子扩散、慢化、吸收或增殖等所有过程中,可以不考虑中子的衰变问题。微观粒子都具有二重性,有时表现为单个粒子,有时又表现为波,在堆芯物理特性研究中主要考虑是中子的粒子性。

具有相同质子数 Z 和中子数 N 的一类原子核,称为一种核素。核素用符号 $^A_Z X$ 或 $^A X$ 表示。其中 X 是元素符号;Z 称为电荷数,也就是该元素的原子序数;$A = Z + N$ 称为质量数,也就是核的核子总数。

质子数相同、中子数不同的核素称为同位素。例如$^{235}_{92}$U 和$^{238}_{92}$U 就是铀的两种同位素,它们在天然铀中所占原子百分比(称为丰度)分别为 0.72%和 99.27%。同位素间核反应特性差异很大,研究核反应时需要详细区分不同的同位素。

2.1.2 原子核的质量

当忽略核外电子的结合能时,原子核的质量等于该元素的原子质量减去该原子的外层电子的质量,即

$$m = m_A - Zm_e \quad (2.4)$$

式中:m_A 为原子的质量,m_e 为电子的质量,Z 为电荷数。m_A = 原子的原子量×原子质量单位。

电子的质量是很微小的,实验表明

$$m_e = 9.109382 \times 10^{-31} \text{kg} = 0.51100 \text{MeV} \cdot \text{C}^{-2}$$

在 1960 年以前,原子质量单位采用的是氧单位,记作 amu(atomic ass unit 的缩写)。1amu 定义为^{16}O 原子质量的 1/16。从 1960 年 1 月 1 日起,国际物理学会议规定,原子质量单位采用碳单位,记作 u(unit 的缩写。1u 定义为^{12}C 原子质量的 1/12。碳单位和氧单位的换算关系如下:

$$1u = 1.000318\text{amu} = 1.66053873 \times 10^{-27} \text{kg} = 931.4940 \text{MeV} \cdot \text{C}^{-2}$$

当用 u 作单位时,质子、中子和电子的质量分别为

$$m_p = 1.007276u$$
$$m_n = 1.008665u$$
$$m_e = 5.4858 \times 10^{-4}u$$

由于核外电子的质量较原子核的质量小得多,同时对于原子核的变化过程,变化前后核的电子数目不变,电子质量可以自动相消。在实际计算核转换过程的质量变化时,不必推算原子核的质量,近似利用原子的质量变化即可。而任何元素的原子质量,以 u 为单位时都接近于某一整数,这个整数就是质量数 A,即

$$m \approx m_A \approx A \quad (\text{u})$$

2.1.3 核的大小与液滴模型

根据核内电荷分布的实验,可以推知稳定的原子核的形状一般为近似椭球形,椭球长短轴之比一般不大于 5/4,所以也可以把它近似地看作球形。若把原子核近似看作一个半径为 R 的球,R 为原子核的等效半径,A 为质量数,二者满足如下关系:

$$R = r_0 A^{1/3} \quad (2.5)$$

式中:r_0 为一常数,实验研究表明 $r_0 \approx (1.4 \sim 1.5) \times 10^{-15}$ m。

按照式(2.5)算出的原子核的半径虽然不十分严格,但对许多计算来说,精度已足够了。由于原子的半径约为 10^{-10} m 量级,这表明原子核的线度要比原子小 5 个量级左右。

根据式(2.5)可以计算球形核的体积,即

$$V = \frac{4}{3}\pi R^3 = \frac{4}{3}\pi r_0^3 A \tag{2.6}$$

式(2.6)表明,球形核的体积 V 与质量数 A 成正比。因为原子核的质量也近似地与质量数成正比。由此可以得到一个非常重要的结论:在一切原子核中,核物质的密度是一个常数。这使人们感到由核子组成的原子核和由分子组成的液滴非常类似。据此,核物理学家提出了原子核的"液滴模型"假设。即认为原子核类似于一个具有极大密度(约 10^{17} kg/m³)的不可压缩的液滴。利用液滴模型,可以较好地解释有关原子核的一些现象,例如核裂变反应机理以及核反应能量问题。

2.1.4 核密度及其计算

核密度是指单位体积内所含的原子核数目,常用符号 N 表示。在国际单位制(简称 SI 制)中,其单位为 m⁻³,其值表征了单位体积内原子核数目的多少,将用于计算单位体积内发生核反应次数。注意核密度与核物质密度这两个截然不同的概念,切勿混淆。

由于每个原子中只有一个原子核,所以核密度的计算可以归结为原子密度(单位体积内的原子数目)的计算。下面分三种情况介绍核密度(原子密度)的计算方法。

1. 单质核密度的计算

物质的分子仅由同种原子组成时,把这种物质称为单质物质,设其原子的原子量为 A,则 A 克这种物质含有 1mol 的原子。任何物质每摩尔的原子数目为 N_A,N_A 称为阿伏伽德罗常数,其值为:

$$N_A = 6.022142 \times 10^{23} \text{mol}^{-1}$$

因此,每克这种物质中含有的原子数目为 N_A/A,每千克中含有原子 $10^3 N_A/A$ 个。设该物质的密度为 ρ(kg/m³),则 $10^3 \rho N_A/A$ 就是每立方米内含有的原子数目,于是得单质核密度的计算公式如下:

$$N = 10^3 \rho N_A / A \quad (\text{m}^{-3}) \tag{2.7}$$

2. 化合物核密度的计算

物质的分子若由不同种原子组成时,这种物质称为化合物。在化合物的分子中,每种元素的原子都有确定的数目。设化合物的分子量为 M,则 M 克这种化合物含有 1mol 的分子,即 N_A 个分子。设化合物的密度为 ρ(kg/m³),每个化合物分子中第 i 种原子的数目为 ν_i,则第 i 种原子核的核密度可表示为:

$$N = 10^3 \rho N_A \nu_i / M \quad (\text{m}^{-3}) \tag{2.8}$$

3. 混合物核密度的计算

两种或多种物质混合在一起所形成的物质称为混合物。设混合物由 n 种原子组成,其平均密度为 $\bar{\rho}$(kg/m³),第 i 种原子的原子量为 A_i,通常混合物的组成有两种给定方式,其核密度的计算方法分别介绍如下:

1) 已知质量百分比

设已知第 i 种原子的质量百分比为 γ_i,则它的质量密度为 $\bar{\rho}\gamma_i$(kg/m³),于是第 i 种原子核的核密度为:

$$N = 10^3 \bar{\rho} N_A \gamma_i / A_i \quad (\text{m}^{-3}) \tag{2.9}$$

2) 已知原子百分比

设已知第 i 种原子的原子百分比为 ω_i，则混合物的平均原子量为 $\bar{A} = \sum_{i=1}^{n} \omega_i A_i$，于是第 i 种原子核的核密度为：

$$N = 10^3 \bar{\rho} N_A \omega_i / \bar{A} \quad (\text{m}^{-3}) \tag{2.10}$$

以上两公式可广泛用于元素中含有多种同位素的情况。由式(2.9)和式(2.10)还可导出，两种组成百分比的相互转换公式如下：

$$\gamma_i = \omega_i A_i \left(\sum_{i=1}^{n} \omega_i A_i \right)^{-1} \tag{2.11}$$

$$\omega_i = \frac{\gamma_i}{A_i} \left(\sum_{i=1}^{n} \frac{\gamma_i}{A_i} \right)^{-1} \tag{2.12}$$

2.2 原子核的结合能与比结合能

原子核紧紧地结合在一起，要想把原子核分成自由的核子，则需要做功，反之，自由核子结合成原子核时将放出同样的能量，这部分能量称为原子核的结合能，原子核的结合能是开发利用核能的源泉。本节将对原子核结合能的来源、比结合能特性曲线及利用核能的途径等问题加以讨论。

2.2.1 质量亏损与结合能

研究表明，所有原子核的质量都略小于组成它的各单个核子质量之和，这种质量的差异称为"质量亏损"。以 m 表示原子核的质量，Δm 表示质量亏损，则有：

$$\Delta m = Z m_p + (A - Z) m_n - m \tag{2.13}$$

现在将式(2.13)作如下变换：

$$\Delta m = Z(m_p + m_e) + (A - Z) m_n - (m + Z m_e)$$

因为 $m_p + m_e$ 近似等于中性氢原子的质量 m_H，$m + Z m_e$ 近似等于所讨论的中性原子质量 m_A，所以上式可改写如下：

$$\Delta m \approx Z m_H + (A - Z) m_n - m_A \tag{2.14}$$

由于电子结合能的差异，式(2.13)和式(2.14)不完全等同，在大多数情况下，这一点并不重要。

根据狭义相对论著名的质能关系式(质量—能量关系定律)：

$$E = mc^2 \tag{2.15}$$

式中：E 为物体的总能量；c 为真空中的光速，$c = 2.99792458 \times 10^8$ m/s。

式(2.15)说明了质量和能量是不可分割的，深刻地反映着物质及其运动的不可分割性。同时，物体的能量若有任何改变 ΔE，则将引起物体质量的改变 Δm，而且

$$\Delta E = \Delta m c^2 \tag{2.16}$$

对一个体系来说，式(2.16)仍然成立。体系有质量的变化就一定有能量的变化，反之

亦然,其联系由式(2.16)给出。这就是原子核结合能的来源,结合能常用符号 E_B(binding energy)表示。

为后续分析计算的方便,下面推算一些常用质量、能量间的换算关系:

对应于 1g 质量的能量是

$$E = 10^{-3} \times (2.99792458 \times 10^8)^2$$
$$= 8.98755179 \times 10^{13} \text{J}$$

对应于 1u 质量的能量是

$$E = 1.6605387 \times 10^{-27} \times (2.99792458 \times 10^8)^2$$
$$= 1.4924118 \times 10^{-10} \text{J}$$

在物理学中,常用电子伏特(eV)及其十进倍数作为能量单位。1eV 是一个电子在真空中通过 1V 电位差所获得的动能。

$$1\text{eV} = 1.602176 \times 10^{-19} \text{J}$$
$$1\text{keV} = 1.602176 \times 10^{-16} \text{J}$$
$$1\text{MeV} = 1.602176 \times 10^{-13} \text{J}$$

对应于 1u 质量的能量以 MeV 表示是

$$E = \frac{1.492418 \times 10^{-10}}{1.602176 \times 10^{-13}}$$
$$= 931.5016 \text{MeV}$$

通常将上述关系表示为:

$$1\text{u} = 931.494 \text{MeV/C}^2$$

现在回到关于结合能的讨论上。将 A 个单独的核子结合成原子核时,产生"质量亏损" Δm,必然有能量的释放 $\Delta E = E_B$。由式(2.16)得:

$$E_B = \Delta m c^2 \tag{2.17}$$

式中,Δm 按式(2.13)或式(2.14)计算。按我国法定计算单位,Δm 以 kg 为单位,E_B 以 J 为单位。而在实际应用中,Δm 通常以 u 为单位,E_B 则以 MeV 为单位。现将式(2.17)分别改写如下:

$$E_B(\text{J}) \approx 8.988 \times 10^{16} \times \Delta m \quad (\text{kg}) \tag{2.17a}$$
$$E_B(\text{MeV}) \approx 931.5 \times \Delta m \quad (\text{u}) \tag{2.17b}$$

2.2.2 比结合能

不同核素的结合能差别很大,一般把 $A < 25$ 的核称为轻核,$25 \leq A \leq 150$ 的核称为中等核,$A \geq 150$ 的核称为重核;核子数 A 越大的原子核,结合能 E_B 一般也越大。原子核的结合能与核子数之比,称为"比结合能",也就是每个核子的平均结合能,用符号 E_B/A 表示它,简记为 ε。

$$\varepsilon = E_B/A \tag{2.18}$$

ε 的 SI 制单位为 J,而其常用单位为 MeV。比结合能表示若把原子核拆成自由核子,平均对于每个核子所要做的功。因此,比结合能 ε 的大小标志着原子核结合的松紧程度,ε 越大的原子核结合得越紧,也就比较稳定;ε 越小的原子核结合得越松,也就比较容易被分裂。

表 2.1 列举了一些原子核的结合能与比结合能的数值。

表 2.1 一些核素的结合能与比结合能

核素	E_B/MeV	ε/MeV	核素	E_B/MeV	ε/MeV
^2_1H	2.22	1.11	$^{16}_8O$	127.62	7.98
^3_2He	7.72	2.57	$^{19}_9F$	147.80	7.78
^4_2He	28.30	7.07	$^{20}_{10}Ne$	160.65	8.03
^6_3Li	31.99	5.33	$^{23}_{11}Na$	186.57	8.11
^7_3Li	39.24	5.61	$^{24}_{12}Mg$	198.26	8.26
^9_4Be	58.17	6.46	$^{40}_{20}Ca$	342.06	8.55
$^{10}_5B$	64.75	6.48	$^{56}_{26}Fe$	492.28	8.79
$^{11}_5B$	76.21	6.93	$^{63}_{29}Cu$	551.40	8.75
$^{12}_6C$	92.16	7.68	$^{107}_{47}Ag$	915.30	8.55
$^{13}_6C$	97.11	7.47	$^{120}_{50}Sn$	1020.57	8.50
$^{14}_7N$	104.66	7.48	$^{235}_{92}U$	1783.92	7.59
$^{15}_7N$	115.49	7.70	$^{238}_{92}U$	1801.68	7.57

根据试验和计算结果,将不同原子核的比结合能与对应的核子数用一曲线表示出来,称为比结合能曲线,如图 2.1 所示。

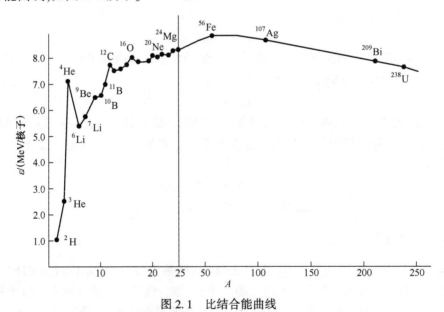

图 2.1 比结合能曲线

由图 2.1 可知,只有轻核和重核的比结合能较小。轻核的比结合能出现了周期性的涨落,在 ^4_2He,^8_4Be,$^{12}_6C$,$^{16}_8O$ 处达到一些极大值。在 $A \approx 60$ 以前,比结合能随 A 增加而增加;在 $A \approx 60$ 以后,比结合能随 A 增加而平滑地下降。因为中等核比结合能较大,所以这些核最稳定。比结合能曲线的这一特性,为如何利用核能做了重要的启示(注意图中 $A=25$ 处标尺的改变)。

2.2.3 裂变能和聚变能

关于核能的利用问题,当然最好是把自由状态的质子和中子结合成中等质量的核,这样放出的结合能最多。但是,中子不能以自由状态存在,要获得中子,需消耗大量的能量。因而,从自然界中存在的原子核来考虑,利用原子核的结合能,唯有使重核分裂或使轻核聚变。

重核的裂变:以一个铀核$_{92}^{235}$U分裂为两个中等质量的核为例。因为$_{92}^{235}$U核的比结合能为7.59MeV,而$A=117$和118的中等质量核的比结合能约为8.51MeV。因此要将$_{92}^{235}$U核分成92个质子和143个中子需要能量$7.59\times235\approx1784$MeV;而组成两个$A=117$和118的中等质量核时,可求出$8.51\times235\approx2000$MeV的结合能。所以^{235}U核分裂成两个质量大致相等的中等核时,可以净放出$2000-1784=216$MeV的结合能。这个过程称为核裂变反应,它是原子弹和核裂变堆中能量的来源。但实际上^{235}U自发裂变的概率极小,为使有大量裂变反应发生,必须先给^{235}U提供一定的能量以构成一定的裂变条件,例如用中子轰击就可以达到这个目的,这种裂变称为诱发裂变。

轻核的聚变:以两个氘核$_1^2$H聚合成一个氦核$_2^4$He为例。因为$_1^2$H核的比结合能为1.11MeV,$_2^4$He核的比结合能为7.07MeV。因此将两个氘核分离为两个质子和两个中子,需要能量$1.11\times4=4.44$MeV;而聚合成氦核时,可放出$7.07\times4=28.28$MeV的能量。所以将两个氘核聚合成一个氦核时,可以放出$28.28-4.44=23.84$ MeV的结合能。这个过程称为核聚变,它使氢弹释放巨大的能量,同时使未来实现热核动力能源成为可能。当然,要实现这类聚变反应,必须先对系统提供一定的能量。例如提高系统的温度使其高达几百万摄氏度以上,以增加轻核的动能使之产生聚变反应,这就是热核反应。氢弹要用原子弹引爆就是这个道理。

比较以上两例可以看出:对于裂变能平均每个核子释放的能量约为$216/235\approx0.9$MeV;而对于聚变能平均每个核子释放的能量约为$23.84/4\approx6$MeV。所以同样重量的物质参与核反应时,聚变反应放出的能量要比裂变反应大得多。这正是受控热核反应特别令人关注的一个重要原因。现在人们已经知道,在宇宙中能量的主要来源就是原子核的聚变,太阳和宇宙中的其他大量恒星,能长时间地发光发热,都是由于轻核聚变的结果。

2.3 核衰变与核反应

一种核转变为另一种新核共有两种途径:①核衰变;②核反应。这两种物理过程在核反应堆内是大量发生的,因而是核反应堆理论研究的基本问题。本节将对这两种核过程所遵循的基本规律加以讨论。

2.3.1 放射性衰变

在迄今发现的118种元素、约2000种核素中,只有274种稳定核素,其余都是不稳定的。不稳定核素会进行自发衰变,称为放射性核素。其中,自然界存在的称为天然放射性核素,由核反应产生的称为人工放射性核素。

在稳定核素中,中子数 N 和质子数 Z 的相对比例,有着严格的限制。对轻核来说,这个关系是 $N=Z$。当 Z 增大时则要求 N 略大于 Z,这是因为,当核内质子数增加时,核内质子间的库仑斥力也随着增加,于是核子间结合松弛,从而使核不稳定。所以对于重核,中子数 N 必须大于质子数 Z,才能使核稳定。

在放射核素中,中子过多而超过稳定比例的核,要进行 β^- 衰变;中子少于稳定比例的核,则发生 β^+ 衰变或以电子俘获的形式衰变。原子核内中子过剩或短缺得越多,核离最稳定的核素愈远,该核变为另一种核的速度就愈快,它的寿命也就愈短。此外试验发现,很重的核都是放射性的,几乎都发生 α 衰变或进行自发裂变。

放射性核素的衰变,大致可分放射性衰变(放出正负电子,α 或 γ 射线)和蜕变(激发态的核放出核子而衰变)两类,现分别讨论如下:

β^- 衰变:母核发射负电子 $_{-1}^{0}e$,通常叫它 β^- 粒子,同时伴有反中微子 $\bar{\nu}$ 的发射。衰变后的子核 Z 增加 1,而 A 不变,这时核内有一个中子转化为质子。其衰变方程表示如下:

$$_{Z}^{A}X \rightarrow _{Z+1}^{A}Y + \beta^- + \bar{\nu}$$

例如,$_{4}^{11}\text{Be} \rightarrow _{5}^{11}\text{B} + \beta^- + \bar{\nu}$。

β^+ 衰变:母核发射正电子 $_{+1}^{0}e$,通常称为 β^+ 粒子,同时伴着中微子 ν 的发射。衰变后的子核 Z 减少 1,A 不变,这时核内有一个质子转化为中子。其衰变方程表示如下:

$$_{Z}^{A}X \rightarrow _{Z-1}^{A}Y + \beta^+ + \nu$$

例如,$_{7}^{13}\text{N} \rightarrow _{6}^{13}\text{C} + \beta^+ + \nu$。

电子俘获:有些"缺少"中子的核,也可能把核外的轨道电子吸收到核内以代替 β^+ 衰变,这种过程称为电子俘获。这时核内有一个质子转化为中子,同时放出一个中微子。电子层中的空位,即由其它较外层的电子来填充,于是便有 X 射线发射出来。电子俘获反应可用方程表示为:

$$_{Z}^{A}X + \beta_K^- \rightarrow _{Z-1}^{A}Y + \nu$$

例如,$_{29}^{64}\text{Cu} + \beta_K^- \rightarrow _{28}^{64}\text{Ni} + \nu$。

α 衰变:母核发射氦原子核 $_{2}^{4}\text{He}$,通常称它为 α 粒子。衰变后的子核 Z 减少 2,A 减少 4,α 衰变可用方程表示为:

$$_{Z}^{A}X \rightarrow _{Z-2}^{A-4}Y + _{2}^{4}\text{He}$$

例如,$_{88}^{226}\text{Ra} \rightarrow _{86}^{222}\text{Rn} + _{2}^{4}\text{He}$。

γ 衰变:当放射性核经 α 衰变或 $\beta^{\pm}$ 衰变后,所生成的子核往往处于激发态,在极短的时间内,子核从较高的激发态跃迁到较低激发态或基态时,便放出 γ 射线。γ 射线和 X 射线均属电磁波。但 γ 射线的波长比 X 射线的短,约在 10^{-11} m $\sim 10^{-13}$ m 之间。

例如,$_{84}^{206}\text{Po} \rightarrow _{82}^{202}\text{Pb}^* + _{2}^{4}\text{He}$,立即,$_{82}^{202}\text{Pb}^* \rightarrow _{82}^{202}\text{Pb} + \gamma$。

其中 $_{82}^{202}\text{Pb}^*$ 表示 $_{82}^{202}\text{Pb}$ 的激发态,这是同一核素(Z 和 A 都相同)的两种不同能量状态,也就是处于两个不同的量子能级。其中 $_{82}^{202}\text{Pb}$ 量子能级最低,称为该核素的基态。

绝大多数原子核,在形成激发态后,几乎立刻就发射 γ 射线。但也有一些核,要延迟一段时间才发射 γ 射线,即该激发态有一定的相对稳定性。这种激发态,称为该核素的同质异能态或同质异能素,通常在质量数后附加"m"表示之,例如$^{83m}_{36}$Kr 就是$^{83}_{36}$Kr 的同质异能态(素)。

蜕变:激发态的核放出核子而衰变称为蜕变。

2.3.2 核衰变的基本规律

设在某时刻 t,放射性核的数目为 $N(t)$。这时 $N(t)$ 个放射性核并不是同时一起衰变,它们有的在这时刻衰变,有的则在另一时刻衰变。实验证明,放射性衰变服从统一的衰变规律,这条衰变规律是统计性的,即:在单位时间内衰变的原子核数(通常称为衰变率)和尚未衰变的原子核数成正比,即

$$-\frac{\mathrm{d}N(t)}{\mathrm{d}t} = \lambda N(t) \tag{2.19}$$

其中 λ 是一个与时间无关的比例常数,因为 $N(t)$ 随时间而减少,所以导数前冠以负号。比例常数 λ 称为该原子核或所属核素的放射性衰变常数,λ 只取决于放射性核本身的性质,而跟核外的条件,例如温度、压力、磁场或电场等无关。

为了说明衰变常数 λ 的物理意义,将式(2.19)改写成以下形式:

$$\lambda = -\frac{\mathrm{d}N(t)/N(t)}{\mathrm{d}t} \tag{2.20}$$

λ 表示单位时间内每个放射性核衰变的概率。如果 t 时刻共有 $N(t)$ 个放射性核,显然,$\lambda N(t)$ 就表示该时刻放射性核的衰变率,这个量也称为放射性活度。

每一种放射性核都有它固有的衰变常数。迄今已知的上千种放射性核素中,没有两种核素的衰变常数是完全相同的。

衰变规律式(2.19)是一阶微分方程的形式,在 $N(0) = N_0$(N_0 表示 $t=0$ 时放射性核的总数)的初始条件下来求它的解。对式(2.19)进行积分,得

$$\int_{N_0}^{N(t)} \frac{\mathrm{d}N(t)}{N(t)} = -\int_0^t \lambda \mathrm{d}t$$

故
$$N(t) = N_0 \mathrm{e}^{-\lambda t} \tag{2.21}$$

式(2.21)表明,放射性核素衰变服从指数衰减律。这条指数衰减律已为大量实验所证实,它是放射性核衰变过程严格遵守的一条基本规律。

放射性核衰减掉原来一半所需要的时间称为半衰期,用符号 $T_{1/2}$ 表示。由式(2.21)不难求得:

$$\frac{N_0}{2} = N_0 \exp(-\lambda T_{1/2})$$

则
$$T_{1/2} = \frac{\ln 2}{\lambda} = \frac{0.693}{\lambda} \tag{2.22}$$

每个放射性核的实际寿命有长有短,可以取从 0 到 ∞ 之间的任何值。但是,大量放射性核的平均寿命(用符号 t_m 表示)却是一定的,而且是重要的物理量。我们知道,$\lambda N(t)$ 表示 t 时刻放射性核的衰变率,因此,$\lambda N(t)\mathrm{d}t$ 是在 t 到 $t+\mathrm{d}t$ 的时间间隔内衰变掉的放射性核数,这些核的寿命都是 t,代入式(2.21)不难求得放射性核的平均寿命为

$$t_m = \frac{1}{N_0}\int_0^\infty t \cdot \lambda N(t)\mathrm{d}t = \frac{1}{\lambda} \tag{2.23}$$

放射性核的平均寿命比半衰期长,它们之间的关系可通过式(2.22)及式(2.23)求出:

$$t_m = \frac{T_{1/2}}{0.693} = 1.443 T_{1/2} \tag{2.24}$$

λ、$T_{1/2}$ 和 t_m 都是描述放射性衰变的特征量,根据不同的需要可以选用其中任何一个来描述放射性核的衰变特征。

如果母核衰变后生成的子核仍然是放射性的,这就属于连续衰变的情况。如 A→B→C,其中,A,B,C 表示各代放射性原子核。衰变链愈长,所要求解的微分方程数目也就愈多。自然,这时的微分方程已不同于式(2.19)。连续衰变在反应堆中是大量发生的,我们将在有关章节中作详细讨论。

核在激发态时的衰变,同样遵守放射性衰变的基本规律。但是,在讨论激发态的衰变时,通常用能级宽度来描述衰变特征。激发态的原子核具有若干分离的能量,称为激发能级。但每一能级的能量值并不是单一的,而是有一个狭小的分布范围,称其为能级宽度,用符号 Γ 表示。依定义能级宽度正比于衰变常数,即反比于激发核的平均寿命。即

$$\Gamma = h'\lambda \text{ 或 } \Gamma = h'/t_m \tag{2.25}$$

式中:比例常数 h' 等于普朗克常数除以 2π,即

$$h' = \frac{h}{2\pi} = 1.05457 \times 10^{-34} \quad (\text{J} \cdot \text{s})$$
$$= 6.582119 \times 10^{-16} \quad (\text{eV} \cdot \text{s})$$

由式(2.25)可以看出,能级宽度 Γ 是用能量单位表示激发态的衰变常数。能级宽度大的激发态,其寿命较短;能级宽度小的激发态,其寿命较长。

在式(2.21)中,可以用能级宽度代替衰变常数来描述处于激发态的核的衰变,例如在 $t = 0$ 时有 N_0 个处于某个激发态的核,t 秒以后,该激发态的核还剩有

$$N(t) = N_0 \mathrm{e}^{-\Gamma t/h'} \tag{2.26}$$

2.3.3 核反应及其遵循的守恒定律

用高能粒子(如质子、中子、γ 射线、氘核、α 粒子或其他核粒子)轰击原子核而转变为新核及另一粒子的过程,叫做核反应,这些过程用下式表示:

$$a + x \rightarrow y + b$$

这里 a 是入射粒子,b 是反应后放出的粒子——出射粒子。x 是被轰击的原子核,称为靶核;y 是形成的新核,称为反冲核。这种核反应也可以表示为 $x(a,b)y$。例如,历史上第一次发现的核反应是:

$$^4_2\mathrm{He} + ^{14}_7\mathrm{N} \rightarrow ^{17}_8\mathrm{O} + ^1_1\mathrm{H}$$

也可以表示为 $^{14}_7\mathrm{N}(\alpha,p)^{17}_8\mathrm{O}$。

在核反应中,出射粒子可以与入射粒子同类,也可以不同类。出射粒子与入射粒子同类的核反应,一般称为散射。在散射过程中,原子核的种类虽然不变,但也广义地称为核反应。

大量实验表明,所有的核反应都遵守下列守恒定律:

(1) 核子数守恒:反应前后核子数目必须相等。
(2) 电荷守恒:反应前后所有粒子的电荷之和必须相等。

(3) 动量守恒：由于不受外力作用，所以反应前后系统的动量必须守恒。在质心坐标系中，反应前后系统的动量和都等于零。

(4) 能量守恒：反应前后系统的能量（包括静止能量）必须守恒。

以上四条守恒定律是最基本的，核反应所须遵守的守恒定律除以上四条外，尚有其他一些守恒定律，这里就不一一介绍了。

2.3.4 反应能和阈能

在核反应 $x(a,b)y$ 中，首先考虑能量守恒定律。

设 M_a、M_b、M_x、M_y 分别为各粒子的静止质量。由式（2.15）知，它们的静止能量分别为 $M_a c^2$、$M_b c^2$、$M_x c^2$、$M_y c^2$。再设它们的动能分别为 E_a、E_b、E_x、E_y。根据能量守恒定律，则有

$$M_a c^2 + E_a + M_x c^2 + E_x = M_b c^2 + E_b + M_y c^2 + E_y \tag{2.27}$$

因为在一般情况下，靶核是静止的，所以令 $E_x = 0$，则式（2.27）可以写成

$$M_a c^2 + M_x c^2 + E_a = M_b c^2 + M_y c^2 + E_b + E_y \tag{2.28}$$

上式又可改写成

$$Q = [(M_a + M_x) - (M_b + M_y)]c^2 = E_b + E_y - E_a \tag{2.29}$$

Q 称为反应能，或简称 Q 能，它等于反应前后诸粒子静止能量之差（即反应物的质量亏损 Δm 乘以 c^2），也等于反应前后诸粒子动能的改变量。

由式（2.29）可以看出，当 $Q>0$ 时，反应物的静止质量减少，而动能则增加，这种反应称为放能核反应，即将核能转化为粒子动能的反应；当 $Q<0$ 时，反应物的静止质量增加，而动能减少，这种反应称为吸能核反应。

对于放能核反应，$Q>0$，可以不对入射粒子的动能作限制；自然，当入射粒子为克服库仑斥力而接近靶核时，仍需要一定的动能。但吸能核反应，$Q<0$，这时只有 $E_a > |Q|$ 时，核反应才能发生。由此可见，在吸能反应中，入射粒子的动能必须有一个极限值 E_{th}，否则，核反应不能发生，因此将 E_{th} 称为核反应（主要指吸能核反应）的阈能（Threshold Energy）。

例如，对核反应 $^{14}N(\alpha,p)^{17}O$ 计算如下（核质量用原子质量代替）：

$$M(^{14}N) = 14.003074u \quad M(^{17}O) = 16.999133u$$

$$\underline{M(^4He) = 4.002603u} \quad \underline{M(^1H) = 1.007825u}$$

$$18.005677u \quad\quad\quad\quad 18.006958u$$

$$\Delta m = 18.005677 - 18.006958$$

$$= -0.001281u$$

$Q = \Delta m c^2 \approx -1.19 \text{MeV}$ 为吸能核反应；可以计算得到 E_{th} 为 1.53MeV（计算过程略）。这就是说，只有当 α 粒子的动能大于 1.53MeV 时，才有可能轰击氮核引起核反应。

2.3.5 核反应的机制

为解释核反应发生的机理，人们提出了不同的假想模型。在早期核反应研究中，复核模型成功地解释了许多核反应现象，该模型认为核反应是分为两个阶段进行的。首先入射粒子被靶核俘获而形成复核，此时入射粒子的能量将很快分配给复核中的全部核子，使复核处

于不稳定的激发状态。接着,出射粒子从复核中飞出,这是由于核子间能量分配有涨落,由于这种涨落,使某个核子或核子集团获得了足够使它们由核中飞出的能量,于是它们就脱离复核。核反应的两个阶段可以用下式表示:

$$a + x \rightarrow [z] \rightarrow y + b$$

例如,在 $^{14}_{7}N(\alpha,p)^{17}_{8}O$ 反应中,α 粒子轰击 $^{14}_{7}N$ 核形成不稳定的氟的同位素 $^{18}_{9}F$,然后蜕变为质子和 $^{17}_{8}O$。

同一种复核可以有几种不同的形成方式,也可以有几种不同的衰变(或蜕变)方式。复核衰变(或蜕变)时,射出的粒子可以与射入的粒子属于同一类,也可以属于不同类,并且也可以放出 γ 射线而使核趋于稳定。而复核究竟是放出哪一种粒子,这完全是各种可能反应相互竞争的过程,而与复核的"历史"(过程的第一阶段)无关。

由下列核反应过程,就完全可以证实上面的说法:

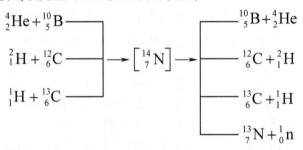

复核 $[^{14}_{7}N]$ 可以通过上式左边三种反应的任一种形式而形成,都可以通过上式右边四种反应的任一种形式而衰变。

顺便指出,当入射粒子具有某些特定能量,而这些能量正好使形成的复核具有某一激发能级的能量时,引起核反应的概率将剧烈增加。这种现象称为"共振"。

由于核反应机制的复杂多样性,用两阶段的复核理论不能全部概括所有核反应。例如,有些核反应并不形成复核,而是入射粒子和靶核中的一个或几个核子直接作用,直接交换能量和动量,这称为"直接相互作用"。因此现在认为,核反应过程大体上分成三个阶段,称为核反应过程的三阶段描述。

(1) 独立粒子阶段。当入射粒子接近靶核时,可看成是在整个靶核的势场中运动,入射粒子保持相对独立性。在这一阶段中,入射粒子与原子核整体发生相互作用,可能发生两种情况:一是粒子进入靶核,被靶核吸收;二是粒子被靶核弹出来,这就是弹性散射(即形状弹性散射或势散射)。

(2) 复合系统阶段。入射粒子被靶核吸收后,就和核中的核子作用而交换能量与动量,因而不再看成是处在整个靶核作用下的外来单独粒子,而应看作是靶核与入射粒子形成了所谓"复合系统"。在这一阶段中,入射粒子可能在与核子作用过程中直接就把反应推向第三阶段,此时入射粒子在不同程度上保留了原有特性;也可能入射粒子与靶核多次作用后不断损失能量,最后与靶核融为一体形成复核,此时入射粒子的原有特性已经消失,同其他核子共处于动平衡状态中。可见,复合系统这个概念比复核的概念广泛一些,它只是入射粒子和核子交换能量的一个过程,而并不考虑入射粒子和其他核子是否有所区别。

(3) 最后阶段。在这一阶段中,复合系统分解成出射粒子和新核。

2.4 中子核反应

由于中子不带电,所以不受库仑势垒的影响而易于击中靶核,因此,研究中子引起的核反应在核物理中占有重要的地位。同时,核反应堆的物理特性也主要取决于中子与各种物质相互作用的结果,因此,有必要详细讨论这些相互作用的性质。

2.4.1 产生中子的核反应

自然界中没有自由中子的存在,但在核工程的许多实验中,如核材料的研究及核截面的测量,都需要使用中子源;另外在船用压水堆的启动过程,如初次启动、冷态启动时,为了克服核测量盲区,保证启堆过程的安全,也需要引入中子源。但是中子很容易被原子核俘获,且它本身又是不稳定的,为要获得自由中子,只有利用核反应。下面介绍几种产生中子的核反应。

1. (α,n) 反应

实验表明,用 α 粒子轰击某些轻原子核如 ^{7}Li, ^{9}Be, ^{11}B, ^{19}F 等,可得到 1MeV 到 13MeV 能量的中子,其核反应表达式分别为:

$$^{7}_{3}\text{Li}(\alpha,n)^{10}_{5}\text{B}, ^{9}_{4}\text{Be}(\alpha,n)^{12}_{6}\text{C}, ^{11}_{5}\text{B}(\alpha,n)^{14}_{7}\text{N}, ^{19}_{9}\text{F}(\alpha,n)^{22}_{11}\text{Na}$$

其中以铍($^9_4$Be)给出的中子产额最高,且中子的能量也最大,因而铍是最常用的靶物质。

α 粒子一般是由天然放射性同位素的 α 衰变放出。常用的 α 发射体有 ^{210}Po, ^{226}Ra, ^{239}Pu, ^{241}Am,其性能比较列于表 2.2。

表 2.2 α 发射体性能比较

发射体	$T_{1/2}$	优点	缺点
^{210}Po	138d	γ 本底低	$T_{1/2}$ 短,中子产额低
^{226}Ra	1600a	$T_{1/2}$ 长,中子产额高	γ 本底高
^{239}Pu	24400a	$T_{1/2}$ 长,γ 本底低	中子产额低
^{241}Am	433a	$T_{1/2}$ 长,γ 本底低	中子产额低

Po-Be 源,Ra-Be 源,Pu-Be 源或 Am-Be 源,都是 α 发射体同细而均匀的 Be 粉末混合而成,然后密封在金属容器中。这类中子源发出的中子具有同一能谱。

2. (γ,n) 反应

某些原子核受到 γ 射线照射时也会发射出中子,这样产生的中子通常称为光激中子。由于绝大多数 γ 放射源都不能发射出能量大于 4MeV 的 γ 射线,因而靶物质仅限于中子结合能较低的铍和氘,其核反应分别为:

$$^{9}_{4}\text{Be}(\gamma,n)^{8}_{4}\text{Be}, E_{\text{th}} = 1.67\text{MeV}$$

$$^{2}_{1}\text{H}(\gamma,n)^{1}_{1}\text{H}, E_{\text{th}} = 2.23\text{MeV}$$

这类中子源,通常 γ 本底较高,且所用的 γ 发射体半衰期都较短。如常用的 γ 发射体

$^{124}_{51}$Sb： $T_{1/2}$ = 60.2d；$^{140}_{57}$La；$T_{1/2}$ = 40.2h；$^{24}_{11}$Na：$T_{1/2}$ = 15.0h；$^{73}_{31}$Na；$T_{1/2}$ = 14.1h。

Sb-Be，La-Be，Na-Be，Na-D_2O，Ga-D_2O（D 即是$^2_1$H）等各种混合物就是常见的光激中子源，它们发出的中子接近于单能，其数值依次为 0.024，0.62，0.83，0.22，0.16MeV。

3. (p,n)和(d,n)反应

用质子或氘核轰击某些轻原子核，也可以产生中子。下列反应可用于这类中子源：

$$^3_1H(p,n)^3_2He, \quad ^7_3Li(p,n)^7_4Be$$
$$^{11}_{5}B(p,n)^{11}_{6}C, \quad ^2_1H(d,n)^3_2He$$
$$^3_1H(d,n)^4_2He, \quad ^7_3Li(d,n)^8_4Be$$
$$^9_4Be(d,n)^{10}_5B, \quad ^{12}_6C(d,n)^{13}_7N$$

用粒子加速器将质子或氘核加速到非常高的能量后，打在合适的靶核上，可得几百 MeV 的高能中子，这类中子源称为加速器中子源，反应堆物理测量中用到的脉冲中子源即属此类。

高能(p,n)反应——高能质子正面轰击靶核上的中子，在这种迎头碰撞中，入射值子将其所有的能量和动量全部交给出射中子。

氘剥裂反应——当高能氘核轰击靶核时，由于氘核的质子和中子结合得轻松而发生分离，结果中子从氘核中飞出，而质子被靶核吸收。

4. (n,f)反应

用中子轰击可裂变原子核（如^{235}U），使核分裂为两个中等质量的原子核（称为裂变碎片），每次核裂变平均放出$\nu(2<\nu\leq3)$个次级中子。F_1 和 F_2 记作裂变碎片，则核裂变反应可表示为：

$$n + {}^{235}U \rightarrow F_1 + F_2 + \nu n$$

核裂变反应在特定条件（以后详细讨论）下可以持续进行，形成所谓"链式反应"。原子核反应堆不仅提供了巨大的能源，也是一个强大的(n,f)反应的中子源。

2.4.2 中子引起的核反应

中子与物质相互作用的方式有多种，究竟发生何种类型的核反应，这主要取决于入射中子的动能与靶核的性质。

1. 中子按能量的分类

在研究中子与物质的相互作用时，常根据能量范围对中子进行分类。

1）慢中子（$0<E\leq1$keV）

对慢中子再细分为以下三类：

（1）冷中子（$0<E\leq0.002$eV）。所谓"冷"是指它的平均能量比热中子的能量要低。

（2）热中子（0.002eV$<E\leq1$eV）。与周围介质处于热平衡的中子称为热中子。热中子的分布近似遵守麦克斯韦分布律。在20℃（即293K），热中子的最可几速率$v_0=2200$m/s，其相应的能量$E_0=0.0253$eV。将这两个数值作为热中子的典型值。

（3）超热中子（1eV$<E\leq1$keV）。所谓"超热"是指它的平均能量比热中子的能量要高。

超热中子在和重核作用时,可以发生强烈的共振吸收,所以常把这一能区的中子又叫做共振中子。

关于慢中子引起的核反应,除势散射外,主要是被核吸收,可以有以下四种类型:辐射俘获,即(n,γ)反应;放出α粒子,即(n,α)反应;放出质子,即(n,p)反应;引起裂变,即(n,f)反应。其中最常见的是(n,γ)反应,它在由轻核到重核的许多核中都能发生。至于(n,α)和(n,p)反应,只限于少数几种轻核(如^{6}Li,^{10}B,^{14}N,^{27}Al等)才能发生。而(n,f)反应则只对少数几种重核(^{233}U,^{235}U,^{239}Pu)才能发生。

2) 中能中子($1\text{keV}<E\leq 0.5\text{MeV}$)

中能中子与原子核作用主要是弹性散射,其次是辐射俘获。

3) 快中子($0.5\text{MeV}<E\leq 10\text{MeV}$)

快中子除了与原子核发生弹性散射外,还可产生非弹性散射。

4) 高能中子($E>10\text{MeV}$)

高能中子除了与原子核发生弹性散射和非弹性散射外,还可产生放出两个或两个以上粒子的核反应。

在原子核反应堆内,中子的能量在 0~17MeV 范围内,实际上具有 10MeV 以上能量的高能中子为数极少,在反应堆理论研究中可不必考虑。在核反应堆内中子引起的核反应主要归结为两大类:散射反应和吸收反应。下面分别介绍这两类核反应过程。

2. 中子的散射

中子与靶核的散射分为两类:弹性散射与非弹性散射。这两种反应的共同特点是入射粒子是中子,出射粒子也是中子。弹性散射反应记作(n,n),非弹性散射反应记作(n,n')。

1) 弹性散射

按照核反应机制的不同,中子的弹性散射可分为势散射与复合弹性散射两种。

(1) 势散射。中子并未穿入靶核内而仅被核势场弹性散射,所以不经过复核的形式过程。这种散射与两个弹性球的碰撞非常相似,并且对任何能量的中子都能发生。势散射只是一种力的作用,这个力作用于向着核运动或在核附近运动的中子上。由于这个作用力与核的大小和形状有关,所以势散射也称为形状弹性散射。

势散射的一般反应式为:

$$^1_0 n + ^A_Z X \rightarrow ^A_Z X + ^1_0 n$$

(2) 复合弹性散射。入射中子首先被靶核$^A_Z X$吸收,形成一个处于激发态的复核$(^{A+1}_Z X)^*$。当复核蜕变时放出中子,并使反冲核回到基态$^A_Z X$,则称此过程为复合弹性散射,有时也叫做共振弹性散射。

复合弹性散射的一般反应式为:

$$^1_0 n + ^A_Z X \rightarrow (^{A+1}_Z X)^* \rightarrow ^A_Z X + ^1_0 n$$

中子与靶核发生弹性散射时,由于散射后靶核的内能没有变化,它仍保持在基态,散射前后中子—靶核系统的动能和动量是守恒的。所以可以把这一过程看作"弹性球"式的碰撞,根据动能和动量守恒,用经典力学的方法来处理。

在热中子反应堆内,中子从高能慢化到低能起主要作用的是弹性散射。

2) 非弹性散射

中子与靶核发生非弹性散射时,碰撞前后系统的动量守恒,而动能不守恒。散射后的中子的能量降低,中子所损失的能量转变为靶核的内能,使靶核处于激发态,然后靶核通过发射 γ 射线而回到基态。因此反应伴随有 γ 射线发生,这是非弹性散射的特点。

按照核反应机制的不同,中子的非弹性散射可分为复合非弹性散射与直接非弹性散射两种。

(1) 复合非弹性散射。与复合弹性散射相似,也要经过复核的形成过程,所不同的是,复核放出中子后,反冲核处于激发态 ${}_Z^A X$,则称此过程为复合非弹性散射,有时也叫做共振非弹性散射。

复合非弹性散射的一般反应式为:

$${}_0^1 n + {}_Z^A X \rightarrow ({}_Z^{A+1} X)^* \rightarrow {}_Z^A X + {}_0^1 n + \gamma$$

(2) 直接非弹性散射:入射中子进入靶核后,直接和核里的某个核子碰撞,使靶核达到激发态,而中子却带着减少了的能量逃脱出来,则称此过程为直接非弹性散射。这是一种直接相互作用,不经过复核的形成过程。这种散射对中子能量要求很高,在反应堆是极少出现的。

直接非弹性散射的一般反应式为:

$${}_0^1 n + {}_Z^A X \rightarrow {}_Z^A X + {}_0^1 n + \gamma$$

理论和实验表明,仅当中子与靶核在质心系的总动能 E_c 大于靶核第一激发态的能量 ε_1 时,才可能产生非弹性散射反应。由此可知,非弹性散射有阈能存在。如要发生非弹性散射,必须使入射中子的能量 E(确切地说,是中子在实验室系的动能)大于某一数值 E_{th}。计算表明,如果靶核的质量数为 A,则 E_{th} 如下计算:

$$E_{th} = \frac{A+1}{A} \varepsilon_1 \tag{2.30}$$

能量 E_{th} 也称为非弹性散射的阈能。上式表明,阈能 E_{th} 也总是大于散射核的第一激发能 ε_1。例如,^{12}C 的第一激发能是 4.43MeV,但是,除非中子的能量 $E > 13/12 \times 4.43 = 4.80$MeV,否则就不可能发生非弹性散射。

对于质量数不同的核,发生非弹性散射的阈能也不同。一般说来(幻核除外),第一激发能是随着核质量数的增加而减小的。因此,质量数愈大,阈能愈低;质量数愈小,阈能愈高。所以在反应堆内非弹性散射主要发生在快中子与重核的相互作用中。

表 2.3 列出几种堆内常用元素核的前两个激发能级的能量,从表中可见,即使对于重核 ^{238}U,中子至少必须具有 45keV 以上的能量才能发生非弹性散射。因此,只有在快中子反应堆中,非弹性散射过程才是重要的。

表 2.3 几种核的前两个激发态的能量

核	第一激发能/MeV	第二激发能/MeV
^{12}C	4.43	7.65
^{16}O	6.06	6.14
^{23}Na	0.45	2.05

(续)

核	第一激发能/MeV	第二激发能/MeV
^{27}Al	0.84	1.01
^{56}Fe	0.84	2.15
^{238}U	0.045	0.145

由于裂变中子的能量在兆电子伏范围内,因此在热中子反应堆内仍会发生一些非弹性散射现象。但是,在中子能量很快降低到非弹性散射阈能以下后,便需借助弹性散射来使中子慢化。

3. 中子的吸收

中子的吸收反应主要发生在低能区,常见的有以下几种类型:(n,γ)、(n,f)、(n,α) 和 (n,p) 反应等,并且都要经过复核的形成过程,现分别介绍如下。

1) 辐射俘获

辐射俘获即 (n,γ) 反应。靶核俘获中子后形成一种处于激发态的复核,复核是不稳定的。经过一个极短的时间(约 10^{-14} s),便放出 γ 射线而回到生成核基态,生成核的原子序数与靶核相同,但质量数增加1,这种反应的一般表示式为:

$$^{1}_{0}n + ^{A}_{Z}X \rightarrow (^{A+1}_{Z}X)^* \rightarrow ^{A+1}_{Z}X + \gamma$$

这里 $^{A}_{Z}X$ 表示靶核,$^{A+1}_{Z}X$ 表示生成核。有时生成核也是不稳定的,还要经过 β 衰变而成为其他稳定的原子核。

(n,γ) 反应在由轻核到重核的许多核中都能发生,特别是在热中子作用下,几乎所有的元素都能发生这种反应。所以在热中子反应堆内,辐射俘获反应显得特别重要。

入射中子与靶核结合成复核时,中子便将结合能 E_B 交给了复核。设中子与靶核在质心系的总动能为 E_C,则复核获得的激发能便是 E_B+E_C。用量子力学可以证明,若在 E_B+E_C 附近存在复核的激发态,则形成复核的概率就特别大;反之,若在 E_B+E_C 附近没有复核的激发态则形成复核的概率就小得多。这种现象称为共振吸收。如 ^{238}U 对超热中子就表现出强烈的共振吸收。

2) 裂变反应

裂变反应只对少数几种重核才能发生。对于 ^{235}U、^{239}Pu 和 ^{233}U,各种能量的中子都能引起裂变,特别是在热中子作用下,发生裂变反应概率更大,对于现 ^{238}U 和 ^{232}Th,只有在快中子轰击下才能引起裂变。天然铀也可以自发地发生裂变,不过发生自发裂变的概率特别小,约 7 次裂变/(kg·s)。

3) 放出带电粒子的反应

中子被靶核吸收后而放出带电粒子如 α、p,只对少数几种轻核才能发生。这是因为放出的带电粒子要逃出核,除了必须具有等于它的结合能的能量外,还必须有克服库仑势垒所需的附加能量。而中等质量核和重核的库仑势垒都很高,所以只有轻核才可能发生这类反应。常见的 (n,α) 反应有:^{6}Li$(n,\alpha)^{3}$H,^{10}B$(n,\alpha)^{7}$Li,前者可用来生产氚($^{3}_{1}$H),后者可用来探测慢中子。常见的 (n,p) 反应有 ^{14}N$(n,p)^{14}$C,^{16}O$(n,p)^{16}$N,它们是空气和水被中子激活产生放射性的主要来源。

在反应堆物理中，凡谈到中子的吸收反应，主要指辐射俘获和裂变反应，放出带电粒子的反应可以不加考虑。

2.5 核反应截面与核反应率

为了定量描述中子与物质的相互作用，现在介绍几个在核反应堆运行物理分析中常用的基本物理量。

2.5.1 中子密度与中子束强度

单位体积内的自由中子数称为中子密度，用 n 表示，单位是 $1/m^3$。假设有一束均匀的、单向中子束，中子密度为 n，速度为 v，单位时间通过垂直于 v 方向的单位面积中子数，称为中子束的强度，用 I 表示，单位是 m^{-2}/s。对于单向中子束，由于 v 代表每秒内中子所走的路程，那么，如图 2.2 所示，在距垂直于 v 方向的平面的距离不大于 v 的范围内所有的中子，都能在 1s 内穿越此平面。换句话说，即以 v 为边长，以单位面积为底的柱体体积之内所有的中子，都可在 1s 内通过该单位面积。因为该体积内的总中子数为 nv，所以单向中子束的强度 $I=nv$。

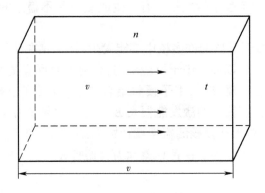

图 2.2 中子束的强度

2.5.2 微观截面

为定量描述中子与核的相互作用，假设有一束单向均匀平行的单能中子束，其强度为 I（即：在单位时间内，有 I 个中子通过垂直于飞行方向的单位面积），垂直入射到一个具有单位面积的薄靶上，靶的厚度为 Δx，靶片内单位体积中的原子核数是 N，在靶后某一距离处放一个中子探测器（见图 2.3）。如果未放靶时测得的中子束强度是 I，放靶后测得的中子束强度是 I'，那么，$I-I'=\Delta I$ 其绝对值就等于与靶核发生作用的中子数。因为中子一旦与靶核发生作用（不论是散射还是吸收），都会使中子从原来的飞行方向中消失，中子探测器就不能探测到这些中子了。实验表明，在薄靶面积不变的情况下，ΔI 正比于中子束强度 I、靶厚度 Δx 和靶的核密度 N，比例系数为 σ，即有

$$\Delta I = -\sigma I N \Delta x \quad (2.31)$$

σ 称为中子与核反应的微观截面,它与靶核的性质和中子的能量有关。

$$\sigma = \frac{-\Delta I}{IN\Delta x} = \frac{-\Delta I/I}{N\Delta x} \quad (2.32)$$

式中:$-\Delta I/I$ 为平行中子束中与靶核发生作用的中子所占的份额;$N\Delta x$ 是对应单位入射面积上总的靶核数。因此,微观截面 σ 就表征了单位强度的中子束与一个靶核发生相互作用的概率。如果用 S 表示中子与靶核相互作用的面积,则式(2.32)可写为 $\frac{\sigma}{S} = \frac{\Delta I}{N_A IS}$,$\frac{\sigma}{S}$ 表示相对一个中子与一个原子核发生相互作用的概率大小。

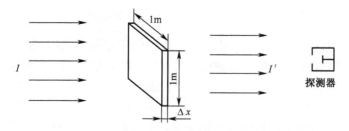

图 2.3 平行中子束穿越薄靶后的衰减

因此,微观截面 σ 的量纲是面积单位(m^2)。在工程实际中,通常用"靶"(缩写为 b)作为单位,1 靶等于 $10^{-28} m^2$,对于不同类型的核反应,常用不同的下角标表示,如 σ_s、σ_e、σ_{in}、σ_a、σ_γ、σ_f、σ_t 分别表示散射反应、弹性散射反应、非弹性散射反应、吸收反应、辐射俘获反应、裂变反应和总的作用截面。

根据核反应的分类和截面的定义,则容易得出

$$\sigma_s = \sigma_e + \sigma_{in} \quad (2.33)$$

$$\sigma_a = \sigma_\gamma + \sigma_f + \sigma_{n,\alpha} + \cdots \quad (2.34)$$

$$\sigma_t = \sigma_e + \sigma_a \quad (2.35)$$

式中:$\sigma_{n,\alpha}$ 表示 (n,α) 反应的微观截面。

2.5.3 宏观截面

现假设有一强度为 I_0 的中子束垂直入射到一个有一定厚度的靶上,为了求得中子束强度在如图 2.4 所示厚靶内的分布,先建立一维坐标,并在 x 处选取厚度为 dx 的薄靶,将式(2.31)改写成微分形式 $dI = -\sigma N I dx$,然后对 x 坐标积分,可得靶核厚度为 x 处未经碰撞的平行中子束强度为

$$I(x) = I_0 e^{-\sigma N x} \quad (2.36)$$

式中:I_0 为入射平行中子束的强度,即靶表面上的中子束强度。

由此可见,未与靶核发生作用的平行中子束强度随中子进入靶核深度的增加而按指数规律衰减(见图2.4),衰减速度与靶核密度和微观截面的乘积 $N\sigma$ 有关。

在反应堆物理计算中经常出现核密度 N 和微观截面 σ 的乘积 $N\sigma$,令

$$\Sigma = N\sigma \quad (2.37)$$

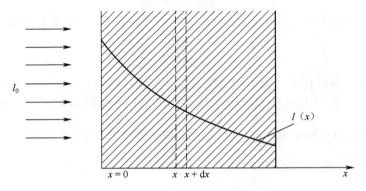

图 2.4 在厚靶内平行中子束的衰减

把 Σ 称为宏观截面，它是单位体积内所有靶核微观截面的总和，表征了一个中子与单位体积内总的原子核发生核反应的平均概率，宏观截面的单位是 m^{-1}。根据(2.32)式得

$$\Sigma = N\sigma = \frac{dI/I}{dx} \tag{2.38}$$

从式(2.38)可以看出，它也是一个中子穿行单位距离与核发生相互作用的概率大小的一种度量。对应于不同的核反应过程有不同的宏观截面，所用的角标符号与微观截面的相同。

例 2-1 水密度为 $1.0\times10^3 kg/m^3$，对能量为 0.0253eV 的中子，氢核和氧核的微观吸收截面分别为 0.332 靶和 0.0002 靶，计算水的宏观吸收截面。

解：水的分子量 $M_{H_2O} = 2\times1.00797+15.9994 = 18.0153$。根据前面介绍的核密度计算公式，单位体积内水的分子数 N_{H_2O} 和氧的原子核数 N_O 为

$$N_{H_2O} = N_O = \frac{0.6022\times10^{24}\times 1}{18.0153}\times 10^6 = 3.343\times 10^{28} \text{分子}/m^3$$

一个水分子中包含有两个氢原子，则单位体积内氢原子核数 N_H 为

$$N_H = 2N_{H_2O} = 2\times 3.343\times 10^{28} = 6.686\times 10^{28} \text{原子}/m^3$$

所以水的宏观吸收截面 $\Sigma_{a\cdot H_2O}$ 为

$$\begin{aligned}\Sigma_{a\cdot H_2O} &= \Sigma_{a\cdot H} + \Sigma_{a\cdot O} = N_H\sigma_{a\cdot H} + N_O\sigma_{a\cdot O}\\ &= 6.786\times 10^{28}\times 0.332\times 10^{-28}\\ &\quad + 3.343\times 10^{28}\times 0.0002\times 10^{-28}\\ &= 2.22 m^{-1}\end{aligned}$$

例 2-2 UO_2 的密度为 $10.42\times10^3 kg/m^3$，铀的富集度 $\varepsilon = 3.4\%$（^{235}U 质量所占总铀质量的百分比）。对能量为 0.0253eV 的中子，^{235}U 的微观吸收截面为 683.7 靶，^{238}U 为 2.7 靶，氧为 2×10^{-4} 靶，确定 UO_2 的宏观吸收截面。

解：设以 c_5 表示富集铀内 ^{235}U 的核子数与 ($^{235}U+^{238}U$) 的核子数之比，则可以算得，富集度 ε 与 c_5 的关系式为

$$c_5 = \left[1 + \frac{235}{238}\left(\frac{1}{\varepsilon} - 1\right)\right]^{-1}$$

代入 $\varepsilon = 3.4\%$ 值可求得 $c_5 = 0.03442$,因而 UO_2 的分子量为

$$M_{UO_2} = 235c_5 + 238(1 - c_5) + 2 \times 16 = 269.897$$

则单位体积内 UO_2 的分子数为

$$N_{UO_2} = \frac{\rho_{UO_2} N_0}{M_{UO_2}} \times 10^3 = 2.232 \times 10^{28} \text{ 分子}/m^3$$

单位体积内 ^{235}U,^{238}U 和氧的原子核密度为

$$N_5 = c_5 N_{UO_2} = 0.0800 \times 10^{28} \quad (\text{原子}/m^3)$$
$$N_8 = (1 - c_5) N_{UO_2} = 2.245 \times 10^{28} \quad (\text{原子}/m^3)$$
$$N_O = 2 N_{UO_2} = 4.65 \times 10^{28} \quad (\text{原子}/m^3)$$

这样,便可求得在 0.0253eV 时 UO_2 的宏观吸收截面为

$$\begin{aligned}\Sigma_{a,UO_2} &= (0.08 \times 10^{28}) \times (683.7 \times 10^{-28}) \\ &\quad + (2.245 \times 10^{28}) \times (2.7 \times 10^{-28}) \\ &\quad + (4.65 \times 10^{28}) \times (2 \times 10^{-4} \times 10^{-28}) \\ &= 60.76 m^{-1}\end{aligned}$$

2.5.4 平均自由程

中子在介质中穿行时,可能会发生多次相互作用,在相继两次相互作用间所穿行的距离称为自由程,其平均值为平均自由程,记作 λ,其值等于介质宏观截面的倒数。

从前面的推导已知,中子束穿过厚靶时 $I(x) = I_0 e^{-\Sigma x}$,$I(x)/I_0$ 是入射中子未发生核反应的份额,所以 $e^{-\Sigma x}$ 就表征一个中子穿过 x 距离未发生核反应的概率,而中子在 $[x, x+dx]$ 之间发生核反应的概率为 Σdx,令 $P(x)dx$ 表示一个中子在穿行 x 距离后在 $x + dx$ 之间发生首次核反应的概率。则有

$$P(x)dx = e^{-\Sigma x} \Sigma dx \tag{2.39}$$

$$\lambda = \bar{x} = \int_0^\infty x P(x)dx = \Sigma \int_0^\infty x e^{-\Sigma x} dx = \frac{1}{\Sigma} \tag{2.40}$$

不同的核反应过程与不同平均自由程相对应,平均自由程与相应的宏观截面有简单的倒数关系。例如散射平均自由程 λ_s 即指一个中子平均走 λ_s 后才发生一次散射碰撞,故

$$\lambda_s = \frac{1}{\Sigma_s} \tag{2.41}$$

2.5.5 核反应率

在核反应堆内,中子密度一般在 10^{14} 到 10^{17} 中子$/m^3$ 范围内,单位体积内的原子核数在 10^{23} 到 10^{28} 原子$/m^3$ 范围内,因此,核反应堆内发生的中子与原子核的相互作用过程是大量的中子群体与原子核的相互作用过程,不考虑中子与中子的相互作用。而核反应堆内,中子的运行方向是杂乱无章的,如果假设中子以同一速率 v(或者说具有相同的动能)在介质内杂乱无章地运动,介质的宏观截面为 Σ,平均自由程 λ,$\lambda = 1/\Sigma$。此时,一个中子与介质原子核在单位时间内发生作用的统计平均次数 $\frac{v}{\lambda} = v\Sigma$。因而每秒每单位体积内的所有中子

与介质原子核发生作用的总次数(统计平均值)用 R 表示,便等于

$$R = nv\Sigma \quad (次/(m^3 \cdot s)) \tag{2.42}$$

式中:n 为中子密度(中子$/m^3$)。R 叫做核反应率,在反应堆物理分析中,常用核反应率来定量地描述中子与原子核相互作用过程的统计行为。对应不同的核反应过程可以用不同的下标表示,如 $R_a = nv\Sigma_a$ 为吸收反应率,$R_f = nv\Sigma_f$ 为裂变反应率。

对于由多种元素组成的均匀混合物,核反应率就是中子与各种元素核相互作用的反应率之和,即

$$\begin{aligned} R &= nv\Sigma_1 + nv\Sigma_2 + \cdots \\ &= nv\sum_{i=1}^{m}\Sigma_i \end{aligned} \tag{2.43}$$

式中:$\Sigma_i = N_i\sigma_i$ 为混合物中第 i 种元素的宏观截面;N_i 为单位体积混合物内第 i 种元素的原子核数目,求和是对混合物内所有的 m 种元素而言的。

2.5.6 中子通量密度

在计算核反应率时经常频繁地出现乘积 nv 这个量,从前面介绍知,对于具有单一速度的中子束,nv 表示单位时间内通过垂直于中子运动速度方向单位面积的中子数。但是,反应堆内中子是杂乱无章运动的,nv 不再具有中子束强度的意义。为此,人们引入一个更普遍的物理量——中子通量密度(简称通量密度),用 ϕ 表示,$\phi = nv$,其表征单位体积内所有中子在单位时间内穿行路程的总和,单位与 I 相同,为 m^{-2}/s,但中子通量密度是个标量。

这样,式(2.42)便可以写成

$$R = \Sigma\phi \tag{2.44}$$

即中子与介质原子核相互作用的反应率等于宏观截面与中子通量密度的乘积。因此,中子通量密度是核反应堆物理中的一个非常重要的参数,它的大小反映出堆的功率密度水平,在目前的热中子动力堆额定功率运行时,热中子通量密度的数量级一般约为 10^{17} 至 10^{18} 中子$/(m^2 \cdot s)$。

2.5.7 截面随中子能量的变化

截面表征了中子与原子核发生核反应的概率,核截面值的大小主要取决于入射中子的能量和靶核的性质。对于反应堆内重要的核素,考察其核反应截面随入射中子能量 E 变化的特性,可以发现大体上存在着三个规律不同的区域。在低能区(一般指 $E<1eV$),吸收截面随中子能量的减小而逐渐增大,即与中子的速率成反比,这个区域也叫做 $1/v$ 区;在中间能区($1eV<E<10^3eV$),许多重元素核的截面出现大量的共振峰,这个区域也称为共振区;在 $E>10^3eV$ 以后的区域,称为快中子区,这时截面值通常很小,在大多数情况下小于 10 靶,而且截面随能量的变化变得比较平滑了,下面分别按吸收、散射和裂变三种不同反应,分别介绍不同质量核素(轻核、中等质量核和重核)的截面特性。

1. 微观吸收截面

在低能区($E<1eV$)许多元素核的微观吸收截面随中子的速率或能量的增加而减小,即 $\sigma(E)$ 按 $1/\sqrt{E}$ 规律变化,称之为"$1/v$"律,也就是 $\sigma_a\sqrt{E}$ = 常数,对能量为 $E_0 = 0.0253eV$(相

应的中子速率为2200m/s)的中子,如果已知 i 元素的微观吸收截面 $\sigma_a(0.0253)$,则对能量为 E 的中子,其微观吸收截面 $\sigma_a(E)$ 由下式给出:

$$\sigma_a^i(E) = \sigma_a^i(0.0253)\sqrt{\frac{0.0253}{E}}$$
$$= \sigma_a^i(2200)\frac{2200}{v(E)} \quad (2.45)$$

式中: $v(E)$ 是中子能量为 E 时的速度,m/s; $\sigma_a^i(0.0253)$ 可由附录2中表查得。然而,重核和中等质量核在中间能区还会有共振吸收现象发生,导致其吸收截面偏离 $1/v$ 律,例如,堆内常有的材料 ^{235}U、^{238}U、^{239}Pu、Sm 等。

对于多种轻核,在中子能量从热能一直到几千电子伏甚至兆电子伏的能区,其吸收截面都近似地遵守 $1/v$ 律。

在中能区,对于重核,如 ^{238}U 核,在某些特定能量附近的小间隔内 $\sigma_a(E)$ 将变得特别大,即出现一些截面很高的共振峰,共振峰的形成是由于中子能量恰好能使复合核激发到某一能级的缘故,这一现象称为共振现象,相应的能量 E_r 称为共振能,图2.5给出 $1\sim10^4$ eV 范围内 ^{238}U 的微观总截面(主要为吸收截面)变化曲线,从图可以看到许多共振峰。例如 ^{238}U 的第一个共振的 $E_r=6.67$ eV,其峰值截面约为7000靶,另外在 $E_r=21$ eV,29eV 等多处出现强共振峰,共振峰分布一直延伸到1000eV以上,但主要的共振峰则密集在 $1\sim200$ eV 能区内。

对于轻核,由于激发态的能量比重核高,所以轻核在中能区一般不出现共振峰。要在比较高的能区(一般要求兆电子伏范围)才出现共振现象,而且其共振峰宽而低。重核的共振峰窄而高。因此在热中子反应堆中共振吸收主要考虑重核(如 ^{238}U)的吸收。

共振吸收在反应堆的核计算中具有重要的意义,下一小节中还将专门予以讨论。

在高能区,对于重核,随着中子能量的增加,共振峰间距变小,共振峰重叠,以致不能够分辨,因此 σ 随 E 的变化,虽有一定起伏,但变得缓慢平滑了,而且数值甚小,一般只有几个靶。

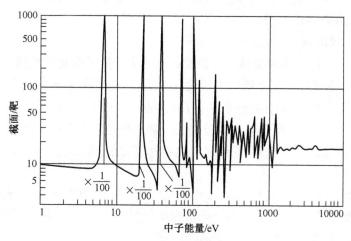

图2.5 ^{238}U 的总截面

2. 微观散射截面

1）非弹性散射截面 σ_{in}

非弹性散射有阈能特点,而这一阈能的大小与核的质量数有关,质量数愈大的核,阈能愈低,当中子能量小于阈能时,σ_{in} 为零,而当中子能量大于阈能时,σ_{in} 随着中子能量的增加而增大。图 2.6 给出几种反应堆常用材料的非弹性散射截面,可以看出,在中子能量低于 10MeV 范围内,σ_{in} 一般约为几靶。

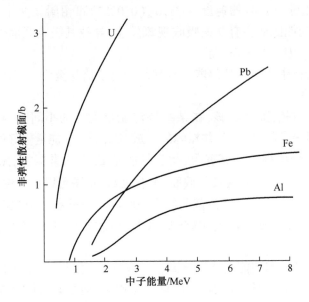

图 2.6　不同材料核非弹性散射截面示意图

2）弹性散射截面 σ_e

多数元素与较低能量中子的散射都是弹性的,σ_e 基本上为常数,截面值一般为几靶,对于轻核、中等核,中子能量从低能一直到 MeV 左右的范围,σ_e 都近似为常数。对于重核在共振能区将出现共振弹性散射。

3. 微观裂变截面 σ_f

^{235}U、^{239}Pu 和 ^{233}U 等易裂变核素的裂变截面随中子能量变化的规律与重核的吸收截面的变化规律类似,也可分为三个能区来讨论,在热能区裂变截面 σ_f 随中子能量减小而增加,且其截面值很大。例如,当中子能量 $E = 0.0253$eV 时,^{235}U 的 $\sigma_f = 585.0$ 靶,^{239}Pu 的 $\sigma_f = 747.9$ 靶。因而,在热中子反应堆内的裂变反应基本都是发生在这一能区内。实际上,裂变产生的中子平均能量非常高,需要通过慢化将中子的能量降到热能区,才易诱发 ^{235}U 核裂变。

对高于热能区($E > 1$eV 至 $E = 10^3$eV)的中子,^{235}U 核的裂变截面出现共振峰,共振能区延伸至千电子伏,在千电子伏至几兆电子伏能量范围内,裂变截面随中子能量的增加而下降到几靶,^{235}U 核在上述三个能区的裂变曲线示意于图 2.7 中。

^{238}U、^{240}Pu 和 ^{232}Th 等核素的裂变具有阈能特点。

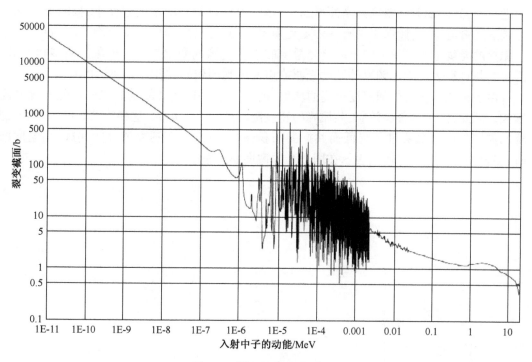

图 2.7 ^{235}U 的裂变截面

前面曾经提到过^{235}U 吸收中子后并不是都发生裂变的,有的发生辐射俘获反应而变成^{236}U。辐射俘获截面与裂变截面之比通常用 α 表示:

$$\alpha = \frac{\sigma_\gamma}{\sigma_f} \tag{2.46}$$

α 与裂变同位素的种类和中子能量有关。

在反应堆分析中常用到另一个量,就是燃料核每吸收一个中子后平均放出的中子数,称为有效裂变中子数,用 η 表示,对于易裂变同位素,如^{235}U。

$$\eta = \frac{\nu\sigma_f}{\sigma_a} = \frac{\nu\sigma_f}{\sigma_f + \sigma_\gamma} = \frac{\nu}{1+\alpha} \tag{2.47}$$

2.5.8 共振吸收和多谱勒效应

从原子核能级来看,只有当原子核的能量对应于某个特定量子态的能量时,它才是稳定的(或准稳定的)。每个核具有好几种状态,最低是稳定态或基态,其余的则是不同的激发量子态或能级。能量较低的激发态,相邻的能级之间的能量间隔比较大,随着总激发能的增加,间隔一般较小。当某一个核吸收一个中子并所形成的复合核能量等于(或非常接近于)这个核的一个量子态能量时,其俘获概率格外高,这就解释了具有大截面值的共振吸收现象。

通常说截面与中子能量有关,实际上它们取决于发生相互作用中的中子和核的相对能量,如果核是静止的,则相对能量就等于中子能量,实际情况是,固体中核在晶格中的固定点附近振动,其振动能随温度升高而增加。另外,即使在某一给定的温度下,核的振动能也在宽阔的能量范围内,倾向于具有一种麦克斯韦分布。这样,即使对单能中子入射束,其相对于靶核的能量也将在单一中子能量测量值的上下范围内变化。这种现象叫做多普勒效应,因为它与具有表现固定频率的运动光源或声源所观测到的波长变化现象相类似。

由于靶核的振动能随温度升高而增加,所以中子—核相对能量的范围也随温度升高而增大。因此,由于多普勒效应,共振峰的宽度随温度上升而加大,这种现象叫做多普勒展宽。峰的展宽伴随着其高度的降低而共振的面积保持不变,对于孤立清晰的共振,当温度增加时,多普勒展宽的一般性质表示在图 2.8 的截面曲线中。

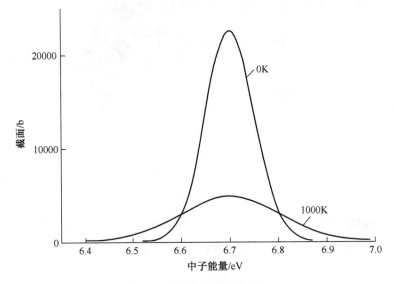

图 2.8 多普勒效应示意图

对热中子反应堆来说,多普勒展宽对中子的吸收率有影响,如果共振中子平均通量密度保持不变,则共振中的中子吸收率将不受多普勒展宽的影响,是因为截面曲线下的面积不变。实际上,在热中子反应堆中,在中子慢化过程中经过共振区的共振中子,平均通量密度由于共振峰的展宽,即由于温度的增加而增大。这样,共振区中中子的总吸收率(它取决于中子通量密度与截面的乘积)随温度升高而增加。

2.5.9 平均截面

前面讨论的是单能中子情况,实际上,在核反应堆内,中子并不具有同一速度 v 或能量 E,而是分布在一个很宽的能量范围内,以不同的速度在运动着。中子数关于能量 E 的分布称为中子能谱分布。不同的反应堆,有着不同的中子能谱分布。

若令 $n(E)$ 表示中子能量在 E 附近单位能量间隔内的中子密度,根据中子通量密度的定义,总的中子通量密度 Φ 应为

$$\Phi = \int_0^\infty n(E)v(E)\mathrm{d}E = \int_0^\infty \phi(E)\mathrm{d}E \tag{2.48}$$

式中:$\phi(E) = n(E)v(E)$,它表示在 E 附近单位能量间隔内的中子通量密度,这里 $v(E)$ 表示

能量为 E 的中子速度，$E = \dfrac{mv^2}{2}$。

考虑到截面是中子能量的函数，因此核反应率 R 应为

$$R = \int_{\Delta E} \Sigma(E) n(E) v(E) \mathrm{d}E = \int_{\Delta E} \Sigma(E) \phi(E) \mathrm{d}E \tag{2.49}$$

为了以后计算方便，在实际计算中常引入某一能量区间的平均截面的概念。若用 $\overline{\Sigma}$ 表示某能量区间的平均宏观截面，并令平均宏观截面与总的中子通量密度的乘积等于核反应率 R，即

$$R = \int_{\Delta E} \Sigma(E) \phi(E) \mathrm{d}E = \overline{\Sigma} \Phi \tag{2.50}$$

这样，便可求得平均宏观截面

$$\overline{\Sigma} = \dfrac{\int_{\Delta E} \Sigma(E) \phi(E) \mathrm{d}E}{\int_{\Delta E} \phi(E) \mathrm{d}E} = \dfrac{R}{\Phi} \tag{2.51}$$

可以看出，式(2.50)意味着，在保持核反应率相等这一点上，$\overline{\Sigma} \Phi$ 与式(2.49)的 R 是等效的。因此有时把平均截面称作等效截面。这种用核反应率保持不变的原则来求平均截面的概念，在反应堆计算中是经常用的。

从式(2.51)可知，要计算平均截面或核反应率，必须首先知道中子通量密度按能量的分布，即中子能谱 $n(E)$ 或 $\phi(E)$。因此，中子能谱计算是反应堆物理分析中重要内容之一。

2.6 核裂变反应

核裂变过程是堆内最重要的中子与核相互作用的过程。它的重要性在于，在核裂变过程中，有大量的能量释放出来，同时释放出中子，这就有可能在适当的条件下使这一反应过程自动持续下去，而人们也能够不断地利用核反应过程中释放出来的能量或中子。

2.6.1 核裂变机理及裂变材料

人们在不断深入研究核裂变问题时，发现核裂变现象非常复杂，不仅存在二分裂变，还存在三分裂变和四分裂变现象，为解释其机理，提出了不同的理论模型。这其中以简单的液滴模型最为形象，本书仍以此来说明核裂变反应的机理。考虑一滴液体受力作用而发生振动，于是经过一系列阶段，如图 2.9 所示。开始液滴呈球形(图(a))，由于振动而拉长成一椭球体(图(b))，如果能量不足以克服表面张力，液滴就要返回原状，但若变形力足够大，椭球体就会进一步变成哑铃体(图(c))，一旦液滴达到这个阶段，就不能再恢复原状，而会立刻分裂成两个液滴，这些液滴刚开始还有点变形(图(d))，但最后就会变成球形(图(e))。

裂变过程也同上述情况相似。当靶核俘获中子形成复核时，复核的激发能就等于中子的结合能 E_B 加上中子被俘获前具有的动能 E(严格讲，应为中子与靶核在质心系的总动能 E_C，因为现在讨论的是重核，$A \gg 1$，故 $E \approx E_C$)。由于复核具有激发能，便经历一系列的振动，其过程与图 2.9 类似。如果这一能量不足以产生大于图(b)的进一步变形，核心内的结

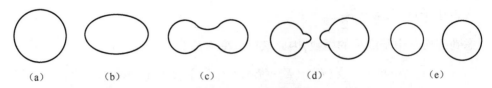

图 2.9 液滴模型图

合力会迫使复核回到原始的球形,而过剩的能量可以通过复核发射某一粒子而放出。但是如果复核的激发能足够使它变成哑铃形(图(c)),它就不能再回到状态图(a)了。这是因为在图(c)两端的静电斥力可以超过作用在中间收缩区域上的核内结合力,这时复核立刻由图(c)→图(d)→图(e)裂变成为两个向相反方向运动的中等核。为了变形到图(c)形状而必须具有的能量叫做裂变的临界能量,因此,裂变的必要条件是复核的激发能大于裂变的临界能。

对于有些重核,其在吸收中子形成复核时,最后一个中子的结合能大于复核的临界裂变能,这样在任意动能入射中子的作用下都可能发生裂变,这些核称为易裂变核(裂变同位素),如 ^{233}U、^{235}U、^{239}Pu、^{241}Pu。这些核素中只有 ^{235}U 是天然存在的,但自然界中 ^{235}U 在 U 的一系列同位素中只占很小的比例,丰度(原子百分比)约为 0.720%,大量的是 ^{238}U。另外一些重核如 ^{232}Th、^{238}U,其最后一个中子的结合能小于复核的临界裂变能,这样只有在入射中子的动能大于一定值时裂变才可能发生,这些核称为可裂变核(可裂变同位素)。

2.6.2 裂变产物与裂变中子

原子核裂变时生成许多裂变产物,除有裂变碎片外,还常常发射出中子、γ 射线、β 射线和中微子等,它们有的是在裂变的瞬间放出的,有的是在裂变碎片发生放射性衰变时放出的。分别介绍如下。

1. 裂变碎片

可裂变核发生裂变反应后生成的两个中等质量的原子核,成为裂变碎片。核裂变产生碎片的方式有几十种以上,因此产生碎片的种类有很多种,而各种碎片出现的概率是不同的。裂变过程中出现某种碎片的概率用 γ 表示,称为裂变产额,它定义为裂变产生某碎片核数与裂变总次数之比。图 2.10 表示 ^{235}U 核裂变碎片产额按碎片质量数的分布。

值得注意的是,裂变几乎都以非对称方式发生的,而对称裂变出现的机会很少。

由裂变生成的碎片,常含有过剩的中子,因而具有 β^- 放射性,通常要经过一系列的 β^- 衰变,最后才变为稳定的核。例如,裂变过程中直接生成的核素 ^{135}Te,是以下列过程衰变的:

$$^{135}\text{Te} \xrightarrow{\beta^-} {}^{135}\text{I} \xrightarrow{\beta^-} {}^{135}\text{Xe} \xrightarrow{\beta^-} {}^{135}\text{Cs} \xrightarrow{\beta^-} {}^{135}\text{Ba}(\text{稳定})$$

由于裂变碎片的放射性衰变,使反应堆内产生多种核素,最后使裂变产物的种类增加到 300 种以上。其中有些裂变产物会大量吸收中子,对链式反应产生有害的影响。

2. 瞬发中子

裂变过程中放出的中子,统称为"裂变中子",这是最重要的裂变产物之一。裂变中子 99% 以上都是在裂变瞬间(约 10^{-14}s)释放出来的,称为"瞬发中子";还有不到 1% 的中子是在裂变发生后一定时间内衰变生成的,称为"缓发中子"。关于缓发中子后面再详细讨论。

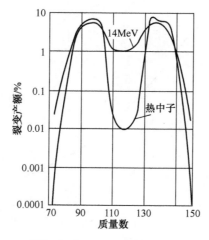

图 2.10 ^{235}U 核裂变碎片的质量数—产额曲线

每次裂变放出的瞬发中子数目是不同的，某些裂变可能根本不放出中子，某些裂变却又可能放出 5 个中子之多，一般情况是放出 2~3 个中子。然而，在反应堆计算中，重要的仅仅是每次裂变平均放出的次级中子数 ν，称为每次裂变的中子产额，简称 ν 因子。ν 包括瞬发中子和缓发中子两部分，ν 的值随入射中子能量的增加而近似地线性增加，即：

$$\nu(E) = \nu_0 + aE \tag{2.52}$$

式中：ν_0 和 a 是常数，其值由表 2.4 给出；E 是入射中子的能量，以 MeV 为单位。从表 2.4 可以看出，当入射中子能量在 1MeV 以上时，$1/a$ 约为 6~7MeV，这表明，入射中子能量每增加 6~7MeV 时，每次裂变平均多放出一个中子。

表 2.4 易裂变核的 ν_0 和 a 值

裂变核	ν_0	a/MeV^{-1}	能区/MeV
^{233}U	2.48	0.075	$0 \leq E \leq 1$
	2.41	0.136	$E > 1$
^{235}U	2.43	0.065	$0 \leq E \leq 1$
	2.35	0.150	$E > 1$
^{239}Pu	2.87	0.148	$0 \leq E \leq 1$
	2.91	0.133	$E > 1$

裂变放出的瞬发中子的能量是连续分布的，这个分布由函数 $\chi(E)$ 表示，称为瞬发中子谱。函数 $\chi(E)$ 定义为：每个瞬发中子的能量出现在 E 处单位能量间隔内的概率。因而 $\chi(E)\mathrm{d}E$ 表示瞬发中子的能量出现在 $E+\mathrm{d}E$ 之间的概率。显然，每个瞬发中子具有任何能量的概率必等于 1，即 $\chi(E)$ 是被归一的，称为"归一化条件"：

$$\int_0^\infty \chi(E)\mathrm{d}E = 1$$

关于 ^{235}U 裂变的瞬发中子谱，如图 2.11 所示。

该谱可用经验公式来表示，比较新的一个公式是：

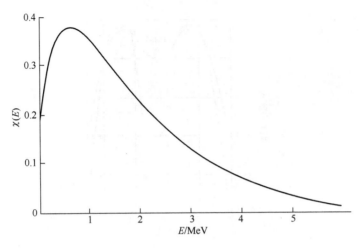

图 2.11 ^{235}U 的瞬发中子谱

$$\chi(E) = 0.453e^{-1.036E}sh\sqrt{2.29E} \tag{2.53}$$

式中:E 的单位是 MeV。一般认为,这个能谱与入射中子的能量无关,同时,各种裂变核的瞬发中子谱也都比较接近。

瞬发中子的平均能量约为 2MeV,求法如下:

$$\overline{E} = \int_0^{\infty} E \cdot \chi(E) dE = 1.98 \text{MeV} \tag{2.54}$$

3. 缓发中子

虽然只有不到1%的裂变中子是缓发中子,但这些中子在反应堆运行中起着重要的作用,因此有必要详细讨论。

某些裂变碎片经 β^- 衰变后生成了新的原子核,这些新核具有放出中子而衰变的能力,这就是缓发中子的起源。例如,裂变产物 ^{87}Br 经过 β^- 衰变,生成了处于基态或是 5.4MeV 左右的激发态的 ^{87}Kr。而 ^{87}Kr 含有 51 个中子,刚好比幻数 50 多 1,并且第 51 个中子的结合能相当低,只有 5.1MeV。因此,处于 5.4MeV 能级的 ^{87}Kr 就可能通过放出动能为 0.3MeV 的中子而衰变,如图 2.12 所示。由于同 ^{87}Br 的半衰期相比,中子是在很短的时间内放出的,因此,就好像中子是由半衰期为 55.7s 的 ^{87}Br 放出的一样。

在裂变过程中产生的最终可以放出缓发中子的那些核,如 ^{87}Br,称为缓发中子先驱核。根据先驱核半衰期的不同,可以把先驱核分为 6 组,因而共有 6 组缓发中子,每次裂变产生的第 i 组缓发中子的平均数,称为第 i 组缓发中子的产额,用 ν_i 表示。ν_i/ν 表示第 i 组缓发中子占全部裂变中子的分数,称为第 i 组缓发中子的份额,用 β_i 表示。$\beta = \sum_{i=1}^{6} \beta_i$ 称为缓发中子的总份额。β_i/β 表示第 i 组缓发中子占全部缓发中子的分数,称为第 i 组缓发中子的相对份额。显然,$\sum_{i=1}^{6}(\beta_i/\beta) = 1$,对于 ^{235}U 的热中子裂变,其各组缓发中子的数据列于表 2.5 和表 2.6 中。对于不同裂变核的热中子裂变,各组缓发中子的总产额和总份额列于表 2.7 中,以便比较。

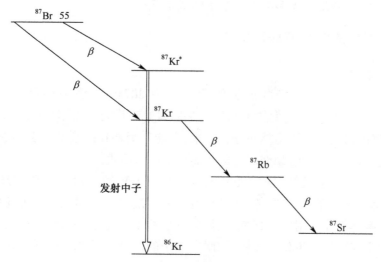

图 2.12 ^{87}Br 产生缓发中子的示意图

表 2.5 ^{235}U 热中子裂变的缓发中子数据

组别 i	半衰期 t_i/s	衰变常数 λ_i/(1/s)	产额 ν_i	份额 β_i
1	55.72	0.0124	0.00052	0.00021
2	22.72	0.0305	0.00346	0.00142
3	6.22	0.111	0.00310	0.00128
4	2.30	0.301	0.00624	0.00257
5	0.61	1.14	0.00182	0.00075
6	0.23	3.01	0.00066	0.00027

表 2.6 ^{235}U 热中子裂变的缓发中子数据(续)

组别 i	平均寿命 t_i/s	相对份额 β_i/β	能量 E_i/MeV
1	80.39	0.032	0.25
2	32.78	0.219	0.56
3	8.97	0.196	0.43
4	3.32	0.395	0.62
5	0.88	0.116	0.42
6	0.33	0.042	0.43

表 2.7 易裂变核的缓发中子数据比较

易裂变核	^{233}U	^{235}U	^{239}Pu
总份额	0.0026	0.0065	0.0021

如前所述,瞬发中子被放出时具有连续的能谱,而缓发中子则不同,每组缓发中子都具有大体上确定的能量。对于 ^{235}U 的热中子裂变,各组缓发中子的能量也列在表 2.6 中。应

37

该注意,缓发中子的能量比大多数瞬发中子的能量低得多。

2.6.3 裂变能量与反应堆功率

1. 裂变能的分配

实际测定,^{235}U 每次裂变释放出的能量约为 207MeV,而平均可回收的能量约为 200MeV。裂变能的绝大部分,大约 168MeV,是以裂变碎片的动能形式出现的。裂变碎片刚一产生,很快就被周围的介质阻挡而停止下来,其能量消耗在距裂变位置不超过 10^{-3}cm 的区域内并转变为热能。因此,裂变碎片的动能全部可以回收。

裂变碎片衰变时,会发射大约 8MeV 的 β 射线,7MeV 的 γ 射线以及 12MeV 的中微子。β 射线只能在堆内穿行很短的距离,所以 β 射线的能量也可以回收。因为几乎所有的反应堆都是设计成基本不让 γ 射线射出堆外,所以 γ 射线的能量也是可以回收的。中微子可以穿过反应堆而不与物质发生相互作用,因此中微子的能量是不能回收的。这部分损失掉的能量大约占总裂变能的 6%。

瞬发 γ 射线能量约为 7MeV,这些 γ 射线也基本上不会射出堆外,所以这部分能量也可以回收。

裂变中子的总动能约为 5MeV,在大多数反应堆中,裂变中子逃出堆外的概率也非常小,所以这部分能量也可以回收。这些中子留在堆内,一部分用来使可裂变核继续裂变,另一部分则被堆内的材料寄生吸收,即非裂变反应吸收。每次吸收往往产生一个或更多的俘获 γ 辐射,其能量取决于入射中子在复核内的结合能。对于 ^{235}U,每次裂变产生的俘获 γ 射线的能量约为 3~12MeV(此数值与堆内材料有关),当然,这部分 γ 射线能量全部可以回收。

^{235}U 每次裂变释放出的能量和可回收能量见表 2.8。

表 2.8 ^{235}U 裂变能的分配

裂变能形式	释放出的能量/MeV	可回收的能量/MeV
裂变碎片动能	168	168
裂变产物衰变:	—	—
β 射线	8	8
缓发 γ 射线	7	7
中微子	12	—
瞬发 γ 射线	7	7
裂变中子动能	5	5
俘获 γ 射线	—	3~12
总能量	207	198~207

从表 2.8 可以看出,俘获 γ 射线的能量在一定程度上可以补偿中微子能量的损失,所以在一般计算中,假定可回收能量可取为 200MeV,这些能量全部转变成热量的形式并由冷却剂带出堆外加以利用。^{235}U 每次裂变的可回收能量大约比 ^{233}U 小 2%,比 ^{239}Pu 大 4%。

2. 反应堆热功率

为简便起见，假定可裂变物质均匀分布在反应堆的装料区内，这时，宏观裂变截面近似与位置无关，核裂变率为

$$R_f(r) = \int_0^\infty \Sigma_f(E)\phi(r,E)\,dE \qquad (2.55)$$

式中：$\phi(r,E)$ 是在反应堆内 r 处的能量相关通量密度，$R_f(r)$ 是在 r 处的核裂变率密度。设反应堆装料区的体积为 V，则反应堆的总裂变率 F_f 为

$$F_f = \int_V \int_0^\infty \Sigma_f(E)\phi(r,E)\,dE\,dV \qquad (2.56)$$

如果每次裂变的可回收能量用 E_f 表示，那么反应堆功率 P 为

$$P = E_f \int_V \int_0^\infty \Sigma_f(E)\phi(r,E)\,dE\,dV \qquad (2.57)$$

令

$$\overline{\Sigma}_f = \frac{\int_0^\infty \Sigma_f(E)\phi(r,E)\,dE}{\int_0^\infty \phi(r,E)\,dE} \qquad (2.58)$$

$$\phi(r) = \int_0^\infty \phi(r,E)\,dE \qquad (2.59)$$

$$\overline{\phi} = \frac{1}{V}\int_V \phi(r)\,dV \qquad (2.60)$$

这里，$\overline{\Sigma}_f$ 是平均宏观截面（按通量密度谱平均），$\phi(r)$ 是在 r 处的中子通量密度，$\overline{\phi}$ 是平均中子总通量密度（按空间平均），将式(2.58)~式(2.60)代入式(2.57)，则得

$$P = E_f V \overline{\Sigma}_f \overline{\phi} \qquad (2.61)$$

式(2.57)或与之等效的式(2.61)是对各种类型反应堆都适用的普遍结果。我们的兴趣在热中子反应堆，下面就对热中子堆的功率计算加以讨论。

能量相关通量密度 $\phi(r,E)$ 在热能区的积分，称为"热中子通量密度"，用 $\phi_T(r)$ 表示：

$$\phi_T(r) = \int_0^{E_m} \phi_T(r,E)\,dE \qquad (2.62)$$

热中子通量密度 $\phi_T(r)$ 对装料区体积的平均值，称为"平均热中子通量密度"，用 $\overline{\phi}_T$ 表示：

$$\overline{\phi}_T = \frac{1}{V}\int_V \phi_T(r)\,dV \qquad (2.63)$$

这里，E_m 表示热能区的分界能，一般取 $E_m \approx 1\text{eV}$（此数值不是十分严格的，有时也将分界能取为 0.625eV）。

综上所述，对于热中子反应堆，式(2.61)化为：

$$P = E_f V \overline{\Sigma}_f \overline{\phi}_T \qquad (2.64)$$

式中，$\overline{\Sigma}_f$ 是对热中子谱平均的宏观裂变截面。从式(2.64)看出，当宏观裂变截面 $\overline{\Sigma}_f$ 为常数时，反应堆的热功率 P 正比于堆内的平均热中子通量密度 $\overline{\phi}_T$。

2.6.4 核反应堆的剩余释热

反应堆停堆后,堆芯功率不会迅速下降到零,这时由剩余释热产生的功率称为剩余功率。剩余功率是影响反应堆安全的一个重要因素,对于剩余功率的估算,也是反应堆运行管理人员必须掌握的基本内容。

对于舰船用压水堆,停堆后剩余功率的产生主要有三个来源:

(1) 停堆后某些裂变产物还继续发射缓发中子,引起部分铀核剩余裂变,这部分功率称为剩余裂变功率,记为 $P_n(t)$。

(2) 停堆后裂变产物继续发射 β 射线、γ 射线和缓发中子,所放出的衰变能转化为热能,这部分功率称为裂变产物的衰变功率,记为 $P_d(t)$。

(3) ^{238}U 俘获中子后生成的产物 ^{239}U 和 ^{239}Np,在停堆后它们的放射性衰变对发热也有贡献。这部分功率称为辐射俘获产物的衰变功率,记为 $P_c(t)$。

因此,停堆后的剩余功率 $P(t)$ 等于以上三部分功率之和,即

$$P(t) = P_n(t) + P_d(t) + P_c(t) \tag{2.65}$$

根据热中子诱发 ^{235}U 核裂变时,生成缓发中子先驱核常用的分组方式,其半衰期最长的约 1min,所以 $P_n(t)$ 随时间衰减很快,只在停堆后的较短时间内起作用,在停堆后几分钟以后就可忽略不计,在本书第七章中将进一步详细介绍停堆后堆芯中子密度的变化特性。

在低浓缩铀作燃料的压水堆中,对中子俘获产物衰变能贡献最大的是 ^{238}U,可以不必考虑其他核素的中子俘获产物的贡献,^{238}U 形成的主要辐射产物 ^{239}U 和 ^{239}Np 的半衰期较长,分别为 23.5min 和 2.35d(天),因此 $P_c(t)$ 起作用的时间较长,约在停堆 5d(天)后才可忽略。

裂变产物的衰变功率 $P_d(t)$,不仅时间长(通常在停堆 1 月后还可起到加热作用),而且比俘获产物衰变功率 $P_c(t)$ 大得多(通常要大一个量级),所以 $P_d(t)$ 在反应堆剩余功率中起着主要作用。下面重点介绍 $P_d(t)$ 的计算方法。

对于舰船压水堆,堆芯裂变核素主要有 ^{235}U、^{238}U、^{239}Pu,但即使同一种裂变核也有数十种裂变方式,最终形成的裂变产物达上百种,因此详细跟踪不同裂变产物来分析衰变热大小将非常复杂。一般分析裂变产物的衰变功率时,往往采用近似等效的方式处理,根据衰变热的形成机理,其大小主要受堆芯裂变核素成分、停堆前堆运行功率和运行历史的影响。美国标准学会根据大量的分析数据,给出了裂变产物的衰变热拟合公式:

$$F(t,T) = \sum_{i=1}^{23} \frac{\alpha_i}{\lambda_i} \exp(-\lambda_i t)[1 - \exp(-\lambda_i T)] \quad (\text{MeV/fission}) \tag{2.66}$$

根据美国标准学会 2005 年公布的数据,单纯考虑 ^{235}U 裂变的影响,式中 α_i、λ_i 如表 2.9 所示。

表 2.9 裂变产物的衰变热计算的拟合系数

序号	1	2	3	4	5	6
α_i	5.2800E-04	6.8588E-01	4.0752E-01	2.1937E-01	5.7701E-02	2.2530E-02
λ_i	2.7216E-00	1.0256E-00	3.1419E-01	1.1788E-01	3.4365E-02	1.1762E-02

(续)

序号	7	8	9	10	11	12
α_i	3.3392E-03	9.3667E-04	8.0899E-04	1.9572E-04	3.2609E-05	7.5827E-06
λ_i	3.6065E-03	1.3963E-03	6.2608E-04	1.8924E-04	5.5074E-05	2.0971E-05
序号	13	14	15	16	17	18
α_i	2.5189E-06	4.9836E-07	1.8523E-07	2.6592E-08	2.2356E-09	8.9582E-12
λ_i	9.9940E-06	2.5401E-06	6.6332E-07	1.2281E-07	2.7163E-08	3.2955E-09
序号	19	20	21	22	23	—
α_i	8.5968E-11	2.1072E-14	7.1219E-16	8.1126E-17	9.4678E-17	—
λ_i	7.4225E-10	2.4681E-10	1.5596E-13	2.2573E-14	2.0503E-14	—

一般的简化计算中,也可直接用博斯特—惠勒函数,函数 $P_d(t,T)$ 假定反应堆在热功率 P_0 下稳定运行,经 $T(s)$（1d = 86400s）后而突然停堆,在停堆后 $t(s)$ 时的衰变热功率用 $P_d(t,T)$ 表示。如式(2.67)所示,衰变热单位与运行功率 P_0 相同,T 和 t 单位均为 s。

$$\frac{P_d(t,T)}{P_0} = 6.65 \times 10^{-2} [t^{-0.2} - (T+t)^{-0.2}] \tag{2.67}$$

习 题

1. 分别计算 ^{4}He 和 ^{235}U 核的结合能和比结合能。

2. 现有一热中子反应堆,试分析其运行过程中堆芯内的中子能量范围,按能量的大小不同一般如何分类？

3. 同位素 ^{1}H 和 ^{2}H 的丰度（原子百分数）分别等于 99.9851 和 0.0149。计算普通水中 ^{1}H 和 ^{2}H 的核密度。

4. 已知 UO_2 的密度为 $10g/cm^3$,^{235}U 浓缩到 3%（原子百分数）,计算 UO_2 中 ^{235}U、^{238}U 和氧的核密度。

5. 已知放射性同位素 $^{55}_{27}$Co 的原子数目在一个小时内减少了 3.8%,衰变产物是非放射性的,试确定此同位素的衰变常数。

6. 欲使入射中子束减弱至原来的千分之一,试问所设计屏蔽层厚度需为多少个平均自由程？

7. 已知石墨的密度是 $1.6g/cm^3$。相应中子的 $\sigma_s = 4.8b,\sigma_a = 3.4mb$,试求它的散射平均自由程与吸收平均自由程。

8. 能量为 $E_1 = 0.0253eV$ 的中子密度 $n_1 = 10^5$ 中子$/cm^3$,而能量为 $E_2 = 1keV$ 的中子密度 $n_2 = 10^3 cm^{-3}$,试问哪一种的中子通量密度大？

9. 速度为 2200m/s 的中子束通过厚 0.06mm 的镉滤板后,中子束强度减弱一半,计算镉的热中子微观吸收截面。

10. 某反应堆堆芯由 ^{235}U、H_2O 和 Al 组成,各成分所占的体积比分别为 0.002,0.600 和 0.398,计算堆芯的总吸收截面 $\Sigma_a(0.025eV)$。

11. 分别计算常温下和温度为 535.5K（密度为 $0.802\times10^3\,\text{kg/m}^3$）时，$H_2O$ 的热中子平均宏观吸收截面。

12. 请写出 ^{235}U 核裂变反应的一般表达式及含义，^{235}U 吸收中子后是否都能产生核裂变？如果不能，则还可能产生什么核反应？用核反应式表示之。

13. 裂变能在堆芯的什么部位释放出来？为什么说反应堆停堆后仍然是一个很强的放射源？

14. 现有一反应堆装有 1t 的 ^{235}U，试问这些 ^{235}U 全部裂变将产生多大的质量亏损？释放多少能量？

15. 已知反应堆热功率为 110MW，堆芯 $^{235}_{92}U$ 初装质量为 100kg，问反应堆运行了 200 个满功率天时，消耗掉百分之几的易裂变物质？

16. 反应堆的热功率为 600MW，问每秒有多少个 ^{235}U 核发生裂变？问运行一年共需消耗多少千克易裂变物质？一座相同功率燃煤锅炉在同样时间需要多少燃料？已知标准煤的燃烧热为 $Q=29\text{MJ/kg}$。

17. 某压水堆的热功率为 100MW，满功率运行了 1 个月后突然停堆，试计算停堆 1min、1h、10h、1d、10d、1 月后的衰变热。

18. 某反应堆装载 3t 金属铀，^{235}U 浓缩度为 3%，堆芯的平均温度为 250℃，测得热中子平均通量密度为 $5\times10^{13}\,\text{cm}^{-2}/\text{s}$，求堆功率。

第3章 中子的慢化与扩散

核反应堆内的主要物理过程,是受中子支配的,中子是诱发重核分裂的撞针,也是裂变能产生的媒介,了解堆内中子密度或中子通量密度按空间、能量、运动方向以及时间的分布,是核反应堆物理课程研究的基本内容,这一问题的全面描述和处理,属于输运理论范畴,已超出本书的范围。本章主要讨论反应堆运行物理中"临界"的概念以及堆内一代中子循环的物理过程、中子连续慢化理论与单群扩散理论。

3.1 链式裂变反应与反应堆临界

当中子与易裂变物质作用而发生核裂变反应时,易裂变物质的原子核通常分裂为两个中等质量数的核,并释放出巨大的能量;同时,每次裂变平均可以放出 ν 个中子。在可裂变物质处于适当的条件下,这些裂变中子又可能进一步引起新的裂变反应而释放出更多的中子,并不断地持续下去。这种连续的裂变反应称为链式反应。如果每次裂变反应产生的中子大于引起核裂变所消耗的中子数目,那么一旦在少数的原子核中引起了裂变反应之后,就有可能不再依靠外界的作用而使裂变反应不断地进行下去。这样的裂变反应称作自持的链式裂变反应。所谓"核反应堆",实际上就是一种能够实现可控自持链式核裂变反应的装置,它能够以一定的速率将蕴藏在原子核内部的核能释放出来。但如何才能实现可控的自持链式反应呢? 这是核反应堆物理研究的中心课题。

3.1.1 实现自持链式反应的条件

从上面的讨论可以看出,实现自持链式裂变反应的条件是,当一个裂变核俘获一个中子产生裂变以后,新产生的中子平均至少应该再有一个中子去引起另外一个核的裂变。由于裂变物质每次裂变时平均放出两个以上的裂变中子,因而实现自持的链式裂变反应是有可能的。但是,由于核反应堆除核燃料外,还有慢化剂、冷却剂、结构材料以及裂变产物,所以在反应堆内,不可避免地有一部分中子要被非裂变材料吸收,还有一部分中子要从反应堆中泄漏出去,因此,在实际的反应堆中,并不是全部裂变中子都能够引起新的核裂变反应。一个反应堆能否实现自持的链式裂变反应,就取决于上述裂变、非裂变材料吸收和泄漏等过程中子的产生率与消失率之间的平衡关系。中子的产生率主要取决于核燃料的性质和数量;中子的消失率、吸收率和泄漏率主要取决于系统的成分和大小。

如果在上述反应过程中,产生的中子数等于消耗掉的中子数,则链式裂变反应会自持地稳定地进行下去,这样的系统称为临界系统。如果每次裂变生成的中子数大于消失的中子数,那么裂变率将随时间而增加,链式裂变反应会自续地进行下去,但裂变率将随时间而增加,这样的系统称为超临界系统。反之,如果产生的中子数小于消耗掉的中子数,那么裂变率将随时间而减少,如果没有外加中子源,链式裂变反应就无法自续地进行下去,这样的系统称为次临界系统。

为了方便表示反应堆系统的临界特性,引入"增殖因数"的概念,也称增殖系数对于有限尺寸的反应堆(实际的反应堆尺寸都是有限的),常用有效增殖因数 k_{eff} 来描述它。如果堆芯内中子从出生到消亡的过程,能严格按代区分,即堆芯内中子数的变化规律满足按代增殖的话,有效增殖因数 k_{eff} 就定义为:

$$k_{\text{eff}} = \frac{\text{新一代中子数}}{\text{直属上一代中子数}} = \frac{\text{系统内中子产生率}}{\text{系统内中子的总消失(吸收 + 泄漏)率}} \tag{3.1}$$

这里,消失的中子数=吸收的中子数+泄漏的中子数。

如果,$k_{\text{eff}} > 1$,则堆内中子数随代的序数而增加,系统超临界;$k_{\text{eff}} = 1$,则堆内中子数将保持不变,系统临界;$k_{\text{eff}} < 1$,则堆内中子数随代的序数而减少,系统次临界。

为了以后讨论方便,再假定一个无限尺寸的反应堆,这样就没有中子的泄漏损失,因此,消失的中子数=吸收的中子数。用无限介质增殖系数 k_∞ 来描述它,其定义为:

$$k_\infty = \frac{\text{新一代中子数}}{\text{直属上一代中子数}} = \frac{\text{系统内中子的产生率}}{\text{系统内中子的吸收率}} \tag{3.2}$$

比较式(3.1)与式(3.2)可得:

$$k_{\text{eff}} = k_\infty P_{\text{L}} \tag{3.3}$$

式中:P_{L} 为中子的不泄漏概率。

$$P_{\text{L}} = \frac{\text{系统内中子的吸收率}}{\text{系统内中子吸收率 + 系统内中子的泄漏率}} \tag{3.4}$$

不泄漏概率 P_{L} 主要取决于反应堆芯部的大小和几何形状,当然它也和堆芯成分有关。一般说来,堆芯愈大,不泄漏概率也愈大。于是,根据式(3.3)可知,有限尺寸堆芯有效增殖系数便等于

$$k = k_\infty P_{\text{L}} \tag{3.5}$$

式中:P_{L} 为中子的不泄漏概率,它显然是小于 1 的,只有当系统为无限大时 P_{L} 才等于 1,这时有效增殖系数 k 便等于无限介质增殖系数 k_∞。

根据以上的讨论,立即可以得出反应堆维持自续链式裂变反应的条件是

$$k = k_\infty P_{\text{L}} = 1 \tag{3.6}$$

式(3.6)称为反应堆的临界条件。可以看出,要使反应堆维持临界状态,首先必须要求 k_∞ 大于 1。如果对于特定材料组成和布置的系统,它的无限介质增殖系数 k_∞ 大于 1,那么,对于这种系统必定可以通过改变反应堆芯部的大小,找到一个合适的堆芯尺寸,即找到一个合适的中子不泄漏概率 P_{L},恰好使 $k_\infty P_{\text{L}}$ 等于 1,亦即使反应堆处于临界状态。这时反应堆芯堆的大小称为临界大小,在临界情况下反应堆所装载的燃料数量称为临界质量。

反应堆的临界质量大小取决于反应堆的材料组成与几何形状。例如,对于采用富集铀的反应堆,它的 k_∞ 比较大,其不泄漏概率小一点仍然可以满足 $k_\infty P_{\text{L}}$ 等于 1 的条件。这样,

用富集铀作燃料的反应堆，其临界大小必定小于天然铀作燃料的反应堆。决定临界大小的另一个因素是反应堆的几何形状。由于中子总是通过反应堆的表面泄漏出去，而中子的产生则发生在反应堆的整个体积中，因而，要减少中子的泄漏损失，也就是要增加不泄漏概率，就需要减少反应堆的表面积与体积之比。在体积相同的所有的几何形状中，球形的表面积最小，亦即球形反应堆的中子泄漏损失率最小。然而，实际上由于工程上的考虑，动力反应堆多是做成圆柱形的。

3.1.2 压水堆内的中子循环过程

压水堆以中低浓缩铀作燃料，核燃料中绝大部分是 ^{238}U。通常将燃料加工成一定的形状，再用低中子吸收截面的合金（如锆）加以密封，构成"燃料元件"，这些合金称为结构材料；反应堆内轻水既是慢化剂，又是冷却剂。为形象分析反应堆能否实现自持的链式裂变反应，下面将根据按代增殖理论简要描述反应堆内中子从产生到消失所经历的物理过程，并论述各过程对中子总数变化的影响。

根据按代增殖理论，堆芯内中子数的变化特性主要取决于以下几种过程：易裂变材料吸收热中子引起的核裂变；快中子诱发 ^{238}U 核的裂变；慢化过程中的共振吸收；慢化剂、结构材料、裂变产物等物质核的辐射俘获；整个过程中子的泄漏，包括慢化过程中的泄漏和热中子扩散过程中的泄漏。反应堆内中子数目的变化取决于上述 5 个过程竞争的结果。其中前 2 个过程使堆内的中子数目增加，后 3 个过程使堆内中子数目减少。

为了简化分析，假设上述几个过程相互独立，并分别定义不同的因子来定量描述中子总数的变化情况。

（1）快中子裂变增殖因数 ε。假设某一时刻反应堆内易裂变核 ^{235}U 裂变共生成 1000 个中子，这些中子平均能量约为 2MeV，能量大于 1.1MeV 的中子可能会诱发 ^{238}U 核裂变，产生新的裂变中子，该过程最终将导致中子总数增加，形象地用快中子裂变增殖因数 ε 描述，其表示包括 ^{238}U 核裂变在内所有裂变产生的快中子总数与 ^{235}U 核热中子裂变产生的快中子数之比。即

$$\varepsilon = \frac{\text{所有裂变产生的快中子总数}}{^{235}\text{U 核热中子裂变产生的快中子数}} = \frac{\text{慢化到 1.1MeV 以下的快中子数}}{^{235}\text{U 核热中子裂变产生的快中子数}} \quad (3.7)$$

ε 表示由一个初始裂变中子所得到慢化到 ^{238}U 裂变阈能以下的平均中子数。例如，1000 个初始裂变中子，其中有 18 个裂变阈能以上的中子被 ^{238}U 核吸收，产生 48 个裂变中子，最后得到 1030 个 ^{238}U 裂变阈能以下的中子，因而 ε 就等于 1.0300。

上述 1030 个 1.1MeV 以下的快中子，在堆内继续慢化，可能有三种不同的遭遇：①一部分在慢化过程中泄漏出堆外，设泄漏 50 个；②一部分慢化到共振能区时被 ^{238}U 共振吸收，设共振吸收 120 个；③剩余部分慢化到热能区成为热中子，因而得到 860 个热中子。

（2）慢化过程中的不泄漏概率 P_F，简称快中子不泄漏概率。它的定义：

$$P_F = \frac{\text{慢化到热能区的中子数+被共振吸收的中子数}}{\text{慢化到热能区的中子数+被共振吸收的中子数+泄漏的快中子数}} \quad (3.8)$$

此例中，$P_F = (860 + 120)/1030 = 0.9515$。

(3) 逃脱共振俘获概率 p。表示慢化到热能区的中子数与 1.1MeV 以下且留在堆内被慢化的快中子数之比，即

$$p = \frac{慢化到热能区的中子数}{慢化到热能区的中子数 + 被共振吸收的中子数} \tag{3.9}$$

在此例中，$p = 860/(860 + 120) = 0.8776$。

(4) 热中子在扩散过程中的不泄漏概率 P_T，简称热中子不泄漏概率。上述 860 个热中子在堆内扩散过程中又有一部分中子泄漏出堆外，假设泄漏 40 个。剩下的 820 个热中子全部被堆内各种材料所吸收。

它的定义：

$$P_T = \frac{被吸收的热中子数}{被吸收的热中子数 + 泄漏的热中子数} \tag{3.10}$$

在此例中，$P_T = 820/860 = 0.9535$。

这样不难看出，在中子一代循环过程中，系统的不泄漏概率 P_L 应该是中子在慢化过程中和热中子在扩散过程中不泄漏概率的乘积，即

$$P_L = P_F P_T \tag{3.11}$$

于是 $P_L = P_F P_T = 0.9515 \times 0.9535 = 0.9072$。

被堆内各种材料吸收的 820 个热中子，其中被核燃料吸收的热中子 600 个，被非核燃料吸收的热中子 220 个。只有被燃料吸收的热中子才有可能引起核裂变而对链式反应做出贡献，为此引入第 5 个物理参量。

(5) 热中子利用系数 f。它表示被燃料吸收的热中子数占堆芯中所有物质（包括燃料在内）吸收的热中子总数的份数。即

$$f = \frac{燃料吸收的热中子数}{被吸收的热中子总数} = \frac{燃料吸收的热中子数}{燃料吸收的热中子数 + 非燃料吸收的热中子数} \tag{3.12}$$

在此例中，$p = 600/820 = 0.7317$。

(6) 每次吸收的中子产额 η。它表示燃料每吸收一个热中子产生的次级快中子的平均数。即

$$\eta = \frac{热中子引起裂变产生的次级快中子数}{被燃料吸收的热中子数} \tag{3.13}$$

上述 600 个被燃料吸收的热中子，引起燃料裂变，假定产生 1003 个次级中子，平均每吸收一个热中子产生 $1003/600 = 1.6717$ 个次级中子，则 $\eta = 1.6717$。

综上所述，压水堆主要靠热中子引起下一代裂变，这种反应堆也称热中子反应堆，可以画出热中子堆内中子循环的示意图，如图 3.1 所示。根据有效增殖因数的定义式(3.1)，可得 $k_{eff} = 1003/1000 = 1.003$，因而这个堆是超临界的。

小结如下，设在某代循环开始时，有 n 个裂变中子，它们被有效慢化以前，考虑到 ^{238}U 的快中子裂变效应，慢化到 1.1MeV 以下的快中子数目将增加到 $n\varepsilon$ 个。这些中子继续慢化，在慢化过程中由于共振吸收而减少，因而逃脱共振吸收而慢化到热能区的中子数目为 $n\varepsilon p$

个。考虑到中子在慢化和扩散过程中的泄漏损失,实际上被吸收的热中子数目只有 $n\varepsilon p P_\mathrm{F} P_\mathrm{T}$ 个。显然其中被燃料所吸收的热中子数目为 $n\varepsilon pfP_\mathrm{L}$。其余部分的热中子被非燃料的材料吸收。被燃料吸收的热中子引起裂变而产生新一代的裂变中子数目 $n\varepsilon pf\eta P_\mathrm{L}$。这样经过一代中子循环,有效增殖因数为

$$k_\mathrm{eff} = n\varepsilon pf\eta P_\mathrm{L}/n = \varepsilon pf\eta P_\mathrm{L} \tag{3.14}$$

假定反应堆是无限大的,因而没有中子泄漏,即 $P_\mathrm{L} = P_\mathrm{F} P_\mathrm{T} = 1$,则得无限介质增殖因数为

$$k_\infty = \varepsilon pf\eta \tag{3.15}$$

上式就是热中子堆通常所称的"四因子公式"。

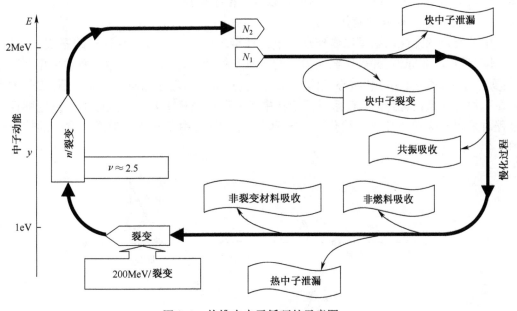

图 3.1 热堆内中子循环的示意图

3.2 中子慢化与慢化能谱

反应堆内裂变中子具有相当高的动能,其平均能量约为 2MeV,而热中子反应堆主要靠动能小于 1eV 的中子(热中子)诱发易裂变材料裂变。这些裂变中子需要在系统中与原子发生连续的弹性和非弹性碰撞,使其能量逐渐地降低到引起下一次裂变的平均能量,中子由于散射碰撞而降低速度的过程叫做慢化过程,也称中子的慢化。

3.2.1 中子慢化机理

由于中子与靶核的非弹性散射反应具有阈能高的特点,特别是对于用作慢化剂的轻核,其阈能非常高,约在几兆电子伏(例如,对于 $^{12}\mathrm{C}$,为 4.4 MeV);对于中等或高质量数的核,其数值要低一些,大约在 0.1 MeV 左右,即使对于最重的核,其数量级也在 50keV 左右(如,

对 ^{238}U,为 45keV),可以认为非弹性散射只对 $E > 0.1\text{MeV}$ 的裂变中子起主要作用。实际上,裂变中子经过与慢化剂和其他材料的核几次碰撞之后,中子能量便很快地降低到非弹性散射的阈能以下,这时中子的慢化主要是依靠中子与慢化剂核的弹性散射进行。因此,对于热中子反应堆,慢化过程中弹性散射起主要作用。本节重点研究弹性散射过程中子能量的变化。

3.2.2 中子的弹性散射过程

在热中子反应堆内,中子的慢化主要靠中子与慢化剂核的弹性散射。当中子的能量比靶核(如慢化剂核)的热运动能量大得多时,可以不考虑靶核的热运动和化学键的影响,即此时可以认为中子是与静止的、自由的靶核发生散射碰撞。

1. 弹性散射时能量的变化

中子与核的弹性散射可以看作是两个弹性钢球的相互碰撞。在这样的系统中,碰撞前后,其动量和动能守恒,并可用经典力学的方法来处理。讨论弹性碰撞时通常采用两种坐标系:实验室坐标系(L 系)和质心坐标系(C 系)。L 系是固定在地面上的坐标系,实际测量就是在这种坐标系内进行的。C 系是固定在中子—靶核质量中心上的坐标系。讨论弹性散射过程时采用 C 系可以使问题简化。在这两个坐标系内,中子与核散射碰撞前后的情况示于图 3.2。

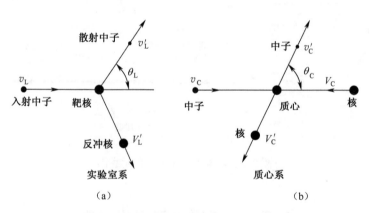

图 3.2 在实验室系(L 系)和质心系(C 系)内中子与核的弹性散射
(a)散射前;(b)散射后。

为了求出 C 系内中子和靶核的速度,首先必须求出质心的速度 V_{CM}。设以 v_L 和 V_L 分别表示碰撞前中子和靶核在实验室系内的速度,根据质心的动量应等于该系统内中子和靶核的动量之和,可以求得质心的速度 V_{CM} 为

$$V_{CM} = \frac{1}{(m+M)}(mv_L + MV_L)$$
$$= \frac{1}{1+A}v_L \tag{3.16}$$

式中:m、M 分别为中子和靶核的质量;v_L、V_L 分别为碰撞前中子和靶核在实验室系内的速度;$A = M/m$,它可以近似地看作靶核的质量数,同时认为在 L 系内碰撞前靶核是静止的,即

$V_L = 0$。

在 C 系内，设碰撞前中子和靶核的速度分别用 v_C 和 V_C 表示，有

$$v_C = v_L - V_{CM} = \frac{A}{A+1}v_L \tag{3.17}$$

$$V_C = -V_{CM} = -\frac{1}{A+1}v_L \tag{3.18}$$

由此，可以得到在 C 系内，中子与核的总动量 P_C 等于零，即

$$P_C = mv_C + MV_C = \frac{mM}{m+M}v_L - \frac{mM}{m+M}v_L = 0 \tag{3.19}$$

若用上角标"'"表示碰撞后的量，则根据碰撞前后动量守恒和动能守恒，有

$$P'_C = mv'_C + MV'_C = P_C = 0 \tag{3.20}$$

$$\frac{1}{2}mv'^2_C + \frac{1}{2}MV'^2_C = \frac{1}{2}mv^2_C + \frac{1}{2}MV^2_C \tag{3.21}$$

联立求解得

$$v'_C = -\frac{A}{1+A}v_L \tag{3.22}$$

$$V'_C = \frac{1}{A+1}v_L \tag{3.23}$$

把它们和式(3.17)、式(3.18)相比较，可看出，$|v'_C| = |v_C|$ 和 $|V'_C| = |V_C|$，即在 C 系内，碰撞前后，中子和靶核的速率不变，仅改变了运动方向。碰撞后，散射中子沿着与它原来运动方向成 θ_C 角度的方向飞去，角 θ_C 叫做 C 系内的散射角。由于质心总是位于两个粒子的连线上，故靶核也必定沿着与它原来运动方向成 θ_C 角度的方向反冲。

我们感兴趣的是在 L 系内碰撞前后中子能量的变化，因而必须把 C 系中得到的结果变换到 L 系中来。在 L 系内，碰撞后，中子沿着与原来运动方向成 θ_C 角的方向飞去，速度为 v'_L。而 $v'_L = v'_C + V_{CM}$（见图 3.3）。

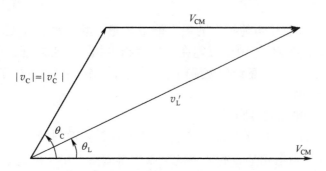

图 3.3　实验室系和质心系内散射角的关系

根据余弦定律有

$$v'^2_L = V^2_{CM} + v'^2_C + 2v'_C V_{CM}\cos\theta_C \tag{3.24}$$

把式(3.16)和式(3.23)代入，便可得到 L 系内碰撞后与碰撞前中子能量之比 E'/E 为

$$\frac{E'}{E} = \frac{v_L'^2}{v_L^2} = \frac{A^2 + 2A\cos\theta_C + 1}{(A+1)^2} \tag{3.25}$$

按照图 3.3,有

$$v_L'\cos\theta_L = V_{CM} + v_C'\cos\theta_C$$

或

$$\cos\theta_L = \frac{V_{CM} + v_C'\cos\theta_C}{v_L'} = \frac{1 + A\cos\theta_C}{A+1}\frac{v_L}{v_L'}$$

$$= \frac{A\cos\theta_C + 1}{\sqrt{A^2 + 2A\cos\theta_C + 1}} \tag{3.26}$$

利用式(3.25)消去式(3.26)中的 $\cos\theta_C$,便得到

$$\cos\theta_L = \frac{1}{2}\left[(A+1)\sqrt{\frac{E'}{E}} - (A-1)\sqrt{\frac{E}{E'}}\right] \tag{3.27}$$

令

$$\alpha = \left(\frac{A-1}{A+1}\right)^2 \tag{3.28}$$

将式(3.28)代入式(3.25),得

$$E' = \frac{1}{2}[(1+\alpha) + (1-\alpha)\cos\theta_C]E \tag{3.29}$$

从式(3.29)可以看出:

(1) $\theta_C = 0$ 时,$E' \to E'_{max} = E$,此时中子没有能量损失。

(2) $\theta_C = 180°$ 时,$E' \to E'_{min}$。

$$E'_{min} = \alpha E \tag{3.30}$$

因而一次碰撞中可能的最大能量损失为

$$\Delta E_{max} = (1-\alpha)E \tag{3.31}$$

换句话说,中子与靶核碰撞后不可能出现 $E' < \alpha E$ 的中子,即碰撞后中子能量 E 只能在 E 至 αE 的区间内。

(3) 中子在一次碰撞中可能损失的最大能量与靶核的质量数有关。如果 $A=1$,$\alpha = 0$,$E'_{min} = 0$,即中子与氢核碰撞时,中子可能在一次碰撞中损失全部功能。而中子与 ^{238}U 核发生一次碰撞时,可损失最大能量约为碰撞前中子能量的 2%,可见,从中子慢化的角度来看,应当采用轻元素作慢化剂。

2. 弹性散射中子能量的分布

从式(3.29)可以看到,中子的能量变化与其质心系内散射角 θ_C 之间有对应的关系。因此,根据碰撞后中子散射角分布的概率便可以求得碰撞后中子的能量 E' 分布的概率,设 $f(\theta_C)d\theta_C$ 表示在 C 系内碰撞后中子散射角在 θ_C 附近 $d\theta_C$ 内的概率;$f(E \to E')dE'$ 表示碰撞前中子能量为 E,碰撞后中子能量在 E' 附近 dE' 内的概率,$f(E \to E')$ 称为散射函数,由于碰撞后,中子的能量在 E' 与中子散射角 θ_C 之间有对应关系(见式 3.29),因而碰撞后,中子的能量在 E' 附近 dE' 内的概率必定等于对应的散射角在 θ_C 内的概率,即有下列关系式

$$f(E \to E')dE' = -f(\theta_C)d\theta_C \tag{3.32}$$

因此,如果能够知道在质心系内散射角的分布概率,由上式就可以求出散射后中子的能量分布函数$f(E \to E')$。实验表明:当$E < 10/A^{2/3}$ MeV(对一般轻元素相当于E小于几兆电子伏)时,在C系内,中子的势散射是各向同性的。即按立体角分布是球对称的,即在C系内,碰撞后中子在任一立体角内出现的概率是均等的。在这种情况下,一个中子被散射到立体角$d\Omega_C$(相当于C系内散射到θ_C和$\theta_C + d\theta_C$之间的角锥元,见图3.4)内的概率为

$$f(\theta_C) d\theta_C = \frac{d\Omega_C}{4\pi} = \frac{1}{2}\sin\theta_C d\theta_C \tag{3.33}$$

由式(3.29)得

$$\frac{d\theta_C}{dE'} = -\frac{2}{E(1-\alpha)\sin\theta_C} \tag{3.34}$$

将式(3.33)和式(3.34)代入式(3.32)便得到下式

$$f(E \to E') dE' = -\frac{dE'}{(1-\alpha)E}, \alpha E \leq E' \leq E \tag{3.35}$$

这样,碰撞前中子能量为E,碰撞后中子能量落在E和αE之间的任一能量E'处的概率与碰撞后能量E'大小无关,并等于常数。或者说,散射后的能量分布是均匀分布的,由于散射后中子能量E'分布在E和αE之间,由式(3.35)不难证明

$$\int_E^{\alpha E} f(E \to E') dE' = 1 \tag{3.36}$$

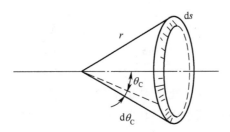

图3.4 C系内散射角分布

3. 对数能降和平均对数能降增量

为了计算方便,在核反应堆分析中还常使用一种无量纲的量叫做对数能降(也称"勒"),用u表示,这样把中子能量变化表示成对数无量纲的形式。它的定义是

$$u = \ln\frac{E_0}{E} \tag{3.37}$$

式中:E_0是任意选的中子最大参考能量,与其对应的对数能降为零。中子的对数能降随着被慢化而增加。

中子的弹性碰撞后能量减少,对数能降增加,一次碰撞后对数能降的增加量Δu为

$$\Delta u = u' - u = \ln\frac{E_0}{E'} - \ln\frac{E_0}{E} = \ln\frac{E}{E'} \tag{3.38}$$

因而有

$$\frac{E'}{E} = e^{u-u'} = e^{-\Delta u} \tag{3.39}$$

在研究中子慢化过程时,有一个常用的量,就是每次碰撞中子能量的自然对数值(或对数能降)的平均变化值,叫平均对数能降增量,用 ξ 来表示,有

$$\xi = \overline{\ln E - \ln E'} = \overline{\ln \frac{E}{E'}} = \overline{\Delta u} \tag{3.40}$$

式中:E 是碰撞前的中子能量,E' 是碰撞后的中子能量。根据散射在 C 系内是各向同性的特点,可以推出 ξ 的值,ξ 与中子初始能量无关,主要跟靶核的质量数有关。或者说,中子在给定散射核所作的任何一次碰撞中,平均损失的能量为它在碰撞前所具能量的一个不变份额。因而这个结果可以应用在慢化过程,分析将中子能量降低到热中子所需要的平均碰撞次数。表 3.1 中给出几种典型元素的 ξ。

表 3.1 核的散射性质

元素	质量数	ξ
H	1	1.000
D	2	0.726
Be	9	0.207
C	12	0.158
O	16	0.120
U	238	0.00838

若用 N_C 表示中子从初始能量 E_1 慢化到能量 E_2 所需的平均碰撞次数,利用平均对数能降增量时可以容易地求出 N_C 为

$$N_C = \frac{\ln E_1 - \ln E_2}{\xi} = \frac{\ln \frac{E_1}{E_2}}{\xi} \tag{3.41}$$

这样,当中子能量由 2×10^6 eV 慢化到 0.0253eV 时,所需要的中子和轻、重核的碰撞次数是不同的,对于氢核、石墨核以及 ^{238}U 核,所需要的碰撞次数分别是 19 次、115 次和 2173 次。

由图 3.5 给出 E 随 u 变化的曲线实际上是指数曲线,如果以间距 ξ 画出一组垂线,它们的高度代表了中子在作各次相继碰撞时的平均能量值,可以看出,中子在早期散射碰撞中损失的能量比后期碰撞中损失要大得多。

4. L 系内平均散射角余弦 $\overline{\mu_0}$

在 C 系中中子各向同性的散射假设,或者说散射角余弦 $\cos\theta_c$ 的所有值具有相等概率的假设,为经验散射定律。

在 C 系内散射可以是球对称的,在 L 系内并非如此,除非散射核的质量远大于中子的质量。如果是后一种情况,那么系统的质量中心与核靠得很近,因而 L 系接近 C 系。根据图 3.3。

$$\cos c = \frac{A\cos\theta_c + 1}{\sqrt{A^2 + 2A\cos\theta_c + 1}} \tag{3.42}$$

式中:θ_L 和 θ_c 分别是 L 系和 C 系内散射角,对于重核 $A \gg 1$,$\cos L \rightarrow \cos\theta$,因此 L 系内的散射

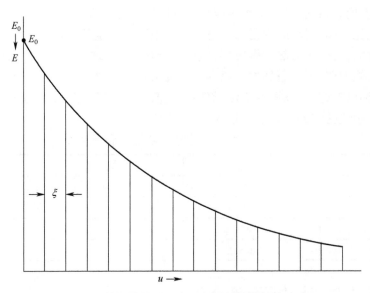

图 3.5 弹性散射过程中子能量和勒之间的关系

角接近于 C 系内的散射角。

设散射在 C 系内各向同性,则 L 系内的平均散射角余弦由下式给出

$$\overline{\cos L} = \bar{\mu}_0 = \frac{\int_0^{4\pi} \cos\theta_L d\Omega}{\int_0^{4\pi} d\Omega}$$

式中:$d\Omega$ 是立体角元,将变量 Ω 变换为 θ,即 $d\Omega = 2\pi\sin\theta_c d\theta_c$,并把方程(3.42)代入上式,可得

$$\bar{\mu}_0 = \frac{2}{3A} \tag{3.43}$$

$\bar{\mu}_0$ 随着散射核质量增加而下降。

3.2.3 慢化剂的性质

根据平均对数能降的定义,从中子慢化的角度来看,慢化剂应具有大的平均对数能降增量值,需要选择轻元素。此外,只有当中子与核发生散射碰撞时,才有可能使中子的能量降低,它还应该有较大的散射截面。因此,要求慢化剂应具有较大的宏观散射截面Σ_s和ξ,通常把$\xi\Sigma_s$叫做慢化剂的慢化能力,慢化能力可综合反映慢化剂的慢化效率。

另外,从中子利用的角度,在中子慢化过程不希望有中子因慢化剂吸收而损失,显然还要求慢化剂应具有小的吸收截面。为此,定义一个新的量$\xi\Sigma_s/\Sigma_a$,把它叫做慢化比。从反应堆物理观点来看,它是表征慢化剂优劣的一个重要参数,好的慢化剂不仅应具有较大的$\xi\Sigma_s$值,还应该具有大的慢化比。如硼具有不错的慢化能力,但由于其中子吸收截面非常大,就不适合做慢化剂。表 3.2 给出常用 4 种慢化剂的特征参数。

从表 3.2 可以看出,轻水的慢化能力值$\xi\Sigma_s$最大,慢化效率最高,同时轻水还可以兼做堆芯的冷却剂,因而以水作慢化剂的反应堆可以具有较小的堆芯体积,非常适宜受空间限制较大的核动力舰船。目前,世界范围内舰船核反应堆主要是轻水堆,但轻水的中子吸收截面相对较大,慢化比不高,对堆芯内易裂变材料的富集度有一定的要求。重水具有良好的慢化性能,慢化比最大,可以用天然铀做燃料,但重水价格非常昂贵。石墨的慢化性能也是较好的,但它的慢化能力弱,因而石墨堆一般具有较庞大的堆芯体积。当然,慢化剂的选择还需要从工程角度加以考虑,如辐照稳定性、价格是否低廉等。轻水是价廉而又最易得到的慢化剂,目前核电厂中最常用的慢化剂也是水。

表 3.2 4 种慢化剂的慢化能力和慢化比

物质	ξ 或 $\bar{\xi}$	$\xi \Sigma_s$	$\xi \Sigma_s / \Sigma_a$
H_2O	0.920	206	92
D_2O	0.509	55.0	5717
Be	0.207	21	156
C	0.158	6.3	234

3.2.4 慢化时间与中子年龄

在无限介质内的裂变中子,由裂变的初始能量 E_0 慢化到热能 E_m 所需要的平均时间称为慢化时间,用 t_m 表示。而中子的慢化主要是靠弹性散射,因此,只计算弹性散射的慢化时间。设 t 时刻所有慢化中子具有同一速度 v,在一个小的时间间隔 dt 内,慢化中子移动的距离为 vdt,如果能量为 E 的中子的平均散射自由程为 $\lambda_s(E)$,那么在 dt 时间内每个中子平均碰撞次数为 $vdt/\lambda_s(E)$。每次碰撞的平均对数能降增量为 ξ。因此,在 dt 时间内对数能量 $\ln E$ 的减小等于 ξ 与 dt 时间碰撞次数的乘积,即

$$-d\ln E = \frac{\xi v dt}{\lambda_s(E)} \tag{3.44}$$

由 E_0 到 E_m 所需的慢化时间 t_m 为

$$t_m = -\int_{E_0}^{E_m} \frac{\lambda_s(E)}{\xi v} \cdot \frac{dE}{E} \tag{3.45}$$

其中,$d\ln E = \frac{1}{E}dE$,积分限由 E_0 到 E_m。

设中子质量为 m,则 $v = \sqrt{2E/m}$。我们采用一个适当的平均值 $\bar{\lambda}_s$ 代替 $\lambda_s(E)$,就可以得到一个 t_m 的估算值。即

$$t_m = \frac{\bar{\lambda}_s}{\xi} \cdot \sqrt{2m} \left(\frac{1}{E_m} - \frac{1}{E_0} \right) \tag{3.46}$$

一般取裂变中子平均初始能量为 $E_0 = 2\text{MeV}$,热中子能量 $E_m = 0.025\text{eV}$。另外 $v_m = \sqrt{2E_m/m}$,这时 t_m 变成

$$t_m \approx \frac{2\lambda_s}{\xi v_m} = \frac{2}{\xi \Sigma_s v_m} \tag{3.47}$$

表 3.3 给出慢化剂的慢化时间 t_m 计算值。

表 3.3　不同性质慢化剂的慢化时间

慢化剂	H$_2$O	D$_2$O	Be	BeO	C
t_m（慢化时间）/s	1.0×10^{-6}	8.1×10^{-6}	9.3×10^{-6}	12×10^{-6}	33×10^{-6}

3.2.5　反应堆能谱

从上面的分析可以看出,慢化过程中,堆芯内中子的动能是不断变化的,当反应堆内中子密度(或中子通量密度)按能量具有稳定的分布,称为反应堆中子能谱,常用 $\phi(E)$ 表示。中子的动能对核反应的类型与截面大小都有很大影响,在反应堆物理设计或分析中,往往需要知道堆芯内稳定的中子能谱。自然,反应堆内中子的能量分布与其空间分布是紧密联系的,要准确地确定它,需精确求解中子输运方程,这需要非常复杂艰难的数学计算,超出了本书探讨的范围。在许多实际问题中,往往只需知道近似的能量分布就可以了,下面假设反应堆无限大,不考虑泄漏的影响和空间位置的差异,并将反应堆内所有中子根据能量大小简单划分为高能区、慢化区和热中子区,来探讨反应堆能谱。

1. 高能区

对于高能范围($E>0.1\text{MeV}$),可近似认为裂变生成的中子还没有来得及慢化,$\phi(E)$ 可以近似地用裂变谱 $\chi(E)$ 来表示,见 2.6 节。

2. 慢化区

慢化区内中子的能量主要在 $1\text{eV}\sim0.1\text{MeV}$ 之间,对一个无限大均匀堆,假定在介质内每秒每单位体积内产生 q_0 个快中子,这些快中子将通过与慢化剂核的碰撞过程而不断地降低能量。与此同时,快中子不断地由裂变产生,在稳态情况下,在系统内就形成某种稳定的中子能量分布。

在介质无吸收无泄漏的情况下,q_0 个源中子必将慢化到初始能量至热能的任一能量,假设中子与核每次碰撞的平均能量损失很小,或平均对数能降增量是一个很小的值,则在能量 E 附近的一个能量间隔 ΔE(或对数能降间隔 Δu)内要使一个中子能量下降 ΔE,即对数能降增加 Δu 所需的平均碰撞次数为 $\Delta u/\xi = \Delta E/(\xi E)$,在 ΔE 间隔内单位体积内每秒发生的碰撞次数为 $\Sigma_s\phi(E)\Delta E$。在无吸收情况下它就等于 ΔE 间隔内的碰撞反应率,即

$$\Sigma_s\phi(E)\Delta E = \frac{q_0\Delta E}{\xi E} \tag{3.48}$$

即有

$$\phi(E) = \frac{q_0}{\xi\Sigma_s E} \tag{3.49}$$

这就得到了慢化区中子通量密度随能量变化的关系式,它是反应堆物理分析中经常要用到的一个重要结果。在慢化区域,散射截面随中子能量变化不剧烈,所以,中子通量密度的能谱分布近似按照 $1/E$ 规律变化。这一分布规律有时称为 $1/E$ 谱或费米谱。我们常常把它作为反应堆内慢化区中子能谱分布的初步近似。

3. 热中子区

当慢化下来的中子与弱吸收介质(如堆内的慢化剂)原子或分子达到热平衡时,中子的能量基本上满足麦克斯韦分布规律,这种中子称为热中子。设 $n(E)$ 为单位体积能量在 E

附近单位能量间隔内的中子数,则按麦克斯韦分布律有

$$n(E) = \frac{2\pi n}{(\pi kT)^{3/2}} E^{1/2} \exp\left(-\frac{E}{kT}\right) \tag{3.50}$$

式中:n 为单位体积内中子的总数,即中子密度(中子/cm³);k 为玻耳兹曼常数,$k = 8.061735 \times 10^{-5}$ MeV/K;T 为中子系统的绝对温度(K)。

与式(3.50)对应的麦克斯韦速率分布为

$$n(v) = 4\pi n \left(\frac{m}{2\pi kT}\right)^{\frac{3}{2}} v^2 \exp\left(-\frac{mv^2}{2kT}\right) \tag{3.51}$$

它表示达到热平衡时速率在 v 附近单位速率间隔内的中子密度。式中 m 为中子质量,$m = 1.6749 \times 10^{-24}$ g;v 为中子速率,cm/s;其他参数同式(3.50)。

利用式(3.51),可得到最可几速率

$$v_p = \sqrt{\frac{2kT}{m}} \tag{3.52}$$

及平均速率

$$\bar{v} = \sqrt{\frac{8kT}{m}} = 1.128 v_p \tag{3.53}$$

中子在室温下($T = 293$K)达到平衡时,有

$$E = \frac{1}{2} m v_p^2 = kT = 0.0253 \text{eV} \tag{3.54}$$

有时,也把速率为 2200m/s 或能量为 0.0253eV 的中子狭义地称为热中子;这种中子的截面,有时也称为热中子截面。反应堆物理分析中,通常把某个分界能量 E_c 以下的中子称为热群中子,E_c 称为分界能或缝合能。对于压水反应堆物理分析,通常取 $E_c = 0.625$ eV。

根据前面的讨论,现在可以对反应堆内总的中子能谱进行简单的概括。在慢化能区,中子通量密度的能谱分布近似按照 $1/E$ 规律变化,而在热能区和裂变中子区中子能谱则可以分别用麦克斯韦谱和裂变中子谱来近似地描述。这样就得到了热中子反应堆中子能谱的最粗浅的概念。在一些近似计算中可以用它来近似地描述反应堆的中子能谱,如图 3.6 所示。

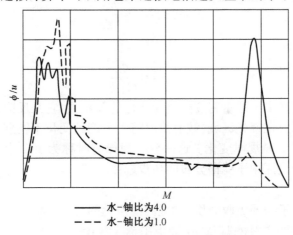

图 3.6 热中子反应堆的中子能谱示意图

3.3 单群中子的扩散

中子在介质内的运动是一种杂乱无章的具有统计性质的运动,即初始在系统内的某一位置、某种能量及某一运动方向的中子,在稍晚些时候,将运动到系统内的另一位置以另一能量和另一运动方向出现,这一现象称为中子在介质内的输运过程。其移动过程中满足输运理论,根据输运理论求解中子通量密度的精确方程叫输运方程。对一个空间三维系统,$\phi(r,v,\Omega,t)$是至少包含 7 个自由量的函数,其守恒方程超出本书研究的范围。为简要研究系统达到稳定状态时中子的空间移动规律,假设所有的中子是单能的,且中子与靶核发生散射反应后是各向同性的,即扩散近似,由此推出的理论叫"单速扩散理论"。

3.3.1 斐克扩散定律

为描述系统内净中子的流动,引入矢量 J,J 称为中子流密度,它在任何给定表面上的垂直分量等于单位时间内沿该规定方向通过该表面单位面积的净中子数。单位是 m^{-2}/s。J 既不同于中子束强度 I,也不同于中子通量密度 ϕ,尽管它们的单位都相同。粗略地说,J 是由许多具有不同方向的微分中子束矢量合成的量,它表示该处中子的净流动情况。

为了定量分析堆芯内净中子流动的基本规律,现假设有一无限均匀介质内的稳态中子系统,此时中子通量密度不再随时间变化,仅考虑其具体的空间分布。如图 3.7 所示,设坐标系原点的 xy 平面上有一面积元 dA,在 $r(r,\theta,\varphi)$ 处取一体积元 $dV=r^2\sin\theta dr d\theta d\varphi$。则 dV 内每秒发生散射的中子数目为 $\Sigma_s\phi(r)dV$,这里 Σ_s 是介质的宏观散射截面,$\phi(r)$ 是 r 处的中子通量密度。同时由于假设中子的散射是各向同性的,这样在 dV 内散射的中子朝各个方向散射的概率都相等。被散射到 dA 方向上的中子份额就等于 dA 对散射点所张的立体角占总立体角的份数,即 $\cos\theta dA/(4\pi r^2)$,因此,dV 内每秒向 dA 散射的中子数是 $\Sigma_s\phi(r)dV\cos\theta dA/(4\pi r^2)$。但是,这些中子不是全部均能到达 dA,有些中子在途中就被吸收或散射掉了。而沿着这个方向散射的中子,实际能达到 dA 的概率为 $\exp(-\Sigma_t r)$,其中,Σ_t 是介质的宏观截面,$\Sigma_t=\Sigma_a+\Sigma_s$。如果再假定介质为弱吸收介质,即 $\Sigma_a\ll\Sigma_s$,因而 Σ_t 可以用 Σ_s 来代替。这样,每秒自 dV 内散射出来未经碰撞而能到达 dA 的中子数是

$$\Sigma_s\phi(r)\frac{1}{4\pi r^2}\cos\theta dA e^{-\Sigma_s r}dV$$

将上式对整个上半空间积分,则得每秒向下穿过 dA 的总中子数是

$$\frac{\Sigma_s dA}{4\pi}\int_0^\infty\int_0^{\pi/2}\int_0^{2\pi}\exp(-\Sigma_s r)\phi(r)\cos\theta\sin\theta dr d\theta d\varphi \tag{3.55}$$

现在,用 J_z^- 表示每秒沿负 z 方向穿过单位面积的中子数,它正好等于上面的积分除以 dA,即

$$J_z^- = \frac{\Sigma_s}{4\pi}\int_0^\infty\int_0^{\pi/2}\int_0^{2\pi}\exp(-\Sigma_s r)\phi(r)\cos\theta\sin\theta dr d\theta d\varphi \tag{3.56}$$

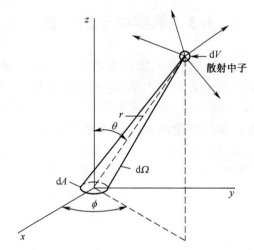

图 3.7 中子扩散规律分析示意图

因为通量密度 $\phi(r)$ 是一个未知函数,因而上述积分是无法计算的。但是,如果假设 $\phi(r)$ 是随位置缓慢变化的,就可以把 $\phi(r)$ 在原点处按泰勒级数展开并只取一次项。设对应于 r 处的直角坐标为 (x,y,z),则有

$$\phi(r) = \phi_0 + x\left(\frac{\partial \phi}{\partial x}\right)_0 + y\left(\frac{\partial \phi}{\partial y}\right)_0 + z\left(\frac{\partial \phi}{\partial z}\right)_0 + \cdots \tag{3.57}$$

式中,标角"0"表示 ϕ 及其导数取原点处的值。x,y,z 用球坐标表示:

$$\begin{cases} x = r\sin\theta\cos\varphi \\ y = r\sin\theta\sin\varphi \\ z = r\cos\theta \end{cases} \tag{3.58}$$

将式(3.57)及式(3.58)代入式(3.56)中去。由于对 φ 的积分是从 0 到 2π,所以含 $\cos\varphi$ 和 $\sin\varphi$ 项的积分等于零。于是 J_z^- 简化为

$$J_z^- = \frac{\Sigma_s}{4\pi}\int_0^\infty \int_0^{\pi/2} \int_0^{2\pi} \exp(-\Sigma_t r)\left[\phi_0 + \left(\frac{\partial \phi}{\partial z}\right)_0 \cos\theta\right]\cos\theta\sin\theta \mathrm{d}r\mathrm{d}\theta\mathrm{d}\varphi \tag{3.59}$$

经过计算得出

$$J_z^- = \frac{\phi_0}{4} + \frac{1}{6\Sigma_s}\left(\frac{\partial \phi}{\partial z}\right)_0 \tag{3.60}$$

用同样的方法,可以计算每秒沿正 z 方向穿过单位面积的中子数 J_z^+,这时,是对整个下半空间进行积分,对 θ 的积分是从 $\pi/2$ 到 π,因而面积元 $\mathrm{d}A$ 对散射点所张的立体角占总立体角的分数应为 $\dfrac{\cos(\pi-\theta)\mathrm{d}A}{4\pi r^2}$,即 $-\dfrac{\cos\theta \mathrm{d}A}{4\pi r^2}$。

经过计算得出

$$J_z^+ = \frac{\phi_0}{4} - \frac{1}{6\Sigma_s}\left(\frac{\partial \phi}{\partial z}\right)_0 \tag{3.61}$$

这样,单位时间沿着 z 方向穿过 xy 平面上的单位面积的净中子数,以 J_z 表示,便等于

$$J_z = J_z^+ - J_z^- = -\frac{1}{3\Sigma_s}\left(\frac{\partial \phi}{\partial z}\right)_0 \tag{3.62}$$

J_z 就是中子流密度 J 的 z 分量，它表示沿 z 正方向的中子净流动率。

上述计算，注意力集中在 J 的 z 分量上。但是，由于坐标系的方位完全是任意的，因此在坐标原点处 J 的其它分量的表示式也必然和式(3.62)相同，只不过将 z 换成 x 或 y 即可。

$$J_x = -\frac{1}{3\Sigma_s}\left(\frac{\partial \phi}{\partial x}\right)_0 \tag{3.63}$$

$$J_y = -\frac{1}{3\Sigma_s}\left(\frac{\partial \phi}{\partial y}\right)_0 \tag{3.64}$$

于是，中子流密度 J 为

$$\vec{J} = J_x \vec{i} + J_y \vec{j} + J_z \vec{k} = -\frac{1}{3\Sigma_s}\text{grad}\phi = -\frac{1}{3\Sigma_s}\nabla\phi \tag{3.65}$$

式中取消了表示坐标原点的脚标，这是因为坐标原点的位置也是任意选择的。只要介质满足以上假设条件，式(3.65)在介质内的任意点都成立，这就是单群中子扩散的基本定律。

将式 $\frac{1}{3\Sigma_s}=\frac{\lambda_s}{3}$ 定义为扩散系数，常用 D 来表示，则

$$J(r) = -D\nabla\phi(r) \tag{3.66}$$

上式称为斐克(Fick)扩散定律。其中扩散系数 D 具有长度的量纲。

1. 斐克定律的物理解释

式(3.66)表明：堆内 r 处的中子流密度 $J(r)$ 与该处中子通量密度 $\phi(r)$ 的负梯度成正比，方向指向 ϕ 减小最快的方向，J 的数值 $J(J=|J|)$ 表示单位时间内穿过垂直于该方向的单位截面积的净中子数。这可以用图3.8所示的简单例子来说明，假定中子通量密度只是一个空间变量的函数 $\phi=\phi(x)$，考虑中子穿过 $x=0$ 的平面的流动。显然中子从左向右穿过这个平面是由于这个平面左边中子碰撞的结果。反之，从右向左的中子流动，是由于平面右边中子碰撞的结果。因为左边的中子通量密度较高，所以左边的散射碰撞率(每秒每立方米内的碰撞次数)比右边的大，因而由左边散射穿过这个平面到右边的中子要比由右边散射到左边的多，其结果，就通过这个平面产生了一个沿正 x 方向的净中子流动。根据斐克定律，$J_x = -D\frac{d\phi}{dx}$，由于 $\frac{d\phi}{dx}<0$，所以 $J_x>0$。这正是预期的结果。

2. 斐克扩散定律的适用条件

因为斐克扩散定律是在一定假设条件下推导出来的，因此斐克定律的适用性，必然受到这些条件的限制。概括地说，斐克定律的限制条件主要是：

（1）介质对中子的吸收较弱，中子通量密度的梯度变化不快。
（2）介质对中子的散射，从实验室系观察应基本上是各向同性的。
（3）在有限介质内，要距离介质边缘几个平均自由程之外，斐克定律才适用。
（4）在有源介质内，要距离中子源几个平均自由程之外，斐克定律才适用。

3. 扩散系数的迁移修正

中子在实验室系的散射是各向同性的假设，仅在低能中子对重核的散射才是基本正确

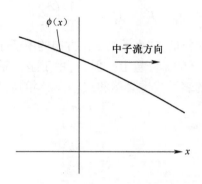

图 3.8 由非均匀通量密度分布产生的中子流

的。一般说来,中子沿它原来前进的方向的散射要更多一些。根据严格的迁移理论(该理论已超出本课程的范围),对于实验室系中不太强烈的各向异性散射,只要对扩散系数作一修正,斐克定律仍然适用。对于弱吸收介质,修正方法如下:

$$D = \frac{1}{3\Sigma_s(1-\bar{\mu})} = \frac{\lambda_s}{3(1-\bar{\mu})} \tag{3.67}$$

式中:$\bar{\mu}$ 是实验室系中散射角余弦值。下节将证明,在质心系中各向同性的散射的重要情况下,$\bar{\mu}$ 由下式给出:

$$\bar{\mu} = \frac{2}{3A} \tag{3.68}$$

式中:A 为介质核的质量数。若 $A \gg 1$,则 $\bar{\mu} \approx 0$,此时式(3.67)简化为式(3.66)。

令

$$\Sigma_{tr} = \Sigma_s(1-\bar{\mu}) \tag{3.69}$$

及

$$\lambda_{tr} = \frac{\lambda_s}{1-\bar{\mu}} \tag{3.70}$$

式中:Σ_{tr} 为介质的宏观迁移截面,λ_{tr} 为介质的迁移平均自由程。于是式(3.66)可以写成

$$D = \frac{1}{3\Sigma_{tr}} = \frac{\lambda_{tr}}{3} \tag{3.71}$$

3.3.2 连续性方程

当系统内中子通量密度达到稳定状态时,在任一体积内应满足"中子数守恒定律",即在任一体积 V 内中子总数随时间的变化率必须等于该体积内的中子产生率减去在该体积内中子的吸收率和泄漏率,这是任何链式核反应堆理论的基本原则。

如果 $n(r,t)$ 是 t 时刻在 r 处的中子密度,则 V 内的中子总数等于 $\int_V n(r,t) dV$。于是,中子平衡的普遍方程可写成

$$\frac{d}{dt}\int_V n(r,t) dV = 产生率(F) - 吸收率(A) - 泄漏率(L) \tag{3.72}$$

中子的产生用源分布函数 $S(r,t)$ 表示,它等于 t 时刻在 r 处每秒每单位体积由源放出的中子数。因此,在 V 内中子的产生率是

$$\text{产生率} = \int_V S(r,t) \mathrm{d}V \tag{3.73}$$

由于一次吸收反应只消耗一个中子,在 V 内中子的吸收率可以用中子通量密度来描述,假定介质是均匀的,则有

$$\text{吸收率} = \int_V \Sigma_a \phi(r,t) \mathrm{d}V \tag{3.74}$$

前面谈到,中子流密度 J 指向 $-\nabla\phi$ 的方向。J 的大小表示中子穿过垂直于 $-\nabla\phi$ 方向的单位截面的净流动率。如在 r 处任取一单位矢量 n,而与 $-\nabla\phi$ 的夹角为 θ,则 J 在 n 方向的分量为 $J_n = J \cdot n = J\cos\theta$。显然,$J_n$ 就表示中子穿过垂直于 n 的单位面积的净流动率。因此,如将 n 取为体积 V 的表面积 A 的外法线的单位矢量,那么 $J(r,t) \cdot n \mathrm{d}A$ 就等于中子通过 r 处的面积元 $\mathrm{d}A$ 向外的净流动率。于是中子从整个表面泄漏出去的总速率是

$$\text{泄漏率} = \oint_A J(r,t) \cdot n \mathrm{d}A \tag{3.75}$$

应用高斯公式可以把面积分变换成体积分:

$$\oint_A J(r,t) \cdot n \mathrm{d}A = \int_V \mathrm{div} J(r,t) \mathrm{d}V = \int_V \nabla \cdot J(r,t) \mathrm{d}V \tag{3.76}$$

式中:$\nabla \cdot J(r,t)$ 表示 $J(r,t)$ 的散度。它等于 t 时刻在 r 处单位体积内中子的净泄漏率,而 $\nabla \cdot J(r,t) \mathrm{d}V$ 则表示 t 时刻在 r 处体积元 $\mathrm{d}V$ 内中子的净泄漏率。

将式(3.73)至式(3.76)代入式(3.72),则得

$$\frac{\mathrm{d}}{\mathrm{d}t}\int_V n(r,t) \mathrm{d}V = \int_V S(r,t) \mathrm{d}V - \int_V \Sigma_a \phi(r,t) \mathrm{d}V - \int_V \mathrm{div} J(r,t) \mathrm{d}V \tag{3.77}$$

由于所有的积分都是在相同的积分体积内进行的,所以方程(3.77)两边的被积函数必然相等,即

$$\frac{\partial n(r,t)}{\partial t} = S(r,t) - \Sigma_a \phi(r,t) - \mathrm{div} J(r,t) \tag{3.78}$$

方程(3.78)叫做连续方程,它在反应堆理论中具有极重要的意义。无论斐克定律适用与否,该方程都是普遍成立的。

当中子源、中子通量密度和中子流密度都与时间无关时,则 $\partial n/\partial t = 0$,称这个系统处于稳态。这时方程(3.78)简化为

$$\mathrm{div} J(r) + \Sigma_a \phi(r) - S(r) = 0 \tag{3.79}$$

方程(3.79)称为稳态连续性方程。

当中子源、中子通量密度和中子流密度与空间位置无关时,则 $\nabla \cdot J = 0$,此时没有中子的流动,因而方程(3.78)变成

$$\frac{\mathrm{d}n(t)}{\mathrm{d}t} = S(t) - \Sigma_a \phi(t) \tag{3.80}$$

3.3.3 扩散方程

连续方程虽具有普遍意义,但其中含有两个未知函数 $\phi(r,t)$ 及 $J(r,t)$,这样的方程是无法求解的。如果利用斐克定律,消除其中一个未知函数 $J(r,t)$,就得到仅含有未知函数

$\phi(r,t)$的偏微分方程,这样的方程就可以求解了。假定扩散介质是均匀的,那么扩散系数D与位置无关。根据斐克定律(以下书写略去自变量):

$$\text{div} J = \nabla \cdot J = -D\nabla \cdot \nabla\phi = -D\nabla^2\phi \tag{3.81}$$

式中:$\nabla \cdot \nabla = \nabla^2$是拉普拉斯算符。

将式(3.81)代入式(3.78)就得到

$$\frac{\partial n}{\partial t} = S - \Sigma_a\phi + D\nabla^2\phi \tag{3.82}$$

因为讨论的是单能中子,所以$\phi = nv$,$\frac{\partial n}{\partial t} = \frac{1}{v}\frac{\partial \phi}{\partial t}$,将此结果代入式(3.82)最后得到:

$$D\nabla^2\phi - \Sigma_a\phi + S = \frac{1}{v}\frac{\partial \phi}{\partial t} \tag{3.83}$$

这个方程称为中子扩散方程,它在反应堆理论中占有很重要的地位。

如果中子通量密度与时间无关,则方程(3.83)的右边为零,于是这个方程简化为:

$$D\nabla^2\phi - \Sigma_a\phi + S = 0 \tag{3.84}$$

这个方程称为稳态扩散方程,它是反应堆临界研究的主要工具。

扩散方程中所用的拉普拉斯算符的形式取决于给定问题所采用的坐标系。在反应堆计算中常用到三种坐标系,即直角坐标系、柱坐标系和球坐标系。在这三种坐标系中,∇^2的形式如下:

直角坐标系:$\nabla^2 = \frac{\partial^2}{\partial x^2} + \frac{\partial^2}{\partial y^2} + \frac{\partial^2}{\partial z^2}$ (3.85)

柱坐标系:$\nabla^2 = \frac{1}{r}\frac{\partial}{\partial r}\left(r\frac{\partial}{\partial r}\right) + \frac{1}{r^2}\frac{\partial^2}{\partial \theta^2} + \frac{\partial^2}{\partial z^2}$ (3.86)

球坐标系:$\nabla^2 = \frac{1}{r^2}\frac{\partial}{\partial r}\left(r^2\frac{\partial}{\partial r}\right) + \frac{1}{r^2\sin\theta}\frac{\partial}{\partial \theta}\left(\sin\theta\frac{\partial}{\partial \theta}\right) + \frac{1}{r^2\sin^2\theta}\frac{\partial^2}{\partial \varphi^2}$ (3.87)

在扩散方程的推导过程中,主要是在泄漏率的推导过程中,使用了斐克定律。自然,扩散方程必须适应斐克定律的限制条件。稳态扩散方程是一个二阶微分方程,它并不给出某一物理状态的完整表述,因为微分方程的普遍解中包含有任意积分常数。为了确定这些常数的数值,就要在普遍解上加进某些限制条件,这些限制条件由具体的物理问题决定,并称为"边界条件"。边界条件与微分方程一起,方能确定方程的特解。在反应堆扩散理论中,经常用到的边界条件如下:

(1) 在扩散方程适用的区域内,中子通量密度必须是实数、非负和有限。

这个条件不证自明,因为虚通量密度、负通量密度和无限大通量密度都是没有意义的。

(2) 在两种不同介质的分界面上,垂直于分界面的净中子流密度相等而且中子通量密度也相等。

这个条件是根据分界面上不能有中子累积而导出的。设A、B为两种不同的扩散介质,n为它们分界面的法线矢量,则在分界面应有(图3.9):

$$(J_A)_n = (J_B)_n \tag{3.88}$$

$$\phi_A = \phi_B \tag{3.89}$$

（3）在介质和真空的分界面外，距离介质外表面为 d 处的中子通量密度为零。

这个条件仅仅是一种数学处理方法，因为扩散理论在这样的表面处不适用。d 称为外推距离。如果选择适当 d 的值，可以使扩散方程的解为介质内部的实际通量密度提供一个良好的近似。

通常的做法是将扩散方程的解线性地外推到表面外，使得距离外表面为 d 处这个解为零（图 3.10）。

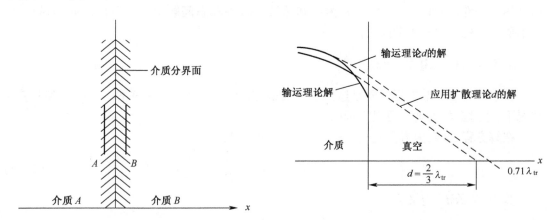

图 3.9　在两种介质的分界面上的中子扩散　　图 3.10　真空边界条件

设 n 为分界面的外法线矢量，则线性外推的边界条件意味着

$$\frac{1}{\phi}\frac{d\phi}{dn} = -\frac{1}{d} \tag{3.90}$$

式中：$\frac{1}{\phi}\frac{d\phi}{dn}$ 取界面上的值。因为中子不会从真空散射回到介质中去，所以对于凸表面，界面上沿负方向的中子流应等于零，即 $J_n^- = 0$。按照扩散理论，对于平面表面（图 3.10），利用式（3.60）可得（将 z 换成为 x 并去掉脚标）：

$$J_x^- = \frac{\phi}{4} + \frac{1}{6\Sigma_s}\frac{d\phi}{dx} = 0$$

$$\frac{1}{\phi}\frac{d\phi}{dx} = -\frac{3\Sigma_s}{2} \tag{3.91}$$

将式（3.91）与式（3.90）比较，并利用式（3.66）则得

$$d = \frac{2}{3}\lambda_s = 2D \tag{3.92}$$

再用扩散系数的迁移修正式（3.70），上式成为

$$d = \frac{2}{3}\lambda_{tr} \tag{3.93}$$

根据精确的迁移理论,平面表面的外推距离应为

$$d = 0.7104\lambda_{tr} \tag{3.94}$$

对于圆柱形或球形外表面,外推距离与表面的曲率半径 R 有关。只要 $d \ll R$(实际情况常常如此),则外推距离可按式(3.94)计算。

应该注意:在外推距离 d 处中子通量密度为零,只是介质徙动长度的一种表示方式,仅用来决定介质内部的通量密度,而不涉及真空中的实际通量密度。

对于与时间有关的中子扩散方程(3.83)的求解,除需要满足以下边界条件外,还需要满足初始条件,即对所有 $r,\phi(r,0)$ 为已知函数。这种动态问题留待以后再作详细讨论,本章主要讨论稳态中子扩散问题。

3.3.4 稳态扩散问题的解

要求出稳态扩散方程并满足边界条件的解,并不是一件容易的事情。然而在某些特殊情况下,通过数学处理是可以实现的。

在解方程之前,为方便起见,把方程(3.84)改写为

$$\nabla^2 \phi - \frac{1}{L^2}\phi = -\frac{S}{D} \tag{3.95}$$

其中,常数 L^2 定义为

$$L^2 = \frac{D}{\Sigma_a} \tag{3.96}$$

在反应堆理论的方程中,量 L 经常出现,并称为扩散长度。因为 D 和 Σ_a 的单位分别是 m 和 1/m,所以由式(3.96)看出 L 的单位是 m。

1. 无限介质内的平面源

设在无限均匀介质内有一无限平面源,它每秒每单位面积上均匀地放出 S 个中子。选取直角坐标系,使源平面与 $x=0$ 的平面重合,如图 3.11 所示。

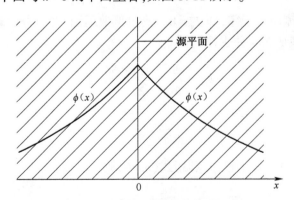

图 3.11 无限介质内平面源情形

介质内任一点的中子通量密度只与 x 有关,在 $x \neq 0$ 处扩散方程为

$$\frac{d^2\phi(x)}{dx^2} - \frac{1}{L^2}\phi(x) = 0, x \neq 0 \tag{3.97}$$

所需边界条件和源条件为

① 要 $x \neq 0$，$\phi(x)$ 必须为有限值。

② 要想达到稳定状态，源平面两侧净中子流必须正好各等于总源强的一半，即

$$\lim_{x \to \pm 0} J(x) = \pm \frac{S}{2}$$

方程(3.97)的一般解是

$$\phi(x) = Ae^{-X/L} + Ce^{X/L} \tag{3.98}$$

先考虑 $x>0$ 处的解。根据条件①，当 $x \to \infty$ 时，$e^{X/L} \to \infty$，故 C 必须为零。然后利用斐克定律

$$J(x) = -D\frac{d\phi}{dx} = \frac{DA}{L}e^{-X/L}$$

将上式代入条件②就可求出常数 A：

$$A = \frac{SL}{2D}$$

最后得 $x>0$ 处的解为

$$\phi(x) = \frac{SL}{2D}\exp(-x/L), \quad x > 0 \tag{3.99}$$

对于 $x<0$ 处的解，可作类似处理。然而，由于问题的对称性，只要将 x 用其绝对值 $|x|$ 来代替，就可以得到一个对所有 x 都成立的解，因此有

$$\phi(x) = \frac{SL}{2D}\exp(-|x|/L), \quad x \neq 0 \tag{3.100}$$

由上式可以看出，面源经过扩散，形成的稳定中子通量密度正比于源强 S，这是因为扩散方程是线性方程的缘故。而且，扩散长度是作为通量密度的衰减长度出现的。在目前情况下，中子通量密度自源平面起每隔 L 长的距离就中子降至原值的 $1/e$。

2. 无限介质内的点源

设在无限均匀介质内，有一个每秒各向同性地放出 S 个中子的点源，中子不断向四面八方扩散，试分析达到稳定状态时中子通量密度的值。将球坐标系的原点取在点源处，由对称性可知，中子通量密度只与 r 有关。利用式(3.87)的 ∇^2 形式时，只保留第一项。在 $r>0$ 处扩散方程为

$$\frac{1}{r^2}\frac{d}{dr}\left(r^2\frac{d\phi(r)}{dr}\right) - \frac{1}{L^2}\phi(r) = 0, \quad r > 0 \tag{3.101}$$

所需边界条件和源条件为

① $r>0$ 各处，$\phi(r)$ 必须为有限值。

② 要想达到稳定状态，每秒通过围绕源点小球表面的净中子数，在小球半径趋于零的极限情况下正好等于源强，即：$\lim_{r \to 0} 4\pi r^2 J(r) = S$。

上述源条件表明，

为了求解方程(3.101)，令 $W=r\phi$，代入后可得 W 的如下方程：

$$\frac{d^2 W(r)}{dr^2} - \frac{1}{L^2} W(r) = 0$$

这个方程的一般解是

$$W(r) = A e^{-r/L} + C e^{r/L}$$

因此有

$$\phi(r) = A\frac{e^{-r/L}}{r} + C\frac{e^{r/L}}{r} \tag{3.102}$$

式中:A 和 C 是待定常数。根据条件①,当 $r \to \infty$ 时,$\frac{e^{r/L}}{r} \to \infty$,故 C 必须为零,然后利用斐克定律,有

$$J(r) = -D\frac{d\phi}{dr} = DA\left(\frac{1}{rL} + \frac{1}{r^2}\right) e^{-r/L}$$

再根据条件②,有

$$\lim_{r\to 0} 4\pi r^2 J(r) = \lim_{r\to 0} 4\pi DA \left(\frac{r}{L} + 1\right) e^{-r/L} = S$$

由此求出

$$A = \frac{S}{4\pi D}$$

最后解出中子通量密度为

$$\phi(r) = \frac{S e^{-r/L}}{4\pi Dr} \tag{3.103}$$

从上式可以看出,点源扩散所形成的稳定中子通量密度 $\phi(r)$ 与 S 成正比。

3.3.5 扩散长度与徙动长度

1. 扩散长度的物理意义

中子在介质中运动时,每与介质核碰撞一次,能量就降低一次,运动方向也改变一次,因此,中子在介质中实际上走的是折线。当中子能量变得较低特别是降低到热能附近时,碰撞一次后能量基本不变,而只是运动方向有所改变。这样,再经过若干次碰撞后,最终就被介质所吸收(设介质无限大而无泄漏)。现在来考虑中子能量基本不变的碰撞过程,并阐述扩散长度的物理意义。

仍考虑一个无限大非增殖均匀介质内的单速中子的点源扩散问题。假设一个中子在 O 点产生,之后相继沿 λ_1, λ_2 而运动,最终在 P 点被吸收(图 3.12)。我们称相继两次碰撞之间的直线距离 λ_i 为中子的散射自由程。这是一个有统计涨落的量,其平均值为 λ_s,称为散射平均自由程,即等于 $1/\Sigma_s$。而从 O 到 P 的距离 r,称为中子的直线飞行距离,其值也有统计涨落。

先计算中子从 O 点产生、在 $r \to r+dr$ 内被吸收的概率 $p(r)dr$,之后即可得到扩散长度 L 的物理意义。由于单位时间在 r 附近单位体积内被吸收的平均中子数为 $\Sigma_a \phi(r)$ 个,故在 $r \to r+dr$ 内相应被吸收的平均中子数为

$$dn = \Sigma_a \phi(r) \cdot 4\pi r^2 dr \qquad (3.104)$$

式中：$4\pi r^2 dr$ 是以 O 点为中心、r 为半径、dr 为厚度的球壳体积元；$\phi(r)$ 是由点源扩散形成的中子通量分布。把式(3.103)代入式(3.104)，有

$$dn = \frac{S\Sigma_a}{D} r e^{-r/L} dr = \frac{Sr}{L^2} e^{-r/L} dr \qquad (3.105)$$

式中：S 为源强，$L = \sqrt{D/\Sigma_a}$ 为扩散长度。于是，所求的概率分布 $p(r)dr$ 应为

$$P(r) dr = \frac{dn}{S} = \frac{1}{L^2} r e^{-r/L} dr$$

则中子直线飞行距离平方平均值 $\overline{r^2}$ 应等于

$$\overline{r^2} = \int_0^\infty r^2 p(r) dr = \frac{1}{L^2} \int_0^\infty r^3 e^{-r/L} dr = 6L^2$$

即

$$L^2 = \frac{1}{6} \overline{r^2} \qquad (3.106)$$

上式表明：扩散长度是热中子从产生到被吸收直线飞行距离 r 的某种统计平均量，扩散长度的平方等于其直线飞行距离平方平均值的 $1/6$。L 越大，则平均说来中子在介质中扩散漂移得越远，则有限系统内的热中子扩散不泄漏概率就越小，这就是 L 的统计意义。为了提高反应堆的热中子扩散不泄漏概率，就必须选择扩散长度尽量小的材料作为慢化剂。

有时也称 L^2 为扩散面积，在热中子反应堆内，为明确起见，可用 L_T 代表从中子变为热中子的地点到被俘获地点的某种平均距离，称为热中子的扩散长度，L_T^2 则为热中子的扩散面积。

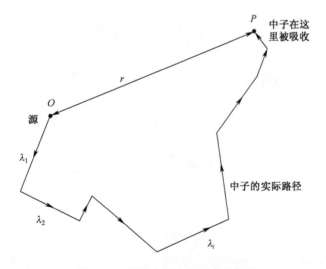

图 3.12　单速中子在介质中的径迹

2. 慢化长度

前面介绍了表征热中子扩散位移特征的扩散长度，而我们知道裂变生成的中子在变为

热中子以前,还会经历慢化过程,人们常把从快中子的产生地点慢化到热中子地点的直线飞行距离平方平均值的 1/6 称为中子年龄,用 τ_T 表示,称 $\sqrt{\tau_T}$ 为慢化长度。

表 3.4 给出了 293K(20℃)下的中子慢化到热能的中子年龄。

表 3.4 293K 下裂变源中子的年龄

慢化介质	水	铍	重水	石墨(堆用级)
中子年龄/$10^{-4}\mathrm{m}^2$	27	100	130	370

3. 徙动长度的物理意义

下面我们整体考察一个快中子从产生到变为热中子后被吸收的整个过程,并定义:

$$M^2 = L^2 + \tau_{th} \tag{3.107}$$

式中:L 为热中子扩散长度;τ_{th} 热中子年龄;M 为徙动长度。那么徙动长度 M 有何物理意义呢?根据中子年龄和扩散长度的意义,由式(3.107)有

$$M^2 = \frac{1}{6}(\overline{r_s^2} + \overline{r_d^2})$$

式中:r_s 为快中子自源点到慢化为热中子时所穿行的直线距离;r_d 为从成为热中子点起到吸收为止所扩散穿行的直线距离。

若设 r_M 是快中子从产生到变为热中子被吸收时所穿行的直线距离,则由图 3.13 可知

$$\vec{r}_M = \vec{r}_s + \vec{r}_d$$

对上式两边取均方值

$$\overline{r_M^2} = \overline{r_s^2} + \overline{r_d^2} + 2\overline{r_d r_s \cos\theta}$$

由于 $\vec{r}_s$ 和 $\vec{r}_d$ 的方向彼此不相关,因而两者的夹角余弦 $\cos\theta$ 的平均值等于零,于是有

$$M^2 = \frac{1}{6}(\overline{r_s^2} + \overline{r_d^2}) = \frac{1}{6}\overline{r_M^2} \tag{3.108}$$

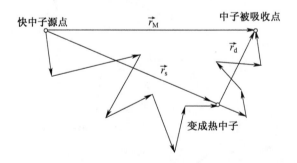

图 3.13 徙动长度的计算

这样,徙动面积 M^2 是中子由作为快(裂变)中子产生出来,直到它成为热中子并被吸收所穿行直线距离均方值的 1/6,由此可以看到,徙动长度 M 是影响有限系统中子泄漏程度的重要参数,M 愈大,则中子不泄漏概率 P_L 便愈小。表 3.5 给出了 293K 时不同介质的扩散长度、慢化长度、徙动长度值。

表 3.5 293K 时中子的徙动长度

慢化剂	扩散长度/m	慢化长度/m	徙动长度/m
水	0.027	0.052	0.059
重水	1.00	0.114	1.01
铍	0.21	0.100	0.233
石墨(堆用级)	0.54	0.192	0.575

3.3.6 扩散时间与中子寿命

热中子在无限介质扩散时,在其被俘以前所度过的平均时间,称为平均扩散时间,或称为热中子平均寿命,用 t_d 表示。如果 $\lambda_a(E)$ 是能量为 E 中子的吸收平均自由程,具有这种能量的中子平均寿命 $t(E)$ 为

$$t(E) = \frac{\lambda_a}{v(E)} = \frac{1}{\Sigma_a(E)v(E)} \tag{3.109}$$

由于在热中子能区,核的吸收截面一般满足 $\frac{1}{v}$ 规律,有

$$\Sigma_a(E) = \frac{\Sigma_{a_0} v_0}{v(E)}$$

则有

$$t(E) = \frac{1}{\Sigma_{a_0} v_0} \tag{3.110}$$

式中:$v_0 = 2200\text{m/s}$ 是典型热中子的宏观吸收截面为 Σ_{a_0} 的中子速度,这里可以看出,对于服从规律吸收介质,能量为 E 的中子平均寿命与能量无关。$t(E)$ 是对整个热中子分布的平均值。即 t_d 由式(3.110)给出

$$t_d = \frac{1}{\Sigma_{a_0} v_0} \tag{3.111}$$

如果不服从 $\frac{1}{v}$ 律吸收的介质,则 t_d 与式(3.111)所计算的值稍有一些偏离,但偏离不大。根据式(3.111)计算的结果,将几种慢化剂 t_d 值列入表 3.6 中。为了便于比较,把在室温下慢化时间也列入表 3.6 中。

表 3.6 室温下几种温化剂的热中子慢化和扩散时间

慢化剂	t_m(慢化时间)/s	t_d(扩散时间)/s
H_2O	1.0×10^{-6}	210×10^{-6}
D_2O	8.1×10^{-6}	1.4×10^{-6}
Be	9.3×10^{-6}	3.9×10^{-6}
BeO	12×10^{-6}	6.7×10^{-6}
C	33×10^{-6}	1.7×10^{-6}

在反应堆动力学计算中往往需要用到快中子自裂变产生到慢化成为热中子,直至最后被俘获的平均时间,称为中子的平均寿命,一般用 l_p 表示。显然

$$l_p = t_s + t_d$$

表 3.6 给出了几种典型慢化剂下的扩散时间和慢化时间,从表可以看出,对压水堆来说,扩散时间对中子平均寿命起决定性作用,压水堆中子平均寿命基本上是在 $10^{-3} \sim 10^{-4}$ s 范围内;对于快中子反应堆,中子的平均寿期则短得多,一般约等于 10^{-7} s。

习 题

1. 为使铀的 $\eta = 1.7$,试求铀中 ^{235}U 富集度应为多少($E = 0.0253$ eV)?

2. 某裂变堆,快中子增殖因数为 1.05,逃脱共振俘获概率为 0.9,慢化不泄漏概率为 0.952,扩散不泄漏概率为 0.94,有效裂变中子数为 1.335,热中子利用系数为 0.882,试计算其有效增殖因数和无限介质增殖因数。

3. 热中子反应堆的中子泄漏概率等于 5%,试求反应堆临界时的 k_∞。

4. 氢和氧在 1~1000eV 能量范围内的散射截面近似为常数,分别为 20bar 和 3.8bar,计算水的 ξ 以及在水中中子从 1000eV 慢化到 1eV 所需的平均碰撞次数。

5. 当中子在铍和石墨中慢化,为了使中子能量从 2MeV 降低到 200eV 和由 2MeV 降低到 0.0253eV,试问平均各需碰撞多少次数?

6. 一种好的慢化剂必须具有哪两种物理性质?硼的慢化能力不小,能否作为反应堆中的慢化剂?

7. 试根据 H_2O 与 D_2O 慢化剂性质的差异,阐述压水堆、重水堆的特点。

8. 设有一强度为 SI($m^{-2} \cdot s^{-1}$)的平行中子束入射到厚度为 a 的无限平板层上。试求:
(1) 中子不遭受碰撞而穿过平板的概率;
(2) 平板内中子通量密度的分布;
(3) 中子最终扩散穿过平板的概率。

9. 两束中子由相反方向注入 ^{235}U 的薄样品,在样品内某点,由左方射来的中子束强度为 10^{12} cm^{-2}/s,由右方射来的为 2×10^{12} cm^{-2}/s。试计算该点的:
(1) 中子通量密度;
(2) 中子流密度;
(3) 裂变反应率。

10. 假想的单速中子点源向周围的无限大石墨发射 10^7 s^{-1},试确定离源 0.28m、0.56m 和 1.12m 远处的中子通量密度。设 $D = 9.4$ mm,$L = 0.54$ cm。

11. 一块包含外推边界总厚度为 a 的无限大裸平板慢化介质,轴平面上含有每秒单位面积放出 S 个热中子的均匀分布面源。计算:
(1) 平板内的热中子通量密度;
(2) 平板内的中子流密度;
(3) 热中子不泄漏的概率。

第4章 均匀反应堆的临界理论

上一章仅单纯讨论了中子在介质内的慢化和扩散问题,并没有强调中子在裂变介质中的增殖特性。本章将研究由燃料和慢化剂组成的有限均匀增殖介质(反应堆系统)内的中子扩散问题。这时,中子在介质内一方面不断地被吸收,同时由于核裂变反应又不断地有新的中子产生,也就是说,中子在介质内扩散的同时,还会发生链式裂变反应过程。在讨论增殖介质内的中子扩散问题时,最感兴趣的是,这种链式裂变反应过程的状态如何?在什么条件下这种链式反应过程能够保持稳态、持续地进行下去,即反应堆内部的材料特性与几何特性如何匹配方能使反应堆的有效增殖因数恰好等于1?反应堆达到临界状态时内部的中子通量密度的空间分布如何?

本章在研究反应堆临界理论时,是先按较理想的条件得出有用的理论和公式,再把这些公式修正后应用到实际情况中去。具体地说就是,基于单能中子假设(全部为热中子),先从简单几何的均匀裸堆出发进行讨论,导出反应堆的单群中子扩散方程,并由此得出反应堆的临界方程,找出反应堆达到临界状态的条件,即材料特性和几何尺寸的关系。最后再考虑实际反应堆存在的反射层效应和非均匀效应,并对前面得到的结论进行修正。

4.1 均匀裸堆的单群扩散理论

对于增殖介质,如果忽略外加中子源的作用,假设中子完全由堆内均匀分布的核燃料裂变所产生。单位时间内,r 处单位体积均匀介质所吸收的中子总数应为 $\Sigma_a \phi$;设该增殖介质的无穷增殖因数为 K_∞,则介质每吸收一个中子将产生 K_∞ 个中子。因此,该稳态系统内的中子源强应为

$$S = K_\infty \Sigma_a \phi \tag{4.1}$$

这样与时间相关的单群中子扩散方程就可写成

$$\frac{1}{v}\frac{\partial \phi(r,t)}{\partial t} = D \nabla^2 \phi(r,t) + (K_\infty - 1)\Sigma_a \phi(r,t) \tag{4.2}$$

4.1.1 均匀平板裸堆单群扩散方程的解

现考虑一个长、宽为无限大,厚度为 a(包括外推距离在内)的均匀平板裸堆,该问题是一个简化的一维扩散问题。考虑到对称性,以平板的对称轴为坐标原点建立一维坐标,如图 4.1 所示。

这样描述中子通量密度变化规律的方程为

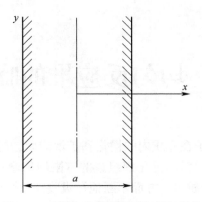

图 4.1　无限宽有限厚的平板均匀裸堆

$$\frac{1}{v}\frac{\partial \phi(x,t)}{\partial t} = D\frac{\partial^2 \phi(x,t)}{\partial x^2} + (K_\infty - 1)\Sigma_a \phi(x,t) \tag{4.3}$$

其初始条件为

$$\phi(x,0) = \phi_0(x) \tag{4.4}$$

边界条件为

$$\phi\left(\frac{a}{2},t\right) = \phi\left(-\frac{a}{2},t\right) = 0 \tag{4.5}$$

$$J(x,t)\big|_{x=0} = 0 \tag{4.6}$$

方程两边同除以扩散系数 D，且有 $L^2 = D/\Sigma_a$，这样方程(4.3)转化为

$$\frac{1}{Dv}\frac{\partial \phi(x,t)}{\partial t} = \frac{\partial^2 \phi(x,t)}{\partial x^2} + \frac{(K_\infty - 1)}{L^2}\phi(x,t) \tag{4.7}$$

这是一个两变量的二阶偏微分方程，现假设时空变量可以分离，即：

$$\phi(x,t) = \varphi(x)T(t) \tag{4.8}$$

采用分离变量法求解，将式(4.8)代入式(4.7)，同时用 $\varphi(x)T(t)$ 同除方程两边各项，得到如下方程：

$$\frac{\nabla^2 \varphi(x)}{\varphi(x)} = \frac{1}{DvT(t)}\frac{dT(t)}{dt} - \frac{K_\infty - 1}{L^2} \tag{4.9}$$

观察方程(4.9)可以看出，方程左端仅是 x 的函数，而方程的右端是仅含 t 的函数，因此要使方程成立，等式两端必须等于某一常数，这样有：

$$\frac{\nabla^2 \varphi(x)}{\varphi(x)} = -B^2 \text{ 或 } \nabla^2 \varphi(x) + B^2 \varphi(x) = 0 \tag{4.10}$$

B^2 为待定常数，方程(4.10)为典型的波动方程，B^2 为方程的特征值，也称曲率。由于方程(4.10)中的 B^2 恒正，故其通量密度解应有如下的形式

$$\phi(x) = A\cos Bx + C\sin Bx \tag{4.11}$$

式中：A 和 C 为待定常数。由条件(4.6)知，上式中的 C 应为零，故

$$\phi(x) = A\cos Bx$$

再把条件(4.5)代入，有

$$\phi\left(\frac{a}{2}\right) = A\cos\left(\frac{Ba}{2}\right) = 0$$

要使方程(4.10)有非零解,即 $A \neq 0$,故有

$$\frac{Ba}{2} = \frac{\pi}{2}(2n-1)$$

式中:n 为自然数 $n=1,2,3,\cdots$。即满足上述边界条件时,方程(4.10)中的 B 不能取负,而只能取

$$B_n = \frac{(2n-1)\pi}{a} \qquad (n=1,2,3,\cdots) \tag{4.12}$$

这些常数 B_n,称为该方程的本征值。对应的函数

$$\varphi_n(x) = A_n \cos\frac{(2n-1)\pi}{a}x \qquad (n=1,2,3,\cdots) \tag{4.13}$$

下面再来考虑方程(4.9)的右端,由于特征函数的正交性,对于每一个 n 值的项都是线性独立的,因而对应每一个 B_n^2 值和 $\varphi_n(x)$,都有一个 $T_n(t)$ 与之对应,由方程(4.9)可得

$$\frac{1}{DvT(t)}\frac{\mathrm{d}T(t)}{\mathrm{d}t} = \frac{K_\infty - 1}{L^2} - B_n^2 \tag{4.14}$$

用 $L^2/(1+L^2B_n^2)$ 乘以式(4.14)的每一项,则

$$\frac{L^2}{Dv(1+L^2B_n^2)} = \frac{D/\Sigma_a}{Dv(1+L^2B_n^2)} = \frac{\lambda_a}{v(1+L^2B_n^2)} = \frac{l_\infty}{1+L^2B_n^2} = l_n$$

$$k_\infty/(1+L^2B_n^2) = k_n$$

可以得到

$$\frac{1}{T_n(t)}\frac{\mathrm{d}T_n(t)}{\mathrm{d}t} = \frac{k_n - 1}{l_n} \tag{4.15}$$

方程(4.15)的解为

$$T_n(t) = C\mathrm{e}^{(k_n-1)t/l_n} \tag{4.16}$$

式中:C 为待定常数。这样,对于一个一维平板反应堆,方程(4.7)的完全解就是 $T_n(t)$ 与 $\varphi_n(x)$ 乘积项的和,即

$$\phi(x,t) = \varphi(x)T(t) = \sum_{n=1}^{\infty} A'_n \left[\cos\frac{(2n-1)\pi}{a}x\right]\mathrm{e}^{(k_n-1)t/l_n} \tag{4.17}$$

从数学上看,方程(4.7)的完全解,是这些本征函数的线性组合。其中特征值 B_n^2 随 n 的增加单调增大,而 k_n 单调减小。当 $n=1$ 时,对应的 B_1^2 是最小特征值,而 k_1 却是 k_n 中的最大值。这样,对于一定几何形状和体积的反应堆,如果 B_1^2 对应的 k_1 小于1,其余的 k_n 都将小于1,式(4.17)中的各项都将随时间 t 按指数规律衰减,反应堆则处于次临界状态。反之如果 k_1 大于1,则式(4.17)中 $n=1$ 对应的分项将按指数规律不断增加,反应堆处于超临界状态。现通过调整反应堆的几何尺寸使 k_1 恰好等于1,则 $k_2,k_3,\cdots,k_n$ 等各项都将小于1,这时式(4.17)中 $n=1$ 对应的分项将不随时间变化,而其余各项将随时间按指数规律衰减,直至可以忽略不计;这时反应堆处于临界状态,经过一定的时间,堆芯将形成稳定的中子通量密度分布。

$$\phi(x) = A\cos\frac{\pi}{a}x \tag{4.18}$$

式中:A 仍为任意常数。

由此可见,在反应堆材料与几何性质完全确定的情况下,当反应堆达到临界时,中子通量密度的幅值 A 仍没确定。由于方程(4.10)是线性齐次的,一个解乘上任意常数后仍是原方程的解,因而从数学上看这是可以理解的。其物理意义在于:一个材料与几何性质都确定的反应堆,如果热工设计等其他条件允许,原则上可以在任意的功率水平上达到临界,这个结论有普遍意义。实际上,可以反过来从释放的功率水平定出 A 值。令 E_f 为每次裂变所放出的平均能量,Σ_f 为宏观裂变截面,则处于临界态的反应堆内 x 处每秒每立方厘米中放出的平均裂变能为:$E_f \Sigma_f \phi(x)$。

无限宽平板堆单位面积所对应的体积所发出的功率为

$$P = E_f \Sigma_f \int_{-\frac{a}{2}}^{\frac{a}{2}} \phi(x)\,dx \tag{4.19}$$

把式(4.18)代入上式,并积分之,即得

$$A = \frac{\pi P}{2a E_f \Sigma_f} \tag{4.20}$$

4.1.2 均匀裸堆的单群临界方程

根据上面的讨论我们知道,均匀裸堆单群近似"临界条件"为

$$k_1 = k_\infty / (1 + L^2 B_1^2) \tag{4.21}$$

式中:k_1 也即反应堆的有效增殖系数 k_{eff},B_1^2 与反应堆的形状和几何尺寸有关,也称几何曲率,常用 B_g^2 表示。对于均匀平板裸堆:$B_g^2 = \left(\frac{\pi}{a}\right)^2$。

k_∞ 与 L^2 只与堆芯材料特性有关,为后面计算和讨论的方便,令 $\frac{k_\infty - 1}{L^2} = B_m^2$,$B_m^2$ 也称为材料曲率。

引入材料曲率的概念后,反应堆的临界条件可以表达为

$$B_m^2 = \frac{k_\infty - 1}{L^2} = B_g^2$$

同样可以很容易推出,如果 $B_m^2 < B_g^2$,则 $k_{\text{eff}} < 1$,反应堆将处于次临界状态;当 $B_m^2 > B_g^2$,则 $k_{\text{eff}} > 1$,则反应堆将处于超临界状态;$B_m^2 = B_g^2$,反应堆处于临界状态。

下面讨论单群临界方程的物理意义。

为了对单群临界方程作出物理理解,将临界方程(4.21)改写为如下形式

$$K_\infty P_L = 1 \tag{4.22}$$

式中

$$P_L = \frac{1}{1 + L^2 B^2}$$

实际上 P_L 就是有限大均匀裸堆的热中子不泄漏概率。证明如下:

反应堆处于临界状态时,中子通量密度空间分布满足波动方程
$$\nabla^2 \phi(r) + B_g^2 \phi(r) = 0$$
这里 B_g^2 是最小特征值,即几何曲率。在反应堆中单位时间单位体积内的热中子泄漏率等于 $-D\nabla^2\phi$,根据稳态波动方程有 $-D\nabla^2\phi = DB_g^2\phi$;而单位时间单位体积内中子的吸收率为 $\Sigma_a\phi$。根据单群假设,反应堆内的热中子不是从堆芯内泄漏出去,就是被堆内材料吸收,因而根据热中子不泄漏概率的定义,有

$$P_L = \frac{中子吸收率}{中子吸收率 + 中子泄漏率}$$

$$= \frac{\Sigma_a \int_V \phi dV}{\Sigma_a \int_V \phi dV + DB_g^2 \int_V \phi dV}$$

$$= \frac{1}{1 + L^2 B_g^2}$$

前面给出的单群临界理论是一种近似,因为式(4.22)在计算中子的不泄漏概率时没有考虑慢化过程的中子泄漏效应,实际上反应堆的裂变中子在慢化为热中子以前已经移动了一个距离,而这个距离与中子年龄 τ 的均方根成正比。计算表明,当中子年龄 τ 远远小于热中子扩散面积 L^2 时,单群临界理论可以取得满意的结果。但实际上,对于轻水冷却的热中子反应堆,τ 是大于 L^2,如果直接用单群临界方程求解临界问题,将带来较大的误差。数值实践表明,如果用徙动面积 $M^2 = L^2 + \tau$ 代替式(4.22)中的 L^2,可取得令人满意的结果。这样,反应堆的材料曲率和临界条件可写为:

$$B_m^2 = \frac{k_\infty - 1}{M^2} \tag{4.23}$$

$$k_{\text{eff}} = k_\infty/(1 + M^2 B_g^2) = 1 \tag{4.24}$$

这就是热中子反应堆的修正单群理论。

4.1.3 圆柱形均匀裸堆临界方程的解

设有一圆柱形热中子均匀裸堆,高为 H,半径为 R,H、R 为包含外推距离的几何尺寸,如图 4.2 所示,忽略外加中子源的作用,现用单群扩散方法来推导其临界时中子通量分布表达式。通过时空变量分离,关于空间变量的扩散方程可写为

$$\nabla^2 \varphi(r) + B^2 \varphi(r) = 0$$

圆柱形反应堆取柱坐标最方便。令原点位于轴线上半高度处,坐标轴如图 4.2 所示。于是,有

$$\nabla^2 = \frac{1}{r}\frac{\partial}{\partial r}\left(r\frac{\partial}{\partial r}\right) + \frac{1}{r^2}\frac{\partial^2}{\partial \theta^2} + \frac{\partial^2}{\partial z^2}$$

由对称性可知,中子通量密度大小应与角 θ 无关。

$$\frac{1}{r}\frac{\partial}{\partial r}\left(r\frac{\partial \varphi(r,z)}{\partial r}\right) + \frac{\partial^2 \varphi(r,z)}{\partial z^2} + B^2 \varphi(r,z) = 0 \tag{4.25}$$

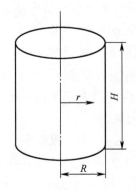

图 4.2 有限圆柱形均匀裸堆

方程所需满足的边界条件,在不计外推长度时为

(1) 在 $z=\pm H/2$ 处,中子通量密度为零,即
$$\varphi = 0 \quad (z=\pm H/2)$$

(2) 在 $r=R$ 处,中子通量密度为零,即
$$\varphi = 0 \quad (r=R)$$

(3) $\varphi(r,z)$ 有界、连续,且对称。

式(4.25)是个二元二阶偏微分方程,可继续用分离变量法求解。为此,令
$$\varphi(r,z) = f(r)Z(z)$$

将它代入原方程,得

$$\frac{1}{f}\frac{\mathrm{d}^2 f}{\mathrm{d}r^2} + \frac{1}{rf}\frac{\mathrm{d}f}{\mathrm{d}r} + B^2 = -\frac{1}{Z}\frac{\mathrm{d}^2 Z}{\mathrm{d}z^2} \tag{4.26}$$

上式左端各量只与 r 有关。因为 r 与 z 是两个彼此无关的独立变量,要使式(4.26)对任意的 r 和 z 值保持全等的关系,只有两边都是常数才行。把该常数记作 α^2,便得

$$\frac{1}{Z}\frac{\mathrm{d}^2 Z}{\mathrm{d}z^2} = -\alpha^2 \tag{4.27}$$

及

$$\frac{\mathrm{d}^2 f}{\mathrm{d}r^2} + \frac{1}{r}\frac{\mathrm{d}f}{\mathrm{d}r} + \beta^2 f = 0 \tag{4.28}$$

式中

$$\beta^2 = B^2 - \alpha^2 \tag{4.29}$$
$$Z(z) = A_1 \cos\alpha z + A_2 \sin\alpha z \tag{4.30}$$

因相对于 $z=0$ 上下对称,故常数 A_2 必须为零。于是有
$$Z(z) = A_1 \cos\alpha z$$

再由边界条件,得
$$Z\left(\frac{H}{2}\right) = A_1 \cos\left(\frac{\alpha H}{2}\right) = 0$$

与平板堆情况类似,参数 α 只能取如下本征值:

$$\alpha_m = \frac{\pi}{H}(2n-1) \quad (n=1,2,3,\cdots) \tag{4.31}$$

同样,对于临界堆,只有最小的本征值 $\alpha_1 = \frac{\pi}{H}$ 是很重要的。与 $\alpha = \alpha_1$ 对应的本征函数为

$$\cos(\alpha_1 z) = \cos\left(\frac{\pi}{H}z\right)$$

故临界时圆柱体反应堆中子通量密度的轴向分量为

$$Z(z) = A_1 \cos\left(\frac{\pi}{H}z\right) \tag{4.32}$$

且

$$\beta^2 = B^2 - \alpha_1^2 = B^2 - \left(\frac{\pi}{H}\right)^2 \tag{4.33}$$

其次,将径向方程(4.28)两边乘上 r^2,并令

$$r\beta = x \tag{4.34}$$

方程即可化为零阶贝塞尔方程:

$$x^2 \frac{d^2 f}{dx^2} + x \frac{df}{dx} + x^2 f = 0 \tag{4.35}$$

其一般解为

$$f(x) = C_1 J_0(x) + C_2 Y_0(x) \tag{4.36}$$

式中:C_1, C_2 是两个常数;$J_0(x), Y_0(x)$ 分别为零阶第一类及第二类贝塞尔函数,它们随 x 变化的函数形式,如图 4.3 所示。当 $x=0$ 时,$J_0(0)=1$,而 $Y_0(0) \to -\infty$。

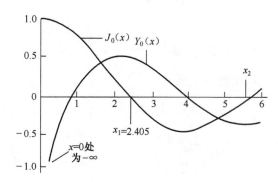

图 4.3 零阶贝塞尔函数

$r=0$ 处堆内中子通量密度有界的条件要求 C_2 必须为零。这样,式(4.36)简化为

$$f(x) = C_1 J_0(x)$$

再由边界条件,得

$$f(r)|_{r=R} = C_1 J_0(\beta R) = 0$$

正如图 4.3 所示,在 $x=x_1, x_2, \cdots$ 等处,函数 $J_0(x)$ 值为零,即 $J_0(x_n) = 0$。故 β 必须取如下的本征值 β_n

$$\beta_n = x_n / R \quad (n=1,2,\cdots)$$

类似地,当反应堆达到临界时,只有 $n=1$ 这个本征值有意义。因此,有

$$\beta = \beta_1 = \frac{x_1}{R} = \frac{2.405}{R}$$

由式(4.29)可得 $B^2 = B_1^2 = \beta_1^2 + \alpha_1^2$,即

$$B^2 = B_1^2 = \left(\frac{2.405}{R}\right)^2 + \left(\frac{\pi}{H}\right)^2 \tag{4.37}$$

同样记 B_1^2 为 B_g^2,则 $B_g^2 = \left(\frac{2.405}{R}\right)^2 + \left(\frac{\pi}{H}\right)^2$,这就是圆柱体反应堆几何曲率的表达式。

临界时反应堆中子通量密度的径向分量为

$$f(r) = C_1 J_0\left(\frac{2.405}{R}r\right) \tag{4.38}$$

把式(4.38)及式(4.32)代回式(4.25),即得反应堆临界时的中子通量密度为

$$\varphi(r,z) = A J_0\left(\frac{2.405}{R}r\right)\cos\left(\frac{\pi}{H}z\right) \tag{4.39}$$

式中已把两个常数 A_1 及 C_1 的乘积记作 A,这个 A 值同样需由反应堆的稳态功率水平来确定。

为计算 A,取环形体积元 $dV = 2\pi r dr dz$,在 (r,z) 处该体积元所发出的功率为

$$dP = 2\pi E_f \Sigma_f \varphi(r,z) r dr dz$$

从零到 R 对 r 积分,从 $-H/2$ 到 $H/2$ 对 z 积分,并根据对称性,得:

$$P = E_f \Sigma_f \int_0^{H/2} \int_0^R 4\pi r \varphi(r,z) dr dz$$

利用式(4.39),上式可化为

$$P = 4\pi E_f \Sigma_f \int_0^R r J_0\left(\frac{2.405}{R}r\right) dr \int_0^{H/2} \cos\left(\frac{\pi}{H}z\right) dz \tag{4.40}$$

式中第一个积分可以利用如下关系式:

$$\int_0^x J_0(x') x' dx' = x J_1(x)$$

故

$$\int_0^R r J_0\left(\frac{2.405}{R}r\right) dr = R^2 \frac{J_1(2.405)}{2.405} \tag{4.41}$$

而第二个积分为

$$\int_0^{\frac{H}{2}} \cos\left(\frac{\pi}{H}z\right) dz = \frac{H}{\pi}$$

故式(4.40)给出

$$A = \frac{P}{E_f \Sigma_f V} \cdot \frac{2.405\pi}{4 J_1(2.405)} \tag{4.42}$$

式中:$V = \pi R^2 H$ 为圆柱堆体积。由特殊函数表可求得 $J_1(2.405) \approx 0.518$,故有

$$A = \frac{3.6P}{E_f \Sigma_f V} \tag{4.43}$$

4.1.4 临界方程的应用

对于一个材料组分已经确定的反应堆,材料曲率 B_m^2 已经给出。要使这个堆正好达到临界,就必须使其几何尺寸通过 B_g^2 而满足临界方程。因此,根据临界方程,由给定的材料组分以及几何形状计算出临界反应堆的尺寸。

对于无限宽的有限厚平板堆,临界时根据单群临界方程,其厚度 a 须满足

$$B^2 = \frac{k_\infty - 1}{L^2} = \left(\frac{\pi}{a}\right)^2 \tag{4.44}$$

因而

$$a = \frac{L\pi}{\sqrt{k_\infty - 1}} \tag{4.45}$$

思考题:

(1) 设有一个石墨慢化均匀平板裸堆,$k_\infty = 1.06$,$L^2 = 300.0 \text{cm}^2$,$\lambda_{tr} = 3.0 \text{cm}$,试根据单群临界理论,求达到临界时反应堆的厚度 a 和中子通量密度分布。

(2) 设有一个轻水慢化均匀平板裸堆,其核参数为:$L^2 = 5.0 \text{cm}^2$,$\tau = 48.0 \text{cm}^2$,$\lambda_{tr} = 10.0 \text{cm}$,$k_\infty = 1.06$,试根据修正单群临界理论,求达到临界时反应堆的厚度 a 和中子通量密度分布。

从上面思考题可以看出,对于简单平板几何均匀裸堆,由材料特征可以方便求出临界尺寸。但对于有限高圆柱堆,根据单群临界方程,临界时反应堆的高度 H 与半径 R 满足

$$B^2 = \frac{K_\infty - 1}{L^2} = \left(\frac{2.405}{R}\right)^2 + \left(\frac{\pi}{H}\right)^2 \tag{4.46}$$

显然上式只给出 R 与 H 的关系,要分别计算出 R 或 H 来,必须再加上一个条件。一般取反应堆体积最小的条件,这样便可从式(4.49)求得所谓的最佳半径 R_0 与最佳高度 H_0。反应堆体积为

$$V = \pi R^2 H \tag{4.47}$$

临界时,由式(4.46)可得

$$R^2 = \frac{(2.405)^2}{B^2 - \left(\frac{\pi}{H}\right)^2} \tag{4.48}$$

把上式代入式(4.47),求 V 的极小值。令 $dV/dH = 0$,可得

$$\frac{3}{H^2B^2 - \pi^2} - \frac{2B^2H^2}{(H^2B^2 - \pi^2)^2} = 0 \tag{4.49}$$

即

$$H^2 = H_0^2 = \frac{3\pi^2}{B^2} \tag{4.50}$$

因此

$$R^2 = R_0^2 = \frac{3 \times (2.405)^2}{2B^2} \tag{4.51}$$

最小的临界体积为

$$V = V_0 = \pi R_0^2 H_0 = \frac{3\sqrt{3} \times (2.405)^2 \pi^2}{2B^3} = \frac{148}{B^3} \qquad (4.52)$$

以上各式中的 B^2,都由材料特性给出。

可见,具有最小临界体积的圆柱均匀裸堆,要求半径与高之比大约为 $\frac{2.405}{\sqrt{2}} : \pi = 0.54 : 1$,即直径与高大致有 1∶1 的关系。

反过来,在给定反应堆的形状和尺寸时,也可确定临界时反应堆的材料特征,不过其分析计算过程要复杂得多。

类似的处理方法,也可求解其他几何形状的均匀裸堆的扩散方程,得出相应的几何曲率,临界条件下中子通量的空间分布函数以及堆芯的临界质量。这些结果一并列到表 4.1 中。

表 4.1　临界均匀裸堆的曲率、通量密度分布与最小体积

堆芯几何形状	尺寸	几何曲率	通量密度分布	A	最小体积(最佳尺寸条件)
无限平板	厚 a	$(\pi/a)^2$	$A\cos(\pi x/a)$	$1.57P/(aE_f\Sigma_f)$	—
长方体	$a \times b \times c$	$(\pi/a)^2+(\pi/b)^2+ (\pi/c)^2$	$A\cos(\pi x/a)\cos(\pi y/b)\cos(\pi z/c)$	$3.87P/(VE_f\Sigma_f)$	$161/B^3$ ($a=b=c$)
无限高圆柱体	半径 R	$(2.405/R)^2$	$AJ_0(2.405r/R)$	$0.738P/(R^2 E_f\Sigma_f)$	—
有限高圆柱体	半径 R,高 H	$(2.405/R)^2+(\pi/H)^2$	$AJ_0(2.405r/R)\cos(\pi z/H)$	$3.64P/(VE_f\Sigma_f)$	$148/B^3$ ($R=0.54H$)
球体	半径 R	$(\pi/R)^2$	$A\sin(\pi r/R)/\left(\frac{\pi r}{R}\right)$	$3.29P/(VE_f\Sigma_f)$	$130/B^3$

4.2　有反射层反应堆的单群扩散理论

实际反应堆都有反射层,亦即用某种散射中子的物质,如轻水、重水、石墨或铍等,把堆芯包围起来。在压水堆中,反射层就是轻水。它能把本来要泄漏的中子部分反射回堆芯,从而可以减少反应堆的临界体积,减少燃料的装载量。反射层还可以使堆芯内的通量密度不均匀性减小,从而在不增加燃料总重量的条件下,提高反应堆的功率输出。此外,有些快中子堆还可利用反射层作为其控制手段。

4.2.1　有反射层平板堆的单群临界方程

下面仍以无限宽有限厚平板堆为例,用单群临界计算讨论设置反射层所带来的好处,这里给出的基本概念和基本结论,对圆柱体反应堆也是适用的,具有普遍意义。

设有一无限宽平板堆,厚度为 a,在其两面都有一层厚度为 T 的反射层(图 4.4)。

设坐标原点取在中心面上,并用下标 c 及 r 分别表示堆芯有关参数及反射层有关参数。按照单群扩散理论,临界时的堆芯通量密度 ϕ_c 满足方程:

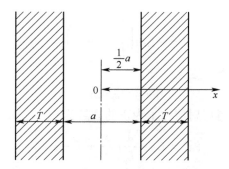

图 4.4 带反射层的无限宽平板堆

$$\frac{d^2\phi_c}{dx^2} + B_c^2 \phi_c = 0 \quad (|x| \leq a/2) \tag{4.53}$$

式中芯部的材料曲率 B_c^2 由下式给出:

$$B_c^2 = \frac{K_\infty - 1}{L_c^2} \tag{4.54}$$

而 L_c 为堆芯的中子扩散长度。

在反射层中,因为没有燃料,临界时的反射层中子通量密度 ϕ_r 满足单群扩散方程,为

$$\frac{d^2\phi_r}{dx^2} - \frac{1}{L_r^2}\phi_r = 0 \quad \left(\frac{a}{2} < |x| < \frac{a}{2} + T\right) \tag{4.55}$$

式中:L_r 为反射层中的中子扩散长度。

问题的边界条件为:

(1) 中子通量密度处处有限且对称;

(2) 中子通量密度在堆芯与反射层交界面处必须连续;

(3) 中子流密度矢量在堆芯与反射层交界面处必须连续;

(4) 在反射层表面处(忽略外推长度),通量密度为零。

与前面讨论的平板均匀裸堆类似,注意到方程(4.53)中的 B_c 恒正以及第一个边界条件,可得芯部通量密度解为

$$\phi_c(x) = A\cos(B_c x) \quad (|x| \leq a/2) \tag{4.56}$$

式中:A 为任意常数。

其次,因 $1/L_r^2$ 恒正,故对正的 x 值,ϕ_r 的解为

$$\phi_r(x) = A_1 e^{x/L} + A_2 e^{-x/L} \tag{4.57}$$

式中:A_1, A_2 为任意常数。或者利用双曲函数

$$\text{sh}x = (e^x - e^{-x})/2, \text{ch}x = (e^x + e^{-x})/2$$

式(4.57)可改写为

$$\phi_r(x) = A'\text{ch}(x/L_r) + C'\text{sh}(x/L_r) \tag{4.58}$$

式中:A', C' 为另外两个常数。由第四个边界条件,ϕ_r 在 $x = \frac{a}{2} + T$ 处应为零:

$$\phi_r\left(\frac{a}{2} + T\right) = A'\text{ch}\left[\frac{1}{L_r}\left(\frac{a}{2} + T\right)\right] + C\text{sh}\left[\frac{1}{L_r}\left(\frac{a}{2} + T\right)\right] = 0$$

故有
$$A' = -C\text{th}\left[\frac{1}{L_r}\left(\frac{a}{2} + T\right)\right] \tag{4.59}$$

式中正切双曲线函数 thx 由下式定义
$$\text{th}x = \text{sh}x/\text{ch}x$$

把式(4.59)代回式(4.58),得反射层内 x 为正的通解为
$$\phi_r(x) = C\text{sh}\left[\frac{1}{L_r}\left(\frac{a}{2} + T - x\right)\right]$$

式中:C 为一新的常数。

因为系统有对称性,故可用|x|代替 x,以求得对正负 x 值都成立的解,即
$$\phi_r(|x|) = C\text{sh}\left[\frac{1}{L_r}\left(\frac{a}{2} + T - |x|\right)\right] \tag{4.60}$$

由第(2)个边界条件,有
$$\phi_c\left(\frac{a}{2}\right) = \phi_r\left(\frac{a}{2}\right) \tag{4.61}$$

由第(3)个边界条件可得
$$\boldsymbol{J}_c\left(\frac{a}{2}\right) = \boldsymbol{J}_r\left(\frac{a}{2}\right)$$

根据对称性考虑,中子流密度矢量 $\boldsymbol{J}_c$ 及 $\boldsymbol{J}_r$ 都只能沿 x 轴的方向,即 $\boldsymbol{J}_c = J_{cx}$,$\boldsymbol{J}_r = J_{rx}$,故上式可改写为
$$J_{cx}\left(\frac{a}{2}\right) = J_{rx}\left(\frac{a}{2}\right)$$

因一维斐克定律为 $J_x = -D\dfrac{\mathrm{d}\phi}{\mathrm{d}x}$,故上式可进一步改写为
$$D_c \phi_c'\left(\frac{a}{2}\right) = D_r \phi_r'\left(\frac{a}{2}\right) \tag{4.62}$$

利用条件(4.61)即可由式(4.56)及式(4.60)得到
$$A\cos\left(B_c\frac{a}{2}\right) = C\text{sh}\left[\frac{T}{L_r}\right] \tag{4.63}$$

利用条件式(4.62),类似地可得
$$AD_c B_c \sin\left(\frac{B_c a}{2}\right) = C\frac{D_r}{L_r}\text{ch}\left(\frac{T}{L_r}\right) \tag{4.64}$$

用式(4.63)除式(4.64),即可消去常数 A 及 C 而有
$$D_c B_c \tan\left(\frac{B_c a}{2}\right) = \frac{D_r}{L_r}\text{cth}\left(\frac{T}{L_r}\right) \tag{4.65}$$

上式就是有反射层时平板均匀堆的临界方程,其中的双曲余切函数由下式定义:
$$\text{cth}x = \text{ch}x/\text{sh}x$$

方程(4.65)给出了平板反应堆临界时堆芯曲率 B_c^2 和平板半厚度 $a/2$ 之间所需满足的

关系,与无反射层时的情况不同,现在的临界方程中含有反射层材料的性质参数 L_r、D_r 以及几何参数 T。利用式(4.65)可算得有反射层平板堆堆芯的厚度。例如,通过式(4.54),可由给定的芯部材料特征求得 B_c^2、D_c。于是,根据反射层材料的性质及厚度,即可解得临界堆芯厚度。反之,若 a 已给定,则临界时的曲率 B_c^2 就应由式(4.65)给出的第一个本征值决定。值得注意的是,现在由式(4.65)定出的第一本征值与厚度 a 的关系,与无反射层时的 $B=\pi/a$ 不同,下节即将证明它应为 $B_c<\pi/a$。这就是说,在平板堆的厚度 a 不变的情况下,加了反射层之后,若要保持堆临界,就必须改变堆的组分,以使得 $B_c<\pi/a$。

4.2.2 反射层节省

因为 $T>0$ 时,$\mathrm{cth}(T/L_r)$ 有限,故由式(4.65)可得 $B_c a/2<\pi/2$(取第一本征值时),即 $B_c<\pi/a$。另一方面,对无反射层临界平板堆,由式(4.13)应有 $B=\pi/a$;为了区别起见,我们把其临界堆芯厚度改记为 a_0。设反应堆堆芯材料组分不变,即 B_c 与 B 相同,则有 $\pi/a_0 = B = B_c < \pi/a$,即应有 $a < a_0$。这就是说:对于堆芯材料组分不变的反应堆,在加了反射层后,临界尺寸变小了。

上述结论很重要,它实际上与反应堆几何形状无关,有普遍意义。

为描述反射层引起的临界堆尺寸的减小量,我们引入反射层节省 δ。对平板堆,其定义为

$$\delta = (a_0 - a)/2 \tag{4.66}$$

对于均匀平板裸堆,有

$$a_0 = \pi/B_c$$

故有

$$a/2 = \pi/(2B_c) - \delta \tag{4.67}$$

再把上式代入式(4.65),得

$$B_c D_c \tan[\pi/2 - B_c \delta] = [D_r \mathrm{cth}(T/L_r)]/L_r$$

上式或可写为

$$B_c D_c \tan(B_c \delta) = [D_r \mathrm{cth}(T/L_r)]/L_r$$

并整理后即得

$$\tan(B_c \delta) = \frac{B_c D_c L_r}{D_r} \mathrm{th}\left(\frac{T}{L_r}\right) \tag{4.68}$$

有

$$\delta = \frac{1}{B_c}\left[\arctan\left\{\frac{B_c D_c L_r}{D_r}\mathrm{th}\left(\frac{T}{L_r}\right)\right\}\right] \tag{4.69}$$

上式给出了不同反射层厚度下平板堆的反射层节省。

下面再作进一步的讨论。首先,由式(4.68)可知 δ 与堆芯厚度 a 无关,而且开始时随 T 增长较快,但当 $T \gg L_r$ 时,由于 $\mathrm{th}(T/L_r) \approx 1$(例如 $\mathrm{th}1.5=0.9$),δ 基本上不再随 T 而变化。实际上当 $T \geq 2L_r$ 时,$\mathrm{th}(T/L_r)$ 的值就基本与 1 接近了。所以当 T 大约等于两倍扩散长度后,其作用就是一个无限厚反射层相差无几。

其次,对于大型堆,$B_c \delta$ 非常小,式(4.68)中的 $\tan(B_c \delta) \approx B_c \delta$,从而可简化为

$$\delta \approx \frac{D_c}{D_r} L_r \mathrm{th}\left(\frac{T}{L_r}\right) \tag{4.70}$$

当慢化剂和反射层都用相同材料做成,堆芯中燃料所占份额不太大时(船用压水堆就属于这种情况),便有 $D_c \approx D_r$,式(4.65)还可简化为:

$$\delta \approx L_r \text{th}(T/L_r) \tag{4.71}$$

上式表明,这时的 δ 不仅与芯部几何尺寸无关,而且与芯部材料组分也无关。实际上,δ 并不是芯部材料组分参数的敏感函数。换言之,当一个堆的 δ 定出以后,就可把这个已知的 δ 值用到材料组分相差不多的反射层材料相同的另一个堆上。于是一个有反射层的反应堆的临界尺寸,即可通过与式(4.66)类似的公式,从求解相应裸堆的临界尺寸得到。这对于工程设计是有实际意义的。总之,式(4.66)不仅可以很好地描述反射层使临界尺寸减小这一事实,而且还可通过它算得有反射层反应堆的临界尺寸。

4.2.3 反射层对中子通量密度分布的影响

有了反射层以后,平板反应堆堆芯中子通量密度虽仍有余弦的分布形状,但分布形状将变得平坦。因为有了反射层,临界时对应的 B_c 值要比无反射层时的相应值 π/a 小,所以在 a 基本相同的情况下,临界时堆芯中子通量密度分布的余弦函数图形被拉长,即通量密度分布变得平坦了。图 4.5 给出了有、无反射层时单群计算所得到的中子通量密度分布的示意图。图中所示的中子通量密度已按堆芯中心通量密度归一。它表明,在有反射层的反应堆中,堆芯边界处的相对通量密度要比无反射层时的大。这里显然是因为本来要泄漏掉的中子,大部分又被反射层散射回到堆芯的缘故。

但正如前面已指出过的那样,有反射层均匀的压水堆,单群计算一般就不适用了。这是由于堆芯与反射层介质对快、慢不同的中子有不同的物理特性引起的。为改进这种情况,可采用多群计算。两群计算的基本结果,如图 4.6 所示。

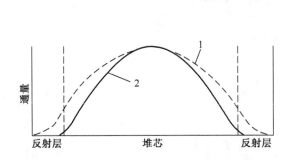

图 4.5 有、无反射层时均匀堆入中子通量密度分布示意图
1—有反射层的堆;
2—裸堆。

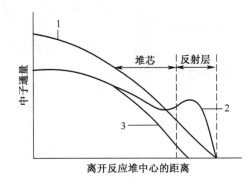

图 4.6 有反射层均匀堆的快通量密度与热通量密度以及无反射层均匀堆的热中子通量密度
1—有反射层的快中子通量密度;2—有反射层的热中子通量密度;3—无反射层的热中子通量密度。

由图可见,两群计算的热中子通量密度 ϕ_T 在靠近堆芯与反射层交界面处,比无反射层时大些,这一点与单群计算的结果相似。但在反射层里,ϕ_T 还出现一个高峰,这与实验结果比较一致。这是因为二群计算既考虑了反射层可使从堆芯进入其中的快中子热化,又反映了反射层内没有燃料、其热中子吸收要比芯部少很多之故。正因为反射层既慢化中子,热中子吸收又比芯部小得多,所以除了一部分热中子泄漏反射层外,其余热中子便在反射层内形成了这个高峰,同时也使得靠近反射层的芯部通量密度提高了。在离开分界面较远的地方,热中子通量密度与快中子通量密度一样,在反射层外围变为零。图中也画出了快中子通量密度 ϕ_F 的分布形状。

由图 4.5 及图 4.6 可见,无论是单群还是两群计算,都可得出结论,反射层可使堆芯中靠近反射层的相对中子通量密度提高,从而使通量密度分布变得更加平坦。这样就有可能在不增加燃料总量的条件下,提高反应堆的输出功率。

有反射层时,无限平板堆(有限厚)的单群通量密度分布为
$$\phi_c(x) = A\cos(B_c x)$$
其中常数 A 仍需由平板堆单位体积所对应的运行功率 P 给出,即
$$P = E_f \Sigma_f \int_{-\frac{a}{2}}^{\frac{a}{2}} \phi_c(x) \mathrm{d}x \tag{4.72}$$
把上面的 $\phi_c(x)$ 代入,积分后有
$$A = \frac{B_c P}{2E_f \Sigma_f \sin\left(\dfrac{B_c a}{2}\right)} \tag{4.73}$$
式中:E_f、Σ_f 分别为每次裂变所放出的平均能量和宏观裂变截面;B_c 需由临界方程定出。当反射层厚度趋于零时,$B_c \to \pi/a$,上式即还原为无反射层时的式(4.20)。

4.3 栅格的非均匀效应及处理方法

前面介绍中子的慢化、扩散过程及反应堆临界理论时,都是基于均匀介质假设,但目前工程上已实现的热中子反应堆,都是非均匀堆,即燃料和慢化剂是分开布置的。如图 4.7 是目前压水堆普遍采用的栅格布置方式,燃料棒周围充满着作为慢化剂和冷却剂的液态水。之所以采用非均匀布置,除了工程技术上的原因外,在物理上还有许多优点。例如,能有效地提高中子逃脱共振吸收概率,从而提高系统的无限增殖因数。世界上第一个天然铀石墨堆之所以能够建成,采用非均匀栅格布置是个特别重要的原因。因为天然铀—石墨均匀系统的 k_∞ 值太小,只有 0.85 左右,实际上不可能使这种均匀堆达到临界。采用非均匀栅格后,就可使 k_∞ 显著提高,最大可到 1.0548 左右,使得反应堆临界变为可能。

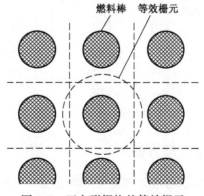

图 4.7 正方形栅格的等效栅元

4.3.1 栅格的非均匀效应

图 4.8(a)表示局部热中子通量密度,曲线表明,燃料块内平均热中子通量密度 $\bar{\phi}_{TF}$ 比慢化剂中的平均值 $\bar{\phi}_{TM}$ 小,即 $\bar{\phi}_{TF}<\bar{\phi}_{TM}$,且燃料中心处最低。这是因为燃料块产生裂变中子,不直接产生热中子,而又吸收热中子;慢化剂恰好相反,它使快中子慢化为热中子,却很少吸收热中子。热中子入射到燃料块时,燃料块内层的核在一定程度上被靠近块表面的核的吸收所屏蔽。因此,块内通量密度下陷,在中心处最低,这种现象称为自屏效应。

对于共振能附近的中子,上述的自屏效应更为突出,这是因为燃料块中的 ^{238}U 对它们有强的共振吸收之故。因此,燃料块内的共振中子通量密度下陷得更多,如图 4.8(b)所示。快中子通量密度的情况与上述两种情况截然不同,因而形成了图 4.8(c)所示的分布形状,即块中心处快中子通量密度比边缘高。

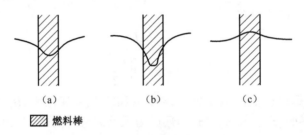

图 4.8　局部通量密度分布
(a)热中子通量密度;(b)共振中子通量密度;(c)快中子通量密度。

整个堆内的中子通量密度分布,可通过对非均匀堆作均匀化处理后求得。实际上,压水堆中燃料元件数目很多,这种均匀化处理是很有效的,均匀化所得的通量密度分布是实际分布的一种平均,图 4.9 表示了这一事实。

曲线 a 为实际热中子通量密度分布,虚线 b 为均匀化计算所得热中子通量密度,曲线 c 为实际快中子通量密度,虚线 d 为均匀化计算所得的快中子通量密度。在近似计算元件释热时,采用相应的均匀化的通量密度分布,是完全可以的。

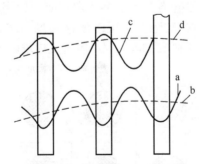

图 4.9　非均匀热中子堆内通量密度分布

4.3.2 栅格的均匀化处理方法

在非均匀堆内燃料制成块状与慢化剂离散相隔布置,一个非均匀堆少则有 10 根,多则有上万根燃料棒。例如,压水堆堆芯由上百个燃料组件组成,每个燃料组件又包括几百根燃料棒。因此,要严格按照非均匀栅元的实际几何情况进行中子扩散或输运方程的求解,其计算非常复杂,甚至是不可能的。然而,经过详细观察与分析,可以看到,非均匀堆内的中子通量密度分布可以想象成是由两部分通量密度叠加而成的。一部分是沿整个堆芯变化的宏观的中子通量密度分布;另一部分为栅元内精细的中子通量密度分布。但是,如果堆芯内燃料棒的数目足够大,例如,在一般压水堆内大约有上万根燃料棒,亦即有上万个栅元,那么,略去栅元内中子通量密度的起伏变化,宏观上看,它的中子通量密度分布和一个均匀堆内的就很相似。因此,在实际计算时,我们设想是否可能把非均匀堆等效成一个均匀堆,然后对等效的均匀堆进行能谱和临界计算,而所得结果又与原来的非均匀堆保持相同。

非均匀堆的理论计算,要比均匀堆复杂。堆内通量分布以及临界尺寸,可以这样来计算:

（1）先由给定材料组分及栅格几何尺寸,算出非均匀堆的基本参数,即 η、f、p 和 ε 四个因子以及扩散长度 L_T 和中子年龄 τ_T。

（2）根据这些参数,利用均匀堆的群扩散方程和临界方程,求得非均匀堆堆内中子的平均通量分布以及临界尺寸。

实际上就是先把非均匀堆均匀化,然后按均匀堆进行计算。

栅格中的局部通量密度分布形状为计算上述反应堆参数,先需求出一个非均匀栅格中的局部通量密度分布。其求解的基本思路是:

先分析燃料—慢化剂栅格,画出等效栅元,实际反应堆多呈圆柱形;棒状燃料元件按一定的栅格几何排列插在慢化剂中。不同反应堆的栅格布置很不相同,最简单的是正方形式栅格,如图 4.7 所示。

为简化问题,可做出一根轴棒所占的圆柱形等效栅元。令该栅元截面积与原来的栅元截面积相等,便可定出等效栅元的半径 b。

然后,用群扩散理论,建立该燃料—慢化剂栅元的分区方程,并在一定边界条件下,求解这个多群多区问题,从而给出 k_∞ 值和局部通量密度分布形状。一般情况下都需用数值计算法,才能得出比较精确的结果。在以天然铀或低浓缩铀为燃料的栅格中,不同能量中子的局部通量密度分布的定性形状如图 4.8 所示。

4.4 中子通量密度分布的不均匀性及展平方法

通过以上分析知,即使是均匀反应堆,其堆芯内的中子通量密度分布也不均匀,一般是中心处的值最大;由于反应堆功率密度与中子通量密度近似成正比,因而堆内功率密度分布也不均匀。而功率密度分布对于反应堆工程设计和运行安全都非常重要,需要详细考虑。

为描述反应堆通量密度分布的不均匀程度,我们引入中子通量密度不均匀因子,用 K_V 表示,K_V 为堆内最大通量密度 $\phi_{\max}$ 与全堆的平均通量密度 $\bar{\phi}$ 之比,也近似为堆内最大功率密度和全堆平均功率之比,即

$$K_V = \frac{\phi_{\max}}{\bar{\phi}} \approx \frac{P_{\max}}{\bar{P}} \tag{4.74}$$

其中

$$\overline{\phi} = \frac{1}{V}\int_V \phi(r)\,\mathrm{d}V, \quad \overline{P} = \frac{1}{V}\int_V P(r)\,\mathrm{d}V$$

而 V 为堆芯体积。现以有限高圆柱堆为例,导出 K_ϕ 的详细表示式。

根据前面得出的结论,对有限高圆柱堆,在堆芯中心点 $r=0$、$z=0$ 处,中子通量密度达到极大值,$\phi_{\max}=A$。而

$$\overline{\phi} = \frac{1}{V}\int_{-H/2}^{H/2}\int_0^R AJ_0\!\left(\frac{2.405}{R}r\right)\cos\!\left(\frac{\pi}{H}z\right)2\pi r\,\mathrm{d}r\,\mathrm{d}z$$

其中堆芯体积 $V=\pi R^2 H$。故

$$K_V = \frac{\pi R^2 H}{\int_0^R J_0\!\left(\frac{2.405}{R}r\right)2\pi r\,\mathrm{d}r \cdot \int_{-H/2}^{H/2}\cos\!\left(\frac{\pi}{H}z\right)\mathrm{d}z} = K_r \cdot K_z \tag{4.75}$$

式中:K_r 称为径向不均匀因子,有

$$K_r = \frac{\pi R^2}{\int_0^R J_0\!\left(\frac{2.405}{R}r\right)2\pi r\,\mathrm{d}r} \tag{4.76}$$

K_z 称为轴向不均匀因子,即

$$K_z = \frac{H}{\int_{-H/2}^{H/2}\cos\!\left(\frac{\pi z}{H}\right)\mathrm{d}z} \tag{4.77}$$

利用零阶贝塞尔函数的积分性质等,即可算得

$$K_r = \frac{\pi R^2}{2\pi R^2 J_1(2.405)/2.405} = \frac{2.405}{2J_1(2.405)} = \frac{2.405}{2\times 0.518} = 2.321$$

$$K_z = H/(2H/\pi) = \frac{\pi}{2} = 1.571$$

从而有

$$K_V = K_r \cdot K_z = 2.321 \times 1.571 = 3.646$$

同样也可导出其他几何形状均匀裸堆的通量密度不均匀因子。

对平板反应堆:$K_z = H/(2H/\pi) = \frac{\pi}{2} = 1.571$

对于长方体反应堆:$K_V = K_x \cdot K_y \cdot K_z \approx 3.88$

对于球形反应堆:$K_V \approx 3.27$

由上述分析可知,裸堆的中子通量密度分布极不均匀,这主要是由于堆芯中子泄漏造成的。而相同体积下,球形堆的表面积最小,所以球形堆的 K_V 值最小,有限高圆柱堆的 K_V 值次之,考虑到工程实现的难易,目前压水堆一般采用圆柱形。

值得指出的是,这里给出的结论只适用于均匀裸堆。但实际反应堆都是不均匀的,堆芯有栅格结构,而且在运行过程中还要按一定程序提升控制棒等,故实际通量密度分布要比这里讨论的复杂。其次,实际反应堆都有反射层,致使堆芯与反射层交界面附近的通量密度有所提高,从而通量密度分布要比裸堆结果平坦些,不均匀因子 K_V 值也小些。实际上反应堆

设计和运行过程中,要采取多种措施控制 K_V 值的大小, K_V 值的大小是表征核反应堆堆芯物理性能的重要指标。

这是因为根据式(4.74),对于给定体积的反应堆,堆芯总的功率输出等于 $\dfrac{P_{\max}V}{K_V}$,而堆芯功率密度的最大值 $P_{\max}$ 要受到安全传热(堆芯材料特性和冷却条件)的限制,因此反应堆内中子通量密度越不均匀,即 K_V 越大,给定体积下反应堆的允许输出功率也就越低。为在确保安全的前提下,提高反应堆总的功率输出,需要采取各种措施使反应堆功率分布变得平坦,即功率分布展平。目前采用的主要措施有:

(1) 堆芯燃料分区布置。将堆芯径向或轴向分为几个区,每个区内采用不同富集度的燃料,其中富集度高的燃料装在堆芯的外区,富集度低的燃料装在堆芯的内区,这样可以确保堆芯不同位置的裂变率尽量保持均匀,达到展平功率分布的目的。

(2) 合理布置可燃毒物。在中子通量密度比较高的区域,插入一些吸收截面比较大的可燃吸收体(如硼或钆),这些毒物可以集中做成棒状或涂敷在燃料棒的表面。通过合理布置可燃毒物,同样可以达到展平堆芯功率分布的目的。

(3) 采用最佳提棒方案。舰船核反应堆一般采用多组控制棒来控制堆芯反应性,这样反应堆运行时就有多种控制棒移动顺序组合,但其中有一种提棒程序最有利于堆芯中子通量密度的均匀分布,这种最有利于反应堆功率发挥的程序称为最佳提棒程序。最佳提棒程序是通过大量的堆芯物理分析计算和必要的试验测量获得的,一般是以反应堆运行操作规程的内容要求执行的。

习 题

1. 设有一边长, $a = b = 0.5\text{m}$, $c = 0.6\text{m}$(包括外推距离)的长方形裸堆, $L = 0.0434\text{m}$, $\tau = 0.6 \times 10^{-2}\text{m}^2$,求达到临界时所必须的 k_∞;如果功率 5000kW, $\Sigma_f = 4.01\text{m}^{-1}$,求中子通量密度分布。

2. 设有圆柱形铀-水栅格装置, $R = 0.50\text{m}$,水位高 $H = 1.0\text{m}$,设栅格参数为: $k_\infty = 1.19$, $L^2 = 6.6 \times 10^{-4}\text{m}^2$, $\tau = 0.50 \times 10^{-2}\text{m}^2$,试求该装置的有效增殖系数 k;当该装置恰好达到临界时,水位高度 H 等于多少?

3. 设某压水堆以该铀-水栅格作为芯部, $k_\infty = 1.19$, $L^2 = 6.6 \times 10^{-4}\text{m}^2$,堆芯尺寸为 $R = 1.66\text{m}$, $H = 3.50\text{m}$,若反射层节省估算为 $\delta_r = 0.07\text{m}$, $\delta_H = 0.1\text{m}$,试求反应堆的初始有效增殖因数以及快中子不泄漏概率和热中子不泄漏概率。

4. 设有一由纯 ^{239}Pu ($\rho = 14.4 \times 10^3 \text{kg/m}^3$) 组成的球形快中子临界裸堆,试用下列单群常数: $v = 2.91$, $\sigma_f = 1.85\text{b}$, $\sigma_r = 0.26\text{b}$, $\sigma_{tr} = 6.8\text{b}$ 计算其临界半径与临界质量。

5. 设有一个轻水慢化均匀圆柱形裸堆,其核参数为: $L^2 = 5.0\text{cm}^2$, $\tau = 48.0\text{cm}^2$, $\lambda_{tr} = 10.0\text{cm}$, $k_\infty = 1.06$,试根据修正单群临界理论:

(1) 设堆芯高度为 $H = 1.5\text{m}$,试根据单群临界理论求堆芯的临界半径;

(2) 如果给定堆芯半径为 0.9m,则堆芯的有效增殖系数是多少?

6. 某圆柱形裸堆的堆芯半径为 0.6m,高度为 1.2m,求它的几何曲率。若按最佳尺寸设计,仍保持几何曲率不变,堆芯体积将减少多少?

7. 试比较带有完整放射层($\delta=2$cm)和不带反射层的圆柱形反应堆,已知 $k_\infty=1.14$, $L_T^2=2$cm^2, $\tau_T=40$cm^2。若按最佳尺寸设计,求两者堆芯临界体积之比。

8. 试证明 $\dfrac{1}{1+L^2B^2}$ 的物理意义是单群理论的热中子不泄漏概率。

9. 什么是反射层节省?反射层的作用是什么?反射层既然对反应堆很重要,是不是反射层越厚越好?

10. 反应堆为什么要进行中子通量密度展平?主要的展平措施有哪些?

11. 圆柱形反应堆的不均匀系数 $K_r=1.3$ 和 $K_z=1.5$ 时,最大允许运行功率为 100MW。问当 $K_V=4.35$ 时,反应堆的最大允许运行功率是多少?假设堆芯内材料特性不变。

第5章 核反应堆内反应性的变化

前面介绍了反应堆的临界条件及临界时堆芯的中子通量密度的空间分布,但实际反应堆运行过程中,堆芯有效增殖系数 k 将不断地发生变化。因此,受各种因素的影响和反应堆运行的需要,堆芯有效增殖因数 k 往往不能恒等于临界值 1,当反应堆有效增殖因数 k 偏离 1 时,堆芯内中子通量密度将随时间不断变化,本书第 5、6、7 章将重点介绍影响堆芯有效增殖因数 k 变化的主要效应、反应堆控制的基本原理及方法以及偏离临界时中子通量密度随时间的变化规律,统称为反应堆动态理论。

5.1 反应性及其变化影响因素

静态理论中常用增殖因数描述反应堆的临界状态,但实际反应堆临界是相对的,而偏离临界是绝对的。在介绍反应堆动态理论内容时,为描述问题的方便,通常把有效增殖因数与 1 之差,称为过剩增殖因数,用 k_{ex} 表示,再把 k_{ex} 与 k 之比称为反应性,用 ρ 表示。

$$k_{ex} = k - 1 \tag{5.1}$$
$$\rho = k_{ex}/k \tag{5.2}$$

由于 k 恒大于零,所以 ρ 与 k_{ex} 的符号(正或负)相同,均可作为反应堆偏离临界状态大小的一种量度。在反应堆动态研究中,主要用反应性表征反应堆偏离临界状态的程度,它是一个非常重要的物理量。

反应性表示 k 的相对变化,其大小常用百分数表示,有时也用缓发中子份额 β 来度量,用 ρ/β 值表示的反应性,单位称为"元",其百分之一称为"分"。k、k_{ex} 和 ρ 的关系见表 5.1。根据表 5.1 可以看出,反应性的符号标志着反应堆偏离临界的状态。

表 5.1 反应堆状态的描述

反应堆状态	次临界	临界	超临界
k	<1	=1	>1
k_{ex}	<0	=0	>0
ρ	<0	=0	>0

反应堆运行过程中,影响反应性变化的原因有很多,但主要受下面三个因素主导,即燃料材料的消耗与转换、裂变毒物浓度的变化和堆芯温度变化,对应地把不同因素引起的反应性变化特性称为不同的反应性效应。

1. 燃耗效应

反应堆功率运行期间,堆芯内的易裂变同位素 ^{235}U 在不断裂变过程中有所燃耗,是减少的,这将引起了反应性的下降;同时堆芯内可转换同位素^{238}U,经过吸收中子后,能形成新的易裂变同位素^{239}Pu,这又会使反应性上升。但对热中子反应堆而言,总的趋势是核反应堆投入运行后,随着核燃料的不断燃耗,反应性呈下降趋势。燃料燃耗引起反应性下降的现象,称为燃耗效应;因燃耗引起的反应性损失称为燃耗反应性。对于不同的核反应堆、不同的运行功率及运行时间,燃耗反应性的大小差别很大。堆功率越高,工作时间越长,燃耗就越深,所损失的反应性也就越多。对一般压水堆在工作末期时,这一损失大约为3%~12%。

2. 中毒效应

^{235}U原子核裂变过程,有几十种裂变方式,将生成很多种裂变碎片,几乎所有的裂变碎片都是有放射性的,它们经过β衰变又产生新的同位素,裂变中生成的裂变碎片及其衰变产物称为裂变产物。许多裂变产物具有很大的热中子吸收截面,如^{135}Xe和^{149}Sm,这些核素称为裂变毒物。核毒物俘获中子而引起反应性减小的现象称为中毒效应,由核毒物引起的反应性损失称为中毒反应性。裂变毒物的浓度直接与热中子通量密度有关,所以当反应功率变化时,随着中子通量密度的变化,裂变毒物浓度也进行变化。这种毒物浓度的变化引起正的或负的反应性效应。对于不同的核反应堆、不同的运行功率及运行时间,中毒反应性大小是不同的,对一般压水堆在额定工况运行时,它的毒物达到平衡状态时的反应性损失大约为2%~5%。

3. 温度效应

核动力反应堆启动运行后,堆芯温度从冷态变为热态,温度将发生较大的变化;同时反应堆功率运行期间,堆芯流量的变化也将引起温度的变化。堆芯温度变化会引起反应性变化的现象称为温度效应;如果堆芯温度升高引起反应性增加称为正温度效应,如果堆芯温度升高引起反应性减少则称为负温度效应。不同堆型的温度效应也不一样,压水堆是负温度效应,且较为显著,由温度效应引起的反应性损失称温度反应性。按额定参数运行时的压水堆,这一反应性损失大约为2%~12%。

核反应堆在不同的运行阶段和不同的工况下,上述这些效应又有主次之分。例如,当核反应堆由冷态向热态过渡或运行温度发生大幅度变化时,温度效应是主要的;当反应堆处在冷启动后高功率稳定运行或功率大幅度变化时中毒效应就显著;当核反应堆长期功率运行后,燃耗效应则愈来愈明显。表5.2列举给出典型船用压水堆三种效应反应性的大小。

表5.2 典型船用压水堆中各项反应性效应的大小

堆名	温度效应/%	中毒效应/%	燃耗效应/%	总计/%
萨瓦娜核舰船	4.10	2.70	3.60	10.40

综上所述,为了保证核反应堆能够在额定功率下工作一定的时间,几百天甚至上千天,这就要求其在工作开始之前具有足够的反应性储备,用以补偿由温度、中毒和燃耗效应引起的反应性损失。因此,新设计的反应堆应具有足够的反应性储备,新堆在冷态(293.15K)、无裂变毒物、无控制毒物时的反应性,称为该堆的后备反应性,记为ρ_0。对一般压水堆,后备反应性的数值大约在15%~25%的范围。在任何时刻,堆芯中没有控制毒物时的反应性称为剩余反应性,以ρ_{ex}来表示。控制毒物是指反应堆中作为控制用的所有物质,例如控制棒、可燃毒物和化学补偿毒物等,剩余反应性的大小与反应堆的运行状态有关。

5.2 燃耗效应

为研究反应堆运行过程中核燃料燃耗引起反应性的变化,需要详细追踪燃料核密度随运行时间的变化规律,即分析核燃料的燃耗及转换过程。

5.2.1 运行过程中核燃料的燃耗及转换

自然界存在的易裂变材料,目前只有^{235}U,在天然铀中它约占0.720%,约99.275%为^{238}U。船用压水堆普遍采用不同^{235}U富集度的U作为核燃料,反应堆运行过程中,易裂变同位素^{235}U将不断地燃耗掉,但可转换同位素^{238}U核俘获中子后可转换易裂变同位素^{239}Pu,部分弥补易裂变材料核燃料的消耗。通常,压水堆的核燃料利用率可以表示为其中生成的易裂变核数(各种核)与所消耗的易裂变核数之比。当这一比值小于1.0时,称之为转换比(CR)。转换比可定义为

$$CR = \frac{产生的易裂变核数}{消耗的易裂变核数} \tag{5.3}$$

核燃料各核素的核反应如下:

$$^{235}U \xrightarrow{(n,f)} 裂变碎片$$

$$^{235}U \xrightarrow{(n,\gamma)} {}^{236}U$$

$$^{238}U(n,\gamma){}^{239}U \xrightarrow[T_{1/2}=23\min]{\beta^-} {}^{239}Np \xrightarrow[T_{1/2}=2.3d]{\beta^-} {}^{239}Pu$$

图5.1表示出了核燃料铀受中子辐照后,所产生的重同位素链。

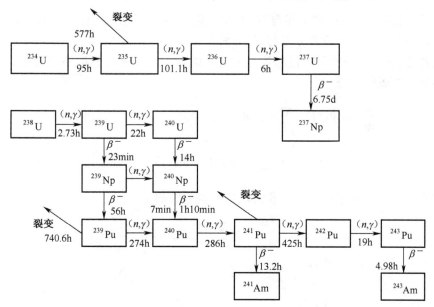

图5.1 铀-钚燃料循环中的重同位素链

图 5.1 中忽略了 ^{238}U、^{240}Pu、^{241}Pu 等重核的快中子裂变及其 α 衰变。这些重核的 α 衰变半衰期都很长,最短的是 ^{241}Pu,其半衰期也有 13.2a,最长的则可达 10^7a,这对反应性的影响很小。

5.2.2 运行过程中核燃料核密度的变化规律

针对图 5.1 中的任一重同位素 X,根据其来源及消耗过程(见图 5.2),依据核子数守恒定律建立起核密度的连续性方程如式(5.4),也即燃耗方程。

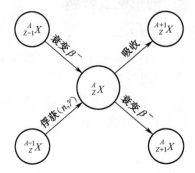

图 5.2 同位素 X 的产生和消耗

$$\frac{\partial}{\partial t}N_A(\gamma,t) = N_C(\gamma,t)\int_0^\infty \sigma_\gamma^C(E)\phi(\gamma,E,t)dE + \lambda_B N_B(\gamma,t) - $$
$$N_A(\gamma,t)\left(\int_0^\infty \sigma_a^A(E)\phi(\gamma,E,t)dE + \lambda_A\right) \quad (5.4)$$

其中,等式右侧第 1 项为同位素 C(即 $_Z^{A-1}X$)俘获中子生成同位素 X 的产生率;第 2 项为同位素 B(即 $_{Z-1}^A X$)经 β 衰变生成同位素 X 的产生率;第 3 项为同位素 A(即 $_Z^A X$)因吸收和 β 衰变的总消耗率。

中子通量密度是空间、中子能量和时间的函数,而核密度是空间和时间的函数,所以式(5.4)是一个变系数的偏微分方程,没有解析解。

通过处理,在一定条件下可近似认为微观截面 σ 和中子通量密度 ϕ 为常数,式(5.4)可写成常系数的常微分方程

$$\frac{d}{dt}N_A(\gamma,t) = \sum_{g=1}^N \sigma_{\gamma,g}^C \phi_g(\gamma,t)N_C(\gamma,t) + \lambda_B N_B(\gamma,t)$$
$$- \left[\sum_{g=1}^N \sigma_{a,g}^A \phi_g(\gamma,t) + \lambda_A\right]N_A(\gamma,t) \quad (5.5)$$

这样列出图 5.1 中每一个同位素的燃耗方程分别如下:

$$\frac{dN_{24}}{dt} = -\sum_{g=1}^N \sigma_{a,g}^{24}\phi_g N_{24} \quad (5.6)$$

$$\frac{dN_{25}}{dt} = \sum_{g=1}^N \sigma_{\gamma,g}^{24}\phi_g N_{24} - \sum_{g=1}^N \sigma_{a,g}^{25}\phi_g N_{25} \quad (5.7)$$

$$\frac{dN_{26}}{dt} = \sum_{g=1}^N \sigma_{\gamma,g}^{25}\phi_g N_{25} - \sum_{g=1}^N \sigma_{a,g}^{26}\phi_g N_{26} \quad (5.8)$$

$$\frac{dN_{28}}{dt} = -\sum_{g=1}^{N} \sigma_{a,g}^{28} \phi_g N_{28} \qquad (5.9)$$

$$\frac{dN_{29}}{dt} = \sum_{g=1}^{N} \sigma_{\gamma,g}^{28} \phi_g N_{28} - \left(\sum_{g=1}^{N} \sigma_{a,g}^{29} \phi_g + \lambda_{29}\right) N_{29} \qquad (5.10)$$

$$\frac{dN_{39}}{dt} = \lambda_{29} N_{29} - \left(\sum_{g=1}^{N} \sigma_{a,g}^{39} \phi_g + \lambda_{39}\right) N_{39} \qquad (5.11)$$

$$\frac{dN_{49}}{dt} = \lambda_{39} N_{39} - \sum_{g=1}^{N} \sigma_{a,g}^{49} \phi_g N_{49} \qquad (5.12)$$

$$\frac{dN_{40}}{dt} = \sum_{g=1}^{N} \sigma_{\gamma,g}^{49} \phi_g N_{49} - \sum_{g=1}^{N} \sigma_{a,g}^{40} \phi_g N_{40} \qquad (5.13)$$

$$\frac{dN_{41}}{dt} = \sum_{g=1}^{N} \sigma_{\gamma,g}^{40} \phi_g N_{41} - \left(\sum_{g=1}^{N} \sigma_{a,g}^{41} \phi_g + \lambda_{41}\right) N_{41} \qquad (5.14)$$

$$\frac{dN_{42}}{dt} = \sum_{g=1}^{N} \sigma_{\gamma,g}^{41} \phi_g N_{41} - \sum_{g=1}^{N} \sigma_{a,g}^{42} \phi_g N_{42} \qquad (5.15)$$

式(5.6)至式(5.15)中所用角标,24、25、26、28、29、39、49、40、41 和 42 分别表示 ^{234}U、^{235}U、^{236}U、^{238}U、^{239}U、^{239}Np、^{239}Pu、^{240}Pu、^{241}Pu 和 ^{242}Pu。

这里只写出 10 种重同位素的燃耗方程,铀—钚循环中出现的其他重同位素(如 ^{237}U、^{237}Np、^{240}U、^{240}Np、^{243}Pu、^{241}Am、^{243}Am)的作用被忽略不计。这是由于 ^{239}U 的俘获截面很小(对热中子 $\sigma_\gamma = 22$b)而它的衰变常数较大,绝大部分的 ^{239}U 都通过 β^- 衰变成 ^{239}Np,生成 ^{240}U 却极少。同理,从 ^{239}Np 通过 (n,γ) 反应生成 ^{240}Np 也是极少;^{240}Np 核密度很小,它对 ^{240}Pu 的贡献更小,因而可忽略不计;^{241}Np 的热中子截面($\sigma_\gamma = 1377$b)比较大,而衰变常数很小,因而 ^{241}Pu β^- 衰变成 ^{241}Am 的量也很少;^{242}Pu 的核密度已经很小,它对热中子的俘获截面($\sigma_\gamma = 18.5$b)很小,所以,对质量数大于 242 的重同位素,在燃耗计算中可以不予考虑。

上述方程的求解是比较复杂的,在实际上都是对之进行一些假设加以简化,从而得到核燃料中各种重同位素核密度随时间的变化规律,如图 5.3 所示。

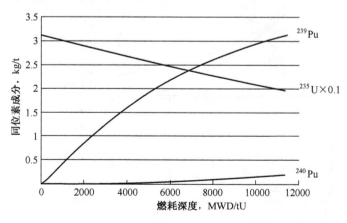

图 5.3 燃料中主要同位素核密度随燃耗的变化曲线

从图 5.3 可见,与易裂变同位素 ^{235}U 成分不断减少的同时,另一种易裂变同位素 ^{239}Pu 成分却在增加。随着堆芯燃耗的不断加深,^{239}Pu 的裂变可提供一定的功率,从而降低了 ^{235}U 的燃耗速度。在燃耗较深的情况,对能量输出有贡献的易裂变同位素主要包括 ^{235}U、^{239}Pu 和 ^{241}Pu。燃耗和转换对燃料组件中的中子平衡关系的影响见表 5.3,燃耗和转换对 k 的影响也可如图 5.4 所示,其中 BOL 表示寿期初,MOL 表示寿期中,EOL 表示寿期末。

表 5.3 典型压水堆燃料组件内的中子平衡关系(假设 1000 中子/代)

	新燃料	堆芯卸料前
吸收和裂变		
^{235}U	374	306
^{238}U	31	35
^{239}Pu	0	54
吸收和俘获		
^{235}U	96	40
^{238}U	260	280
Pu	0	41
水和结构材料	68	65
裂变产物	0	100
泄漏和控制	171	79
总中子数	1000	1000

此表给出了堆芯寿期初(新燃料组件)和循环寿期末(卸料组件)的中子平衡关系。这是对中子的产生与损失的比较。对任何给定的燃料组件,在稳定运行时($k=1$),中子的产生必须等于中子的损失。由表 5.3 可见,新燃料情况下,泄漏与控制的中子数约占 17%,这说明在新燃料中有较多过剩的中子产生。

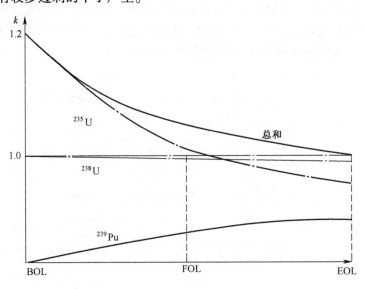

图 5.4 燃耗和转换对 k 的影响

5.2.3 反应堆寿期与燃耗深度

1. 反应堆工作期

一个新的堆芯(或换料后的堆芯),它的燃料装载量比临界质量多,初始有效增殖因数比较大,初始剩余反应性比较大,因此必须用控制毒物来补偿这些剩余反应性。随着反应堆运行时间的加长,有效增殖因数逐渐地减小。当反应堆的有效增殖因数值降到 1 的时刻,反应堆满功率运行的时间就称为反应堆工作期(或称堆芯寿期)。

为了确定反应堆工作期,需要进行燃耗计算,即计算在无控制毒物的情况下堆芯的有效增殖因数(其中包括在平衡氙浓度和最大氙浓度——最大碘坑条件下的有效增殖因数)随运行时间的变化,如图 5.5 所示,T_1 为根据最大氙浓度确定的反应堆工作期,T_2 为根据平衡氙浓度条件确定的反应堆工作期。

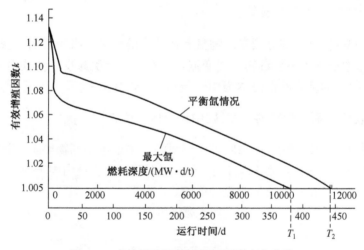

图 5.5 有效增殖因数随燃耗深度变化曲线

对于船用动力堆,为了保证舰船的机动性,要求随时都可以启动,因此,一般以最大氙浓度条件来确定反应堆的工作期。

2. 燃耗深度

核反应堆从初始装核燃料到堆工作期末,单位质量的燃料所发出的能量,称为反应堆的燃耗深度。即

$$\alpha = \frac{P \cdot t}{W_F} \quad (\mathrm{MW \cdot d/t}) \tag{5.16}$$

式中:W_F 和 $P \cdot t$ 分别为核燃料 U 的质量(t)和它所发出的能量(MW·d)。这里燃料质量是指燃料中含有重同位素的质量,若用二氧化铀作燃料,在计算 W_F 时,必须扣除燃料中氧的质量。另外,如果由于某种需要,不在反应堆工作期末就卸料,此时从堆芯中卸出的燃料所达的燃耗深度称为卸料燃耗深度。

1g^{235}U 全部裂变所放出的能量约为 1MW·d,实际上放出 1MW·d 的能量需要消耗核燃料 1.23g。所以,用纯 ^{235}U 为燃料的堆,其燃耗深度的极限值为 10^6 MW·d/t 铀量级;采用低浓缩铀为燃料的压水堆,若不考虑 ^{239}Pu 的影响,其燃耗深度的极限值为 10^4 MW·d/t 铀量

级,实际上并不是所有初装的核燃料都完全被利用。燃耗深度主要由反应堆的消耗情况来决定,与堆型选择、燃料性质、热工、堆芯结构、提棒程序以及装换料方式等因素有关。

3. 燃耗系数

燃耗反应性系数是指反应堆带功率运行一个等效满功率天(EFPD)所耗损的反应性。通常用 α_B 表示,如果已知 α_B,可以方便根据式(5.17)计算出反应堆运行一定时间后所造成的反应性损失。

$$\Delta \rho_B = \int_{\Delta \text{EFPD}} \alpha_B d\text{EFPD} \tag{5.17}$$

5.3 中毒效应

5.3.1 毒性与中毒反应性

在 ^{235}U 核裂变过程中,部分裂变产物具有比较大的热中子吸收截面,这些具有较大热中子吸收截面的核素统称为裂变毒物。裂变毒物俘获中子而引起反应性减小的现象称为中毒效应,由核毒物引起的反应性损失称为中毒反应性,常用 ρ_q 表示。如果无裂变毒物时反应堆有效增殖因数是 k,而有毒物的是 k',则中毒反应性可表示为 $\rho_q = \dfrac{k'-k}{k'}$。

在与 k 有关的 6 个因子中,如果假设中子泄漏概率也不受毒物影响,因毒性变化而变化的,主要是热中子利用系数 f,则 k 应正比于 f。下面假设反应堆内中子通量密度是均匀分布的,来具体分析毒物存在对堆芯反应性的影响。

反应堆没有裂变毒物时,热中子利用系数 f 可表示为

$$f = \frac{\Sigma_a^U}{\Sigma_a^U + \Sigma_a^m + \Sigma_a^s} \tag{5.18}$$

当反应堆有裂变毒物存在时,热中子利用系数 f 为

$$f' = \frac{\Sigma_a^U}{\Sigma_a^U + \Sigma_a^m + \Sigma_a^s + \Sigma_a^P} \tag{5.19}$$

式中:Σ_a^U 为燃料的宏观吸收面;Σ_a^m 为慢化剂的宏观吸收面;Σ_a^s 为堆芯结构材料和控制材料的宏观吸收截面;Σ_a^P 为裂变毒物的宏观吸收截面。

这样 ρ_q 可进一步变换为

$$\rho_q = \frac{k'-k}{k} = \frac{f'-f}{f'} = -\frac{\Sigma_a^P}{\Sigma_a^U} \times \frac{\Sigma_a^U}{\Sigma_a^U + \Sigma_a^m + \Sigma_a^s}$$

$$\rho_q = -\frac{\Sigma_a^P}{\Sigma_a^U} \times \frac{\Sigma_a^U}{\Sigma_a^U + \Sigma_a^m + \Sigma_a^s}$$

令 $q_P = \dfrac{\Sigma_a^P}{\Sigma_a^U}$,$q_P$ 可以代表被毒物吸收的热中子数与被燃料吸收的热中子数的比值,被称为毒物的毒性;$\rho_q = -fq_P$,从这可以看出,反应堆中毒反应性 ρ_q 与无裂变毒物时堆芯的热中

子利用系数近似成正比,与毒物的毒性 $q_P = \dfrac{\Sigma_a^P}{\Sigma_a^U}$ 成正比,而 $\Sigma_a^P = N_P \cdot \sigma_a^P$,其中 N_P 为毒物的核密度,σ_a^P 表示毒物的热中子吸收截面。反应堆运行期间,$N_P \cdot \sigma_a^P$ 值较大的核素将对反应堆运行造成较大的影响,需要重点考虑,如 ^{135}Xe 和 ^{149}Sm。另外,对特定的毒物,σ_a^P 随中子能量变化规律是已知的,这样中毒反应性 ρ_q 将主要受毒物的核密度 N_P 的影响。下面将重点介绍 ^{135}Xe 和 ^{149}Sm 两种毒物在反应堆运行过程中其核密度值的变化规律,进而分析中毒反应性的大小及其对反应堆运行安全的影响。

5.3.2 氙中毒(^{135}Xe)

^{135}Xe 是所有裂变产物中最重要的一种毒物,因为它的热中子吸收截面特别大,见图 5.6。中子动能为 0.0253eV 时,其吸收截面为 2.665×10^6 b①,约是 ^{235}U 对应裂变截面的 4500 倍。这种同位素在 ^{235}U 裂变可直接裂变生成,产额约为 0.228%;也可由 ^{135}I 经 β 衰变而形成,^{135}I 和 ^{135}Xe 产生消失的变化链如图 5.7 所示。从图 5.7 可知,^{135}Sb 和 ^{135}Te 的半衰期都非常短,可以忽略它们在中间过程中的作用。因此可以把 ^{135}Sb 和 ^{135}Te 的裂变产额与 ^{135}I 的直接裂变产额之和作为 ^{135}I 的等效裂变产额,对于 ^{235}U 其等效裂变产额为 6.386%。另外,由于 ^{135}I 的热中子吸收截面仅为 8b,半衰期为 6.7h,当热中子通量密度为 10^{14} 中子/(cm^2·s)时,$\sigma_{a,\text{I}}\phi/\lambda_{i\text{I}} \approx 10^{-4}$,即由吸收中子引起的损失项远小于衰变引起的损失项。因此,可以忽略 ^{135}I 对热中子的吸收,认为 ^{135}I 全部衰变成 ^{135}Xe。这样,可以将 ^{135}Xe 衰变图简化,见图 5.8。

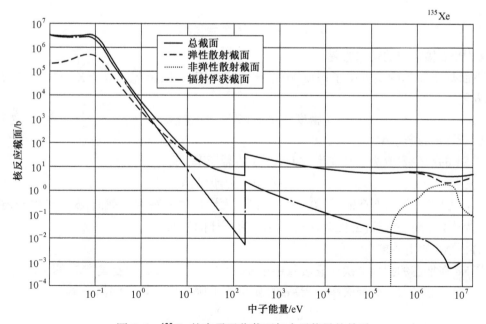

图 5.6 ^{135}Xe 的中子吸收截面与中子能量的关系

---

① 1b = 10^{-28} m^2。

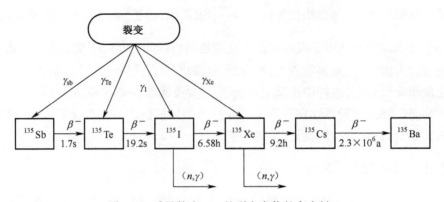

图 5.7 质量数为 135 的裂变产物的衰变链

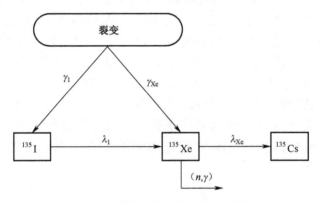

图 5.8 ^{135}Xe 简化的衰变关系图

1. ^{135}Xe 核密度的动态方程

下面基于简单的单群中子假设,根据核子数守恒定律,首先建立^{135}Xe 和^{135}I 核密度的动态方程。

$$核密度变化率 = 产生率 - 损失率 \tag{5.20}$$

1) ^{135}Xe 的产生率

^{135}Xe 的产生率取决于裂变生成率和^{135}I 的衰变率,即

$$产生率 = \gamma_{Xe} \Sigma_f \phi + \lambda_I N_I \tag{5.21}$$

式中:γ_{Xe} 为^{135}Xe 的裂变产额(约 0.228%);Σ_f 为^{235}U 的宏观裂变截面;ϕ 为热中子通量密度;λ_I 为^{135}I 的衰变常数($2.92 \times 10^{-5}\text{s}^{-1}$);$N_I$ 为 ^{135}I 的核密度。

2) ^{135}Xe 的损失率

^{135}Xe 在堆芯的损失取决于它吸收中子变成^{136}Xe 及通过 β 衰变成^{135}Cs 两个因素。

$$^{135}\text{Xe 的损失率} = {}^{135}\text{Xe 的衰变率} + 吸收中子转变的消耗率$$
$$= \lambda_{Xe} N_{Xe} + \sigma_{a,Xe} N_{Xe} \phi \tag{5.22}$$

式中:λ_{Xe} 为^{135}Xe 的衰变常数($2.12 \times 10^{-5}\text{s}^{-1}$);$N_{Xe}$ 为^{135}Xe 的核密度;$\sigma_{a,Xe}$ 为^{135}Xe 的微观吸收截面;ϕ 为热中子通量密度。

这样,^{135}Xe 核密度随时间的变化率方程为

$$\frac{dN_{Xe}}{dt} = (\gamma_{Xe}\Sigma_f\phi + \lambda_I N_I) - (\lambda_{Xe}N_{Xe} + \sigma_{a,Xe}N_{Xe}\phi) \tag{5.23}$$

如果产生率大于损失率,则^{135}Xe核密度增加;如果损失率大于产生率,则^{135}Xe核密度减少。当产生率等于损失率时,^{135}Xe核密度保持不变。其核密度的变化取决于^{135}Xe的存在量、中子通量密度及^{135}I的核密度。

3) ^{135}I的产生率

$$^{135}\text{I 的产生率} = \gamma_I\Sigma_f\phi \tag{5.24}$$

式中:γ_I为^{135}I的裂变产额(6%);$\Sigma_f\phi$为裂变率。

4) ^{135}I的损失率

因为^{135}I的热中子吸收截面很小,所以,可以认为其损失率即为其β衰变率,即

$$^{135}\text{I 损失率} = \lambda_I N_I \tag{5.25}$$

这样,^{135}I核密度随时间的变化率为

$$\frac{dN_I}{dt} = \gamma_I\Sigma_f\phi - \lambda_I N_I \tag{5.26}$$

下面讨论反应堆不同运行过程中^{135}Xe的中毒特性。

2. 新堆启动后^{135}Xe核密度的变化规律及中毒特性

对于新投入运行的堆芯,^{135}I和^{135}Xe的初始核密度为零。假设反应堆在$t=0$时刻,功率从0开始阶跃增加,并很快就达到了满功率,近似地认为$t=0$时刻,中子通量密度瞬时达到额定值,并保持不变。这样通过直接求解式(5.23)和式(5.26),可求得反应堆启动后,^{135}I和^{135}Xe的核密度随时间的变化规律为

$$N_I(t) = \frac{\gamma_I\Sigma_f\phi}{\lambda_I}[1-\exp(-\lambda_I t)] \tag{5.27}$$

$$N_{Xe}(t) = \frac{(\gamma_I+\gamma_{Xe})\Sigma_f\phi}{\lambda_{Xe}+\sigma_{a,Xe}\phi}\{1-\exp[1-(\lambda_{Xe}+\sigma_{a,Xe}\phi)t]\}$$
$$+\frac{\gamma_I\Sigma_f\phi}{\sigma_{a,Xe}\phi+\gamma_{Xe}-\lambda_I}\{\exp[-(\lambda_{Xe}+\sigma_{a,Xe}\phi)t]-\exp(-\lambda_I t)\} \tag{5.28}$$

在图5.9中,给出了热中子通量密度为10^{14}中子/(cm$^2\cdot$s)和宏观裂变截面为0.10cm^{-1}时的$N_I(t)$和$N_{Xe}(t)$函数。从图5.9上可以看到,反应堆在稳定功率运行工况下,在运行时间约40~50h,^{135}I和^{135}Xe的核密度就很接近于平衡值了。

所谓平衡核密度是指^{135}I或^{135}Xe的产生率等于其损失率情况的核密度,即它们的核密度保持不变(饱和),表示为

$$N_I(饱和) = \frac{\gamma_I\Sigma_f\phi}{\lambda_I} \tag{5.29}$$

$$N_{Xe}(饱和) = \frac{(\gamma_I+\gamma_{Xe})\Sigma_f\phi}{\lambda_{Xe}+\sigma_{a,Xe}\phi} \tag{5.30}$$

根据中毒反应性的定义,氙毒反应性绝对值正比于其核密度,但为负值,这样,当^{135}Xe的产生率等于损失率时,氙毒反应性也达到平衡值,见图5.10。从图5.10可知,氙毒反应

性平衡值(常用$\rho_{Xe}(\infty)$表示)的大小取决于中子通量密度水平,其具体表达式为

$$\rho_{Xe}(\infty) = -f\sigma_{a,Xe}\frac{(\gamma_I+\gamma_{Xe})\Sigma_f\phi}{\lambda_{Xe}+\sigma_{a,Xe}\phi}/\Sigma_{a,u}$$

$$= -f\frac{(\gamma_I+\gamma_{Xe})\Sigma_f}{\Sigma_{a,u}}\times\frac{\phi}{\lambda_{Xe}/\sigma_{a,Xe}+\phi} \quad (5.31)$$

将已知数据

$$\gamma_I + \gamma_{Xe} = 0.06, \sigma_{a,Xe} = 2.7\times10^{-18}\mathrm{cm}^2$$

$$\lambda_{Xe} = 2.1\times10^{-5}\mathrm{s}^{-1}, f\frac{\Sigma_f}{\Sigma_{a,u}} = 0.84$$

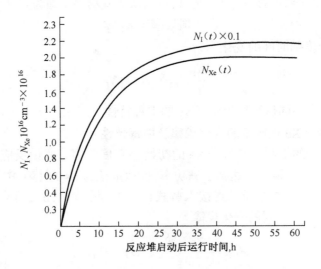

图 5.9 堆启动后的 ^{135}I 和 ^{135}Xe 的核密度随时间的变化

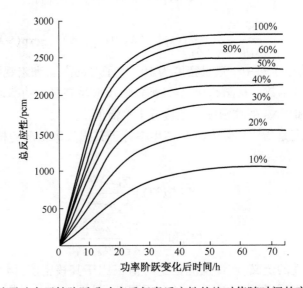

图 5.10 从零功率开始阶跃升功率后氙毒反应性的绝对值随时间的变化曲线

代入式(5.31),则有

$$\rho_{Xe}(\infty) = \frac{0.06 \times 0.84\phi}{2.1 \times 10^{-3}/2.7 \times 10^{-18} + \phi} \quad (5.32)$$

如果中子通量密度等于10^{10}中子/($cm^2 \cdot s$)或更小,则式(5.32)分母上的第二项与第一项相比可以忽略,于是

$$\rho_{Xe}(\infty) \approx 7 \times 10^{-15}\phi \quad (5.33)$$

因此,当ϕ等于10^{10}中子/($cm^2 \cdot s$)或更小时,$\rho_{Xe}(\infty)$约在10^{-5}量级,毒性可以忽略不计。但由于$\lambda_{Xe}/\sigma_{a,Xe} = 0.778 \times 10^{13} cm^{-2} \cdot s^{-1}$,所以当$\phi$大于$10^{14} \sim 10^{15} cm^{-2} \cdot s^{-1}$时,$\lambda_{Xe}/\sigma_{a,Xe}$比起$\phi$来小得多,可以忽略不计了,这样由式(5.31)可得

$$\rho_{Xe}(\infty) = -f\frac{(\gamma_I + \gamma_{Xe})\Sigma_f}{\Sigma_a}$$

这样平衡氙毒反应性就达到一个极值,且与热中子通量密度的大小无关,所以对于高中子通量密度热中子反应堆,^{135}Xe毒性达到平衡值趋近于一极限值约为0.04~0.05。如果反应堆低于额定功率运行,则平衡氙毒反应性大小就与运行的功率有关,图5.11给出了平衡氙毒反应性的绝对值相对于稳态的中子通量密度水平或运行功率的关系。

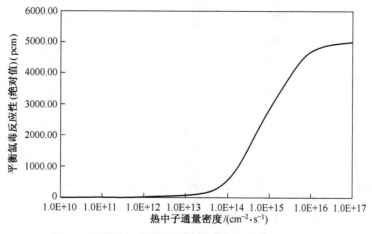

图5.11 平衡氙反应性与稳态功率水平的关系

3. 停堆后^{135}Xe核密度的变化规律及中毒特性

假设一个以稳定功率运行的反应堆,^{135}Xe核密度达到平衡状态后突然停堆,停堆后可近似认为热中子通量密度迅速降为零,即$\phi = 0$,这样^{235}U裂变率为零。根据^{135}Xe、^{135}I的动态变化链,^{135}I的裂变生成率也变为零,其将在原有存量的基础上衰变而损耗;^{135}Xe的直接裂变产生率也近似地等于零,此时^{135}Xe主要靠堆内存在的^{135}I继续衰变而来。停堆前,^{135}Xe的消失有两种途径,即吸收中子和发生β^-衰变而消失,前者和反应堆运行过程中的热中子通量密度有关,当堆芯平均热中子通量密度值为$0.778 \times 10^{13} cm^{-2} \cdot s^{-1}$时,由$^{135}Xe$吸收中子和$\beta^-$衰变所引起的消亡率刚好相等,但舰船动力堆功率运行期间,热中子通量密度一般大于这个值,因此反应堆功率运行期间,^{135}Xe主要靠吸收中子而消失。停堆后,^{135}Xe却不能由于吸收中子而减少,它只能通过β^-衰变来减少。

这样^{135}Xe、^{135}I核密度的动态方程可表示为

$$\frac{dN_I(t)}{dt} = -\lambda_I N_I(t) \tag{5.34}$$

$$\frac{dN_{Xe}(t)}{dt} = \lambda_I N_I(t) - \lambda_{Xe} N_{Xe}(t) \tag{5.35}$$

下面讨论某反应堆在恒定热中子通量密度ϕ_0情况下,运行了两天以后(堆内氙已达到了平衡核密度)突然停堆的情况。此时方程式(5.34)、式(5.35)的初始条件为

$$\begin{cases} N_I(t=0) = N_I(饱和) \\ N_{Xe}(t=0) = N_{Xe}(饱和) \end{cases} \tag{5.36}$$

解方程可得到^{135}Xe核密度随时间的变化规律为

$$N_{Xe}(t) = \frac{(\gamma_{Xe}+\gamma_I)\Sigma_f \phi_0}{\lambda_{Xe}+\sigma_a^{Xe}\phi_0}\exp(-\lambda_{Xe}t)$$
$$+\frac{\gamma_I \Sigma_f \phi_0}{\lambda_I-\lambda_{Xe}}[\exp(-\lambda_{Xe}t)-\exp(-\lambda_I t)] \tag{5.37}$$

下面具体讨论停堆后^{135}Xe核密度随时间的变化规律,首先看一下停堆时刻$t=0$处,^{135}Xe核密度随时间的变化率:

$$\frac{dN_{Xe}(t)}{dt}\Big|_{t=0} = \left[\frac{\sigma_{a,Xe}\gamma_I \phi_0 - \gamma_{Xe}\lambda_{Xe}}{\sigma_{a,Xe}\phi_0 + \lambda_{Xe}}\right]\Sigma_f \phi_0 \tag{5.38}$$

因为$\frac{\Sigma_f \phi_0}{\sigma_{a,Xe}\phi_0 + \lambda_{Xe}} > 0$,所以存在两种情况:

(1) 当$\phi_0 < 3 \times 10^{11}$中子$/(cm^2 \cdot s)$时,$\sigma_{a,Xe}\gamma_I \phi_0 - \gamma_{Xe}\lambda_{Xe} < 0$,其变化率小于0,即停堆后^{135}Xe核密度将不断减少。

(2) 当$\phi_0 > \frac{\gamma_{Xe}\lambda_{Xe}}{\sigma_{a,Xe}\gamma_I} \approx 3 \times 10^{11}$中子$/(cm^2 \cdot s)$时,$\sigma_{a,Xe}\gamma_I \phi_0 - \gamma_{Xe}\lambda_{Xe} > 0$,其变化率大于0,这样停堆后^{135}Xe核密度有上升的趋势。

对于实际运行的核动力反应堆,功率运行期间,ϕ_0都较3×10^{11}中子$/(cm^2 \cdot s)$大得多。因此,在刚刚停堆的一段时间里,^{135}Xe的核密度仍将增长。但由于停堆后,没有新的^{135}I产生,^{135}I的核密度将由于衰变而逐渐减小。因此,^{135}Xe的核密度不会无限地增加。对式(5.35)中右侧中的两种衰变率的变化进行比较表明,dN_{Xe}/dt变成越来越小的正值,^{135}Xe核密度增长率在下降。当这两种衰变率相等($\lambda_I N_I = \lambda_{Xe} N_{Xe}$)时,$dN_{Xe}/dt$等于零,^{135}Xe核密度达到了极值。然后,^{135}I的衰变率变得小于^{135}Xe的衰变率($\lambda_I N_I < \lambda_{Xe} N_{Xe}$),$dN_{Xe}/dt$变成负值,^{135}Xe核密度逐渐下降,当所有^{135}I衰变完,^{135}Xe仍然在衰减。

这样,停堆后,^{135}Xe的核密度从开始的平衡值上升到最大峰值,所需要的时间称为最大^{135}Xe核密度发生的时间,用t_{max}表示。假设不同功率运行的反应堆在^{135}Xe达到平衡后突然停堆,其^{135}Xe核密度的变化曲线如图5.12所示。从图可知,氙核密度峰值大小与停堆前的运行功率有关,运行功率越高,峰值越大,到达峰值所需要的时间越长。根据中毒反应

性的定义,停堆后氙毒随时间的变化规律可表示为式(5.39),不同热中子通量密度水平下,停堆后氙毒反应性随时间变化的规律,如图5.13所示。

$$\rho_{Xe}(t) = -f\frac{N_{Xe}(t)\sigma_{a,Xe}}{\Sigma_a^U} = -\sigma_{a,Xe}\phi_0\frac{\Sigma_f}{\Sigma_a^U} \times \left[\frac{\gamma_I}{\lambda_{Xe}-\lambda_I}(e^{-\lambda_I t}-e^{-\lambda_{Xe}t}+\frac{\gamma_I+\gamma_{Xe}}{\lambda_{Xe}+\sigma_{a,Xe}\phi_0}e^{-\lambda_{Xe}t})\right]$$

(5.39)

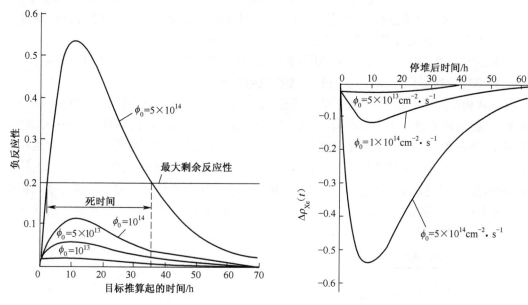

图 5.12 突然停堆后氙的核密度随时间的变化　　图 5.13 停堆后氙毒反应性随时间变化的规律

这样受氙毒的影响,堆芯剩余反应性 ρ_{ex} 也将与氙毒反应性呈现相同的变化规律,即在反应堆停堆后出现先减小到极小值后又逐渐回落的现象,这种坑的形成直观上是由 ^{135}Xe 核密度变化引起的,但归根结底还是由停堆后 ^{135}I 衰变生产 ^{135}Xe 造成的,因此习惯上将上述剩余反应性 ρ_{ex} 变化的坑称为"碘坑","碘坑"曲线如图5.14所示。图中 t_I 为碘坑时间,是

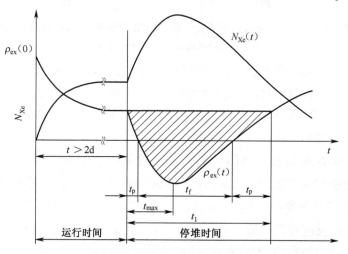

图 5.14 反应堆突然停堆后形成的碘坑曲线示意图

指从停堆时刻开始,直到 ρ_{ex} 又返回到停堆时刻的值时的时间间隔。t_p 为允许停堆时间,是指在碘坑内,ρ_{ex} 仍大于零的时间,在这段时间内堆仍然可能启动起来。t_f 为强迫停堆时间,它表示,在这段时间内,$\rho_{ex} \leq 0$,堆无法启动起来。为了确保核动力舰船的机动性,舰船核反应堆确定堆芯寿期,一般要求在最大氙毒条件下反应堆能顺利启动。

碘坑深度表示停堆后反应堆 ρ_{ex} 下降到最小值的程度,它与停堆前运行的中子通量密度水平有关。停堆后氙中毒变化还与停堆方式有关。如果采用逐渐降低功率的方式停堆,而并非突然停堆,则在停堆过程中,部分 ^{135}Xe 和 ^{135}I 因吸收中子和衰变而损失掉,所以这种停堆方式的碘坑深度要比后者的碘坑深度小得多。

如果停堆时间足够长,^{135}Xe 将不断因衰变而消失,其氙中毒反应性又可近似忽略。

4. 功率变化过程 ^{135}Xe 核密度的变化规律及中毒特性

反应堆功率变化引起 ^{135}Xe 核密度的变化,从而引起反应性瞬变。假如反应堆在某一功率水平下,稳定功率运行了一段时间(^{135}Xe、^{135}I 已达到平衡核密度),现在在 $t=0$ 时,功率阶跃变化,堆内相应的热中子通量密度从 ϕ_1 变到 ϕ_2。堆芯内 ^{135}Xe 与 ^{135}I 的核密度也相应地变化,且与堆功率变化前后的中子通量密度有关,图 5.15 给出了堆功率变化前后的,^{135}I、^{135}Xe 的浓度 N 和剩余反应性 ρ_{ex} 随时间的变化。当功率阶跃降低时,^{135}Xe 的核密度和剩余反应性随时间的变化规律同突然停堆的情况很相似,只在变化程度上有所差异。当功率阶跃升高时,则情况与功率降低时的恰恰相反。

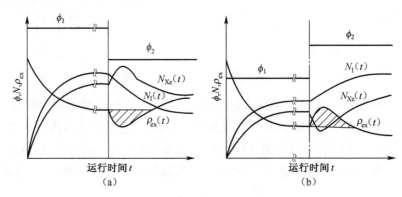

图 5.15 堆功率变化前后的 ^{135}I、^{135}Xe 浓度和剩余反应性随时间的变化规律
(a)突然降低功率;(b)突然升高功率。

对于反应堆功率突然升高过程,初始反应性变化是由于 ^{135}Xe 核密度的立即减少引起的。N_{Xe} 的减少是因为消耗率($\sigma_a N_{Xe}$)增加引起的,其裂变生成率($\gamma_{Xe} \Sigma_f \phi$)也稍有增加,$N_I$ 不能瞬时改变,所以由 ^{135}I 衰变($\lambda_I N_I$)导致的 ^{135}Xe 的生成项不能马上改变,因此氙的产生率小于损失率,N_{Xe} 减小。

随着 N_{Xe} 的减小,氙的衰变项($\lambda_{Xe} N_{Xe}$)和消耗项($\sigma_a N_{Xe} \phi$)减少。在 N_I 增加的同时,由 ^{135}I 衰变导致的 ^{135}Xe 增加,当 ^{135}Xe 的产生率超过损失率时,氙核密度和氙毒反应性将增加。当 N_{Xe} 增加,其损失率($\lambda_{Xe} N_{Xe}$ 和 $\sigma_a N_{Xe} \phi$)亦增加,最终使 ^{135}Xe 的产生率等于损失率,其氙核密度和氙毒反应性都达到一个较高的水平。^{135}Xe 达到平衡核密度的时间取决于功率变化的大小和最终功率水平,大约为 40~50h。

当反应堆功率突然下降时,氙消耗($\sigma_a N_{Xe}\phi$)马上减少,所以氙核密度增加;碘核密度由于中子通量密度水平下降($\lambda_I \Sigma_f \phi$)而开始减小;随着 N_{Xe} 的增加,^{135}Xe 的衰变率($\lambda_{Xe} N_{Xe}$)增加,即损失率增加。而减小的 N_I 将导致小的 ^{135}Xe 产生率($\lambda_I N_I$)。经过一段时间以后,氙的损失率将会超过产生率,N_{Xe} 核密度开始下降。^{135}Xe 核密度达到最大值的时间,取决于功率变化的大小和最终功率水平,它总小于 11h。如果不再提升功率,在 40~50h 以后,氙核密度和氙毒反应性将会下降到 50% 功率平衡值;10h 后的功率提升将引起氙瞬变,其讨论方法与以前的考虑相同,不过这里初始氙核密度不处于 50% 功率的氙平衡值,因为其平衡条件还未达到。

当功率线性变化时,氙毒反应功率阶跃变化相类似,因为 ^{135}Xe 和 ^{135}I 的衰变常数($\lambda_{Xe}=0.076\mathrm{h}^{-1}$,$\lambda_I=0.105\mathrm{h}^{-1}$)与压水堆的功率变化率相比很小。

5. 氙振荡问题

在前面所讨论的情况中,都假定了堆芯内热中子通量密度分布是均匀的,但实际上,中子通量密度分布是不均匀的,因此 ^{135}Xe 的核密度也是不均匀的。下面就来讨论一下 ^{135}Xe 的不稳定性问题。

氙振荡是这样一种物理现象——在大型热中子反应堆中,局部区域内的中子通量密度的变化会引起局部区域 ^{135}Xe 核密度和局部区域反应性的变化;反过来,局部区域反应性的变化也会引起 ^{135}Xe 核密度的变化。此种情况下的彼此相互作用就可能使堆芯中 ^{135}Xe 和中子通量密度分布产生空间振荡。

要产生 ^{135}Xe 振荡现象需具有以下条件:

(1) 高热中子通量密度,一般要大于 10^{13} 中子/(cm^2·s);

(2) 反应堆尺寸很大,一般要求堆芯尺寸大于 30 倍徙动长度。

对 ^{135}Xe 振荡现象的定性解释如下:

假定一典型的压水堆(堆芯尺寸超过徙动长度的 30 倍),堆内初始中子通量密度分布比较均匀,而且已经达到了 ^{135}Xe 的平衡核密度状况。在反应堆总功率维持不变的前提下,如果将反应堆划分为两个区域,在第 I 区域内由于某种扰动使中子通量密度升高,结果,该区域内的 ^{135}Xe 消耗增加,^{135}I 的产生也增加。因为 ^{135}I 的半衰期为 6.7h,区域 I 中的中子通量密度的增加与 ^{135}Xe 的产生率增加之间有相当大的延迟。结果氙核密度一开始减小,同时区域 I 中的反应性增加,从而中子通量密度进一步增加。这将进一步减小区域 I 中的 ^{135}Xe 核密度,从而持续地提高区域 I 中的热中子通量密度,这一过程直到由 ^{135}I 生成 ^{135}Xe 导致总的 ^{135}Xe 数量增加为止,这时区域 I 的中子通量密度将开始下降。

因为堆功率维持不变,区域 I 中的中子通量密度的增加必然导致区域 II 中的中子通量密度的降低。随着区域 II 中的中子通量密度的降低,^{135}Xe 核密度会因为其消耗率下降而增加。一段时间内下降的 ^{135}I 产生率不影响 ^{135}Xe 的核密度。区域 II 中增加的 ^{135}Xe 核密度进一步使中子通量密度下降,当 ^{135}Xe(由 ^{135}I 衰变)产生率大大降低时,区域 II 中的中子通量密度才会增加,如图 5.16 所示,只有 II 区中曲线从(a)到(b)时,II 区中子通量密度才会上升,区域 I 和 II 中的中子通量密度将进行相反变化,区域 I 内的中子通量密度降低,区域 II 中的就增加。在适当的时候,氙的延迟产生率又会引起区域 II 内的相反过程。结果,堆芯热中子通量密度(堆功率)将在区域 I 和 II 间形成振荡,见图 5.16。振荡周期 15~30h。

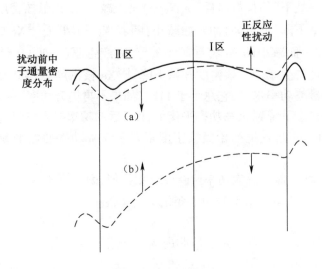

图 5.16 氙振荡示意图

产生 ^{135}Xe 振荡现象后,虽然局部区域的 ^{135}Xe 核密度会有差别,但就整个堆芯而言, ^{135}Xe 的总量变化不大,因此堆芯的反应性也不会有大的变化。所以只能通过对局部区域的中子通量密度测量才能发现振荡现象。

堆内局部中子通量密度的增长,意味着该处产生更多的热量,这会超过预期值或超过反应堆事故分析的假设值。如果不加以控制会使某些燃料元件过热,以致引起局部损坏。 ^{135}Xe 的振荡还会使堆内温度场发生交替变化,也会加速堆内材料应力破坏。

应该指出,由于 ^{135}Xe 振荡周期较长,所以很容易用控制棒抑制 ^{135}Xe 振荡现象。如果反应堆具有较大的负慢化剂温度系数,则也可以克服 ^{135}Xe 的不稳定性,因为局部的温度变化会抵消 ^{135}Xe 振荡。

6. 氙毒变化对舰船核反应堆运行安全的影响

根据上述分析可以看出,在反应堆启动、功率变换和停堆过程中,氙毒都将发生剧烈的变化。为确保反应堆的安全,下面将具体探讨氙毒变化对舰船核反应堆运行的影响。

1) 功率运行期间的影响

氙毒变化将导致堆芯临界参数不断发生变化,因此,在反应堆功率运行期间,运行人员需要及时根据毒物变化情况,及时调整临界棒位以维持反应堆临界状态。

2) 紧急停堆后再启动阶段的影响

根据反应堆紧急停堆后形成的碘坑曲线(图 5.14),从停堆到氙核密度达到极大值这段时间称为积毒段,从氙核密度开始减小到逐渐消失过程称为消毒段。如果反应堆在积毒阶段重新启堆,在向临界逼近过程中,由于 Xe 毒本身随时间不断地增长,即不断向堆内引入负反应性,所以在提棒过程难以得到稳定的计数率,以至于最后到达临界点时也稳定不住。要想维持反应堆功率在临界点,必须不停地手动提升控制棒,以克服由 Xe 毒不停地引入的负反应性。

如果在反应堆消毒阶段重新启堆,则情况刚好相反,即 Xe 毒不断减小,而不停地向堆内引入正反应性。这就需要特别注意控制提棒速率,防止两个正反应性叠加引入反应性速率过快。同时反应堆达临界后,操纵员还必须有意识地不停下插控制棒才能维持住最终临界情况,这时要特别注意防止操作失当引发临界安全问题。

从上述分析也可以看出,在紧急停堆后氙毒消失之前启动反应堆,由于 Xe 毒不断地随时间变化,不同时刻达临界时的临界棒位结果就必然不同,这也增加了运行人员确定临界参数的困难。

5.3.3 钐中毒(^{149}Sm)

钐(^{149}Sm)是裂变产物中第二种重要的毒物,对反应堆的影响仅次于^{135}Xe。它的裂变产额为 1.13%,其热中子吸收截面 σ_a(2200m/s)约为 4.08×10^4b。其产生和消失链如图 5.17 所示。

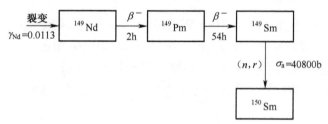

图 5.17 ^{149}Sm 的衰变链

1. ^{149}Sm 核密度的动态方程

从 ^{149}Sm 的衰变链可知,^{149}Sm 是由 ^{149}Pm 衰变产生的。所以

$$^{149}\text{Sm 的产生率} = \lambda_{Pm} N_{Pm} \tag{5.40}$$

另外,^{149}Sm 与 ^{135}Xe 不同,是稳定的同位素(其半衰期 $T_{1/2} > 10^6$a)。^{149}Sm 损失的唯一途径是吸收中子而转变为^{150}Sm,即

$$^{149}\text{Sm} + {}^1_0 n \longrightarrow {}^{150}\text{Sm} + \gamma \tag{5.41}$$

所以
$$^{149}\text{Sm 的损失率} = \sigma_{a,Sm} \cdot N_{Sm} \cdot \phi \tag{5.42}$$

这样,根据核子数守恒定律,可以写出^{149}Sm 与 ^{149}Pm 核密度随时间的变化率方程为:

$$\frac{dN_{Sm}(t)}{dt} = \lambda_{Pm} N_{Pm}(t) - \sigma_{a,Sm} \cdot N_{Sm}(t) \cdot \phi \tag{5.43}$$

$$\frac{dN_{Pm}(t)}{dt} = \gamma_{Pm} \Sigma_f \phi - \lambda_{Pm} N_{Pm}(t) \tag{5.44}$$

2. 新堆启动后^{149}Sm 核密度的变化规律及中毒特性

新投入运行的反应堆在刚启动时,$N_{Pm}(0) = N_{Sm}(0) = 0$。根据此初始条件,得到 ^{149}Pm、^{149}Sm 随时间的变化规律为

$$N_{Pm}(t) = \frac{\gamma_{Pm} \Sigma_f \phi}{\lambda_{Pm}} [1 - \exp(-\lambda_{Pm} t)] \tag{5.45}$$

$$N_{Sm}(t) = \frac{\gamma_{Pm} \Sigma_f}{\sigma_{a,Sm}} [1 - \exp(\sigma_{a,Sm} \cdot \phi \cdot t)]$$

$$- \frac{\gamma_{Pm} \Sigma_f \phi}{\lambda_{Pm} - \sigma_{a,Sm} \phi} [\exp(-\sigma_{a,Sm} \phi t) - \exp(-\lambda_{Sm} t)] \tag{5.46}$$

当时间足够长($t \to \infty$)时，上述两式中指数项都趋近于零，可得^{149}Pm、^{149}Sm 的平衡(饱和)核密度，分别用 $N_{Pm}(\infty)$ 和 $N_{Sm}(\infty)$ 表示。

$$N_{Pm}(\infty) = \frac{\gamma_{Pm} \Sigma_f \phi}{\lambda_{Pm}} \tag{5.47}$$

$$N_{Sm}(\infty) = \frac{\gamma_{Pm} \Sigma_f}{\sigma_{a,Sm}} \tag{5.48}$$

由式(5.48)可见，^{149}Sm 的平衡核密度与热中子通量密度无关。这样可以求得由^{149}Sm 达到平衡核密度时引起的中毒反应性为：

$$\rho_{Sm} = -f \frac{N_{Sm}(\infty)\sigma_{a,Sm}}{\Sigma_{a,u}} = f \frac{-\gamma_{Pm}\Sigma_f}{\Sigma_{a,u}} \approx -0.007 \tag{5.49}$$

它比^{135}Xe 的毒性小许多倍，另外由于^{149}Sm 的热中子吸收截面远远小于^{135}Xe 的热中子吸收截面，而且^{135}Xe 还存在着放射性衰变，所以^{149}Sm 与^{135}Xe 相比，达到平衡核密度所需要的时间较长，且到达平衡态所需的时间与热中子通量密度有关，只有当式(5.46)中所有指数项全为零或接近于零时，钐浓度方接近于平衡值。为此时间 t 需要满足下面两个条件：

$$t \gg \frac{1}{\lambda_{Pm}} \tag{5.50}$$

$$t \gg \frac{1}{\sigma_{a,Sm} \cdot \phi} \tag{5.51}$$

根据已知的 λ_{Pm} 和 $\sigma_{a,Sm}$，从式(5.50)可推出 t 应远远大于 0.28×10^6 s；对于一般的动力反应堆热中子通量密度，如额定功率下 $\phi = 5.0 \times 10^{13}$ cm^{-2}s^{-1}，从式(5.51)可以推出 t 要远大于 0.5×10^6 s。由此可知，对于核动力反应堆，即使是启动后额定功率运行，达到平衡钐所需要的时间也要上百小时。

3. 停堆后^{149}Sm 核密度的变化规律及中毒特性

假设反应堆启堆后已经运行了相当长的时间，堆内^{149}Pm、^{149}Sm 都已达平衡浓度，此时突然停堆(假定 $t=0$ 时停堆，停堆后热中子通量密度迅速变为零)，这样^{149}Pm 的裂变生成率和^{149}Sm 因吸收中子的损失率都变为了零，可以推出此时^{149}Pm、^{149}Sm 随时间的变化率为

$$N_{Pm}(t) = \frac{\gamma_{Pm}\Sigma_f \phi}{\lambda_{Pm}} e^{-\lambda_{Pm}t} \tag{5.52}$$

$$N_{Sm}(t) = \frac{\gamma_{Pm}\Sigma_f \phi}{\sigma_{a,Sm}} + \frac{\gamma_{Pm}\Sigma_f \phi}{\lambda_{Pm}}[1 - e^{-\lambda_{Pm}t}] \tag{5.53}$$

其中，ϕ 为停堆前稳定功率运行的热中子通量密度。

由式(5.53)可见，停堆后^{149}Sm 的核密度将随时间的增加而增长。式中第一项为^{149}Sm 的平衡核密度，第二项为停堆后由^{149}Pm 生成^{149}Sm 的核密度。由于^{149}Pm 的平衡核密度与中子通量密度成正比，所以在较低的中子通量密度水平下停堆，停堆后^{149}Sm 核密度增加较小，但当 $\phi = \lambda_{Pm}/\sigma_{a,Sm} \approx 8.7 \times 10^{13}$ cm$^{-2} \cdot$ s^{-1} 时，停堆后的^{149}Sm 的最大核密度将是平衡值的两倍左右。这样当反应堆再次启动到稳定功率运行时，这些多余的^{149}Sm 很快会吸收中子而消耗，反应堆又重新达到^{149}Sm 平衡状态。

图 5.18 给出新堆启动后^{149}Sm 达到平衡后突然停堆引起的钐毒反应性变化曲线。

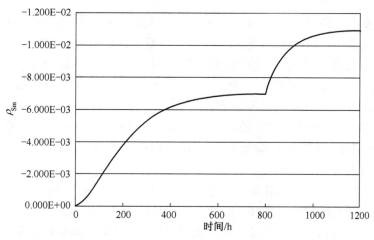

图 5.18 ^{149}Sm 毒性随时间的变化

4. 功率变化过程的^{149}Sm 核密度变化规律及中毒特性

图 5.19 给出了反应堆由满功率降至其 50% 时，^{149}Sm 毒性随时间的变化。在功率变化后约 400h，^{149}Sm 核密度回到其平衡值。^{149}Sm 的损失率 ($\sigma_{a,Sm} \cdot N_{Sm}\phi$) 变化开始为 ^{149}Pm 的产生率补偿。在任何功率水平，^{149}Sm 的核密度总会回到其平衡值，只要能有足够长的时间维持功率不变即可。

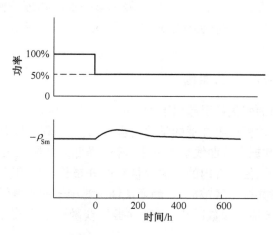

图 5.19 功率变化时的^{149}Sm 毒性随时间的变化

5. ^{149}Sm 中毒对反应堆运行安全的影响

根据上述分析可知，相对氙毒，反应堆运行过程中，^{149}Sm 毒物核密度的变化速率小很多，且^{149}Sm 毒反应性也小很多，其对反应堆运行物理特性的影响不如氙明显。但由于^{149}Sm 主要靠吸收中子而消失，停堆后其核密度将不降反升，具体量值又受停堆前的功率运行史和停堆冷却的时间影响，导致再次启堆时难以给出^{149}Sm 毒物核密度的精确估计，从而影响反应堆临界参数估算的精度。

5.3.4 非饱和毒物的中毒效应

在所有裂变产物中,除了热中子吸收截面特别大的 ^{135}Xe 和 ^{149}Sm 外,还存在着其他一些核素。它们在整个运行过程中,不断积累并引入负反应性。由于它们的吸收截面较小,引起的中子的损失率也较小,所以它们的核密度将随时间增长而不断地增加。这些裂变产物称之为非饱和性(或永久性)的裂变产物。其中,比较重要的同位素有 ^{113}Cd、^{155}Sm、^{155}Gd 和 ^{157}Gd 等(它们的热中子吸收截面都大于 10^{-24}m^2)。

非饱和性裂变产物的核密度,随着中子注量(ϕt)的增加而增加。当堆运行时间较长时,燃料内非饱和性裂变产物的核密度较大,由它们引入的负反应性也较大,这将使堆芯的剩余反应性显著下降。

除了裂变产物以外,铀、镎和钚等一些同位素的积累也对反应性有明显的影响。这些同位素可与中子引起不同的核反应,例如,^{235}U 和 ^{233}U 的(n,γ)和(n,β)反应,有时在核反应中不伴生β衰变。虽然它们本身不是裂变产物,但却是在裂变反应堆内产生的,并吸收中子,对反应堆整体毒性有贡献,因此,需要考虑之。最重要的核素是 ^{236}U、^{237}Np、^{239}Pu、^{240}Pu、^{241}Pu 和 ^{242}Pu。虽然 ^{239}Pu 和 ^{241}Pu 是易裂变同位素,但其非裂变的俘获截面却很大,所以它们也是堆芯的毒物。

5.4 温度效应

对于船用压水堆而言,温度效应是运行过程中影响堆芯物理特性的又一重要因素。本节将重点分析温度效应根源,评估温度效应的大小,并深入探讨温度效应对反应堆运行物理特性的影响。

5.4.1 温度效应产生的原因

堆芯温度及其分布的变化将引起以下的一些因素发生变化:

(1)燃料温度变化。根据第2章的学习内容可知,当燃料温度升高时,铀核的热运动更加剧烈,这时燃料核的共振吸收曲线加宽变平,峰值降低。共振峰展宽以后,由于峰值面降低,燃料的自屏效应减弱,使元件内的共振通量密度分布趋于平坦,即元件内的平均共振通量密度有所增加。同时共振能区被加宽,因而使铀核对中子的共振俘获增多,逃脱共振俘获概率减小,最后导致有效增殖因数减小,这种共振俘获随温度升高而增加的现象,称为"多普勒效应"。

(2)慢化剂密度变化。对于压水堆,当反应堆运行压力不变,堆芯温度改变时,慢化剂的密度将发生显著变化,单位体积内慢化剂核的核子数目将发生改变,这将引起慢化剂慢化能力和吸收性能的改变,另外还会使反应堆能谱发生变化,这些都会导致反应性变化。如压水堆压力为15MPa、慢化剂温度在293K时,密度为1004.9kg/m^3,而温度在373K时,密度为725.5kg/m^3,这样堆芯从冷态到热态,由于水的密度变小,使热中子扩散面积和中子年龄都增大,中子的泄漏增加使有效增殖因数减小。水的密度减小会降低中子的慢化效率,^{238}U 核对中子的共振吸收增加,也使有效增殖因数减小;另一方面,水密度变小,相当于增加燃料的核密度,燃料核密度增加使热中子利用系数和有效增殖因数增加。由此可见,堆芯总的温度效应是正是负,需要综合考虑哪种效应占优,压水堆设计时通过选择适当水铀比,使后一贡献与前面两项损失比较起来要小。

(3) 中子核反应截面变化。由于中子核反应截面是中子动能的函数,堆芯温度变化时,热中子动能将随着变化,这样堆内各种材料的中子反应截面都将随之而改变。具体地说,当慢化剂温度升高时,热中子谱变硬,这时微观热中子吸收截面和微观热中子裂变截面按 $1/v$ 规律减小。对于低浓度铀燃料的压水堆,由于燃料的热裂变截面比热吸收截面减少得更快些,因此每次吸收的中子产额随中子温度的升高而减小,从而引起有效增殖因数减小。另外,中子温度升高时,慢化剂的微观吸收截面减少导致热中子扩散面积增大,使热中子不泄漏概率减小,引起有效增殖因数减小。由此可知,当中子动能变化时,将会导致反应性发生变化,但其作用比起慢化剂密度变化的影响要小些。

5.4.2　温度效应的定量描述

实际的反应堆是由不同的材料组成的,不同材料温度效应的特点及大小也不相同,反应堆总的温度效应是组成堆芯所有材料温度效应的总和。

1. 堆芯温度系数

把堆芯温度每变化 1℃(1K)所引起的反应性变化称为反应性温度系数,简称温度系数,以 α_T 表示。即：

$$\alpha_T = \frac{\partial \rho}{\partial T} \tag{5.54}$$

式中：ρ 是指堆芯反应性；T 是堆芯的温度；α_T 单位为 1/℃ 或 1/K。

根据反应性的定义,可以求得：

$$\alpha_T = \frac{1}{k}\frac{\partial k}{\partial T} - \frac{k-1}{k^2}\frac{\partial k}{\partial T} \tag{5.55}$$

式中：k 表示堆芯有效增殖因数,实际反应堆 k 值常接近于 1,为了分析问题的方便,上式第二项可以近似等于零,所以

$$\alpha_T \approx \frac{1}{k}\frac{\partial k}{\partial T} \tag{5.56}$$

上述定义实际上是假设堆芯内各材料等温变化,或平均温度的变化。假设堆芯不同材料成分具有不同的温度系数,用 α_T^j 表示,j 代表材料成分类型,当堆芯温度变化 ΔT 时,堆芯总的温度效应可表示为 $\sum_j \alpha_T^j \Delta T$,且有 $\sum_j \alpha_T^j \Delta T = \alpha_T \Delta T$,从而可以推出堆芯总的温度系数就等于堆芯各种材料成分温度系数的和,即：

$$\alpha_T = \sum_j \frac{\partial \rho}{\partial T_j} = \sum_j \alpha_T^j \tag{5.57}$$

但实际上反应堆功率运行期间,堆芯各材料温度变化不一致,且不同材料成分温度系数大小和温度效应特点都有较大的差异,在具体分析过程中,常把堆芯燃料温度效应和慢化剂温度效应分开来考虑,并分别定义燃料温度系数和慢化剂温度系数来具体描述。

2. 燃料温度系数

燃料温度变化 1℃(1K)时所引起的反应性变化称为燃料温度系数,常用 α_T^F 表示。

堆芯裂变产生的核能主要在燃料中转化为热能,且当裂变功率变化时,燃料的温度立即变化,燃料的温度效应就立刻表现出来,这是一种瞬发效应。

燃料温度系数主要是由燃料核共振吸收的多普勒效应所引起的。燃料温度升高将使共振峰展宽,吸收增加。在低富集铀的燃料中,^{238}U 吸收共振峰的展宽是主要的,而 ^{235}U 裂变共振峰展宽的影响与前者相比是次要的。因而,多普勒效应总的结果使有效共振吸收增加,逃脱共振概率 p 减小,这就产生了负温度效应。由于燃料温度效应是属于瞬发温度效应,对功率的变化响应很快,它对抑制功率快速增长和反应堆的运行安全起着十分重要的作用。

$$\alpha_T^F = \frac{1}{k}\frac{\partial k}{\partial T_F} = \frac{1}{p}\frac{\partial p}{\partial T_F} \tag{5.58}$$

燃料温度系数主要受燃料温度的影响,同时还与燃料的燃耗有关系。在以低富集铀为燃料的反应堆中,随着反应堆的运行,^{239}Pu 和 ^{240}Pu 不断地积累。^{240}Pu 对于能量靠近热能的中子有很大的共振吸收峰,它的多普勒效应使燃料负温度系数的绝对值增大。

3. 慢化剂温度系数

慢化剂温度变化 1℃(1K)时所引起的反应性变化称为慢化剂温度系数,常用符号 α_T^M 表示。由于慢化剂的温度变化要比燃料的温度变化滞后一段时间,因此慢化剂温度效应滞后于功率的变化。

与燃料温度效应不同,当压水堆中慢化剂温度变化时,对堆芯反应性影响因素较为复杂,但主要受慢化剂密度变化的影响。如果假设慢化剂温度增加,慢化剂密度降低将导致慢化能力减小,逃脱共振概率和中子的不泄漏概率减小,使 k 值下降,该效应对 α_T^M 的贡献是负的效应;但慢化剂密度降低还会导致慢化剂相对于燃料吸收的中子数减小,会使 k 值增加,这个效应对 α_T^M 的贡献是正的。这样,压水堆堆芯慢化剂温度升高,到底是导致堆芯有效增殖系数 k 增加还是减少需要由这两方面的效应的综合结果来决定。

根据第 3 章学习的内容知道,当反应堆几何特征确定以后,堆芯内有效增殖因子与堆芯材料成分有关,对采用低富集度燃料的压水堆,如果假设燃料与慢化剂均匀混合。堆芯有效增殖因数 k 随慢化剂与燃料的核密度比值即水铀比(N_{H_2O}/N_U)的关系曲线可以通过实验测量出来,如图 5.20 所示,以 $(N_{H_2O}/N_U)_{kmax}$ 表示与最大有效增殖系数相对应的水铀比,该点的左边曲线表示欠慢化区,该点的右边曲线表示过慢化区。对于一个设计好的压水堆,栅格尺寸已固定,堆芯温度变化导致慢化剂密度变化时,总体上也类似于改变慢化剂与燃料的核密度比值,如慢化剂温度升高,慢化剂密度降低,N_{H_2O}/N_U 将下降。在压水堆设计时,如果栅格尺寸选择在过慢化区,当慢化剂温度升高时,有效增殖系数就增加,$\alpha_T^M>0$,这就产生了正的慢化剂温度系数,从反应堆运行安全的角度,这是不希望的。实际设计时往往将栅格尺寸选择在欠慢化区,这样慢化剂温度升高,密度降低导致 $(N_{H_2O}/N_U)_{kmax}$ 降低时,有效增殖因数 k 将降低,就保证了 $\alpha_T^M<0$。

慢化剂温度系数主要受慢化剂温度值的影响,同时还受反应堆堆芯燃耗的影响。

需要特别强调的是,压水堆中燃料温度系数和慢化剂温度系数虽然都小于零,但二者对

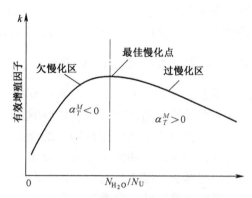

图 5.20 轻水反应堆中,k 与 N_{H_2O}/N_U 关系示意图

反应堆运行安全的影响确有较大不同,其中燃料温度效应是瞬时效应,燃料温度系数的绝对值较小,约 2~3pcm/℃。与之对应,慢化剂温度效应有一定的延迟,这是因为裂变生成的核能主要在燃料中转变为热能,它传递到慢化剂中需要一定的时间,慢化剂温度系数的绝对值较大,约 20~60pcm/℃,因此慢化剂温度效应影响更强烈。

4. 其他反应性系数

1) 空泡系数

在压水堆中,水的局部沸腾将产生蒸汽泡,它的密度远小于水的密度。在冷却剂中所包含的蒸汽的体积分数(百分数)称为空泡分数,以 x 表示。空泡系数是指在反应堆中,冷却剂的空泡分数变化 1/100 所引起的反应性变化,以 α_V^M 来表示。即

$$\alpha_V^M = \frac{\partial \rho}{\partial x} \tag{5.59}$$

当出现空泡或空泡分数增大情况时,有如下三种效应:

(1) 冷却剂的有害中子吸收减小,这是正效应。
(2) 中子泄漏增加,这是负效应。
(3) 慢化能力变小,能谱变硬。这可以是正效应,也可以是负效应,这与反应堆的类型和核特性有关。

总的净效应是上述各因素的叠加。显然各个效应及相应的净效应与空泡出现的位置有关。一般对压水堆说来空泡效应是负反应性反馈效应。

2) 功率系数

单位功率变化所引起的反应性变化称为功率反应性系数,简称为功率系数。原则上讲,用反应堆功率系数来表示反应性系数比用温度系数、空泡系数等来表示更为直接。因为当反应堆功率发生变化时,堆内核燃料温度、慢化剂温度和空泡分数就发生变化,这些变化又引起反应性的变化。根据功率系数的定义有

$$\alpha_P = \frac{d\rho}{dP} = \sum_j \left(\frac{\partial \rho}{\partial T_j} \frac{\partial T_j}{\partial P} \right) + \frac{\partial \rho}{\partial x} \frac{\partial x}{\partial P}$$

$$\approx \alpha_T^F \frac{\partial T_F}{\partial P} + \alpha_T^M \frac{\partial T_M}{\partial P} + \alpha_V^M \frac{\partial x}{\partial P} \tag{5.60}$$

115

从式(5.60)可知,功率系数不仅与反应堆的核特性有关,而且还与它的热工-水力特性有关。它是所有反应性系数的综合,它比温度系数的含义更广泛,计算也更复杂。

5.4.3 温度系数对核反应堆运行特性的影响

反应堆运行过程中,温度系数的符号与大小对反应堆的反应性控制和运行安全都有着非常重要的影响,如果堆芯温度系数是正的,那么,由于某种小的扰动使堆芯温度升高时,有效增殖因数增大,反应堆的核功率也随之增加。而核功率的增加又将导致堆芯温度的升高和有效增殖因数进一步增大。这样,反应堆的核功率将继续不断地增加,若不采取措施,就要造成堆芯的损坏。反之,当反应堆的温度下降时,有效增殖因数将减小,反应堆的核功率随之降低,这又将导致温度下降和有效增殖因数更进一步的减小。这样,反应堆的功率将继续下降,直至反应堆自行关闭。显然,这种反应性温度效应的正反馈将使反应堆具有内在的不稳定性。而具有负温度系数的反应堆,与上述情况刚好相反,因此在反应堆设计时常不希望出现正的温度系数。

为了进一步说明温度系数对反应堆稳定性的影响,图 5.21 表示了不同温度系数的情况下,当反应堆内引入一个阶跃正反应性之后,反应堆的功率随时间变化情况。从图 5.21 可以看出,在温度系数大于零的情况下,反应堆的功率将很快地升高。当温度系数小于零且它的绝对值很小,同时热量导出又足够快的情况下,反应堆的功率在开始时也较快地上升。但功率上升使反应堆的温度逐渐地升高,负的温度效应使反应堆的反应性逐渐地减小。当反应堆的功率上升到某一水平、温度效应所引起的负反应性刚好等于引入的正反应性时,反应堆就在这一功率水平下稳定运行。在温度系数小于零且它的绝对值又很大,同时热量的导出又不够快的情况下,反应堆的功率开始时也较快地上升。由于导热不快,所以反应堆的温度增加很快,反应堆的正反应性很快地就下降到零以下。这时,反应堆就处于次临界状态,反应堆的功率开始逐渐下降,温度也随之下降;下降的温度所引起的正反应性使反应堆的反应性开始上升。整个过程可能引起功率超调当功率下降到某一值时,反应堆的反应性刚好为零时,反应堆就在这一功率下稳定地运行。

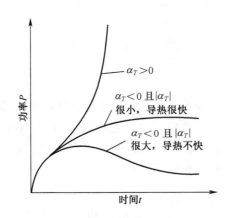

图 5.21 在不同温度系数的情况下,反应堆功率随正反应性扰动的变化规律

一般来说,压水堆设计时都会让堆芯温度系数具有合适的值,从而使它有良好的抗干扰

能力和自动跟踪负荷变化的能力，即具有内在的自稳性和自调性。

1. 压水堆的自稳性

压水堆的自稳性是指在一定工况下稳态运行的压水堆核动力装置，引入一小的反应性扰动后，不用外部控制，仅靠堆芯燃料和慢化剂的负温度效应便能消除反应性的扰动，经过一段过渡过程后，系统会自动达到新的稳态。

2. 压水堆的自调性

压水堆的自调性是指一定工况下稳态运行的压水堆动力装置，引入一小负荷扰动后，不用外部控制，仅靠堆芯燃料和慢化剂的负温度效应便能消除反应性的扰动，经过一段过渡过程后，系统会自动调节功率输出以适应负荷变化要求的特性。

压水堆的自稳自调特性是以堆芯温度变化为代价的，当扰动量大时，不加外部控制将导致堆芯温度发生较大的变化，影响反应堆的正常运行或堆芯安全。同时，负的温度系数虽然有利于反应堆的自稳自调，但反应堆从冷态过渡到热态时，需要较大的正反应性补偿温度效应，使反应堆的工作周期缩短。

习　题

1. 反应堆运行期间，中子通量密度的大小及分布将受哪些因素的影响？试举三例。

2. 一个新投入运行的动力反应堆，在冷态达临界后，不断提升核功率一直到额定状态，然后稳定运行 10 天，试分析：期间堆芯剩余反应性的变化规律。

3. 对比压水堆堆芯燃料温度效应和慢化剂温度效应各有什么特点，其对反应堆的运行安全有何意义？反应堆堆芯平均温度反馈系数曲线有何意义？

4. 设有一反应堆具有温度系数为 $-4.0\times10^{-5}/K$。并等于常数，试求：

（1）堆内平均温度从 323K 升到 432K 和从 523K 降到 423K 时，剩余反应性的变化值。

（2）若堆内平均温度的变化率为 50K/h，上述两种情况下的反应性变化率。

5. 设一压水堆已掉入碘坑状态，为了较快地启动反应堆，即减小强迫停堆时间，试问堆内最好应维持怎样的温度为宜？

6. 在具有负温度系数自调节状态下，试问反应堆的核功率在下列情况下如何变化？

（1）堆芯的冷却剂流量下降。

（2）蒸气发生器二次测给水温度降低。

（3）主蒸气管道破损，蒸汽大量流失。

7. 设有两个反应堆，其冷态初始剩余反应性相同。功率和燃耗速率（产生单位能量所减少的反应性）也相同。其中有一个堆的负温度系数的绝对值比较大，试问哪个反应堆的工作期较长？为什么？

8. 一个中子通量密度较高的反应堆，在额定功率运行时已完全耗尽了全部剩余反应性，试问它在停堆后是否还能再启动？为什么？若要再运行一段时间，要在什么条件下才允许？

9. 试给出"中子毒物"的定义，试举出热中子反应堆几种重要的中子毒物。什么是非饱和性（或永久性）裂变产物？请写出几种较重要的非饱和裂变产物。

10. 定性画出反应堆功率从 $50\%P_N$ 升到满功率后，^{135}Xe 浓度的变化曲线，压水堆运行时，如何补偿氙毒反应性？

11. 氙的效应在反应堆运行中是很重要的。
（1）说明怎样达到氙平衡状态。
（2）讨论氙达到峰值之后不久反应堆功率上升时对可能出现的反应性的作用。
（3）反应堆在稳定功率状态下，运行多久，^{135}Xe 和 ^{135}I 的浓度已经很接近它们的平衡浓度(饱和值)？

12. 现有负温度反馈系数的压水堆，假设此堆从冷态无毒状态启动，按照图 5.22 的运行工况运行，然后到完全冷却和解毒的停堆状态，试画图分析堆芯剩余反应性随时间的变化曲线。画图过程中需简要分析各段曲线的形成原因。

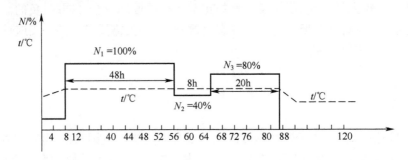

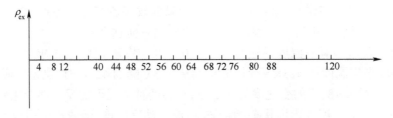

图 5.22 反应堆反应性随运行状态变化规律

13. 压水堆满功率运行 3 天后，立即停堆，试述最大碘坑时所相应引入的反应性。达最大碘坑的时间多长？反应堆停堆后，约经多长时间才能达到无氙状态？

14.（1）动力反应堆内钐(Sm)的起源是什么？
（2）画出反应堆起动到满功率运行以及运行两个月后停堆时 Sm 与时间的关系曲线图。

15. 什么是钍—铀循环？什么是铀—钚循环？并写出它们的核反应式。

16. 设在某动力反应堆中，已知平均热中子通量密度为 2.93×10^{17} 中子$/(m^2\cdot s)$，燃料的宏观裂变 $\Sigma_f^{UO_2}=6.6 m^{-1}$，栅元中宏观吸收截面 $\Sigma_a^{栅}=8.295 m^{-1}$，燃料与栅元的体积比 $V_{UO_2}/V_{栅}=0.3155$，试求平衡 ^{135}I、^{135}Xe 和 ^{149}Sm 的平衡浓度和平衡氙中毒。

17. 设反应堆在平均热中子通量密度分别为 1×10^{15}，1×10^{14}，1×10^{13}，$1\times10^{12} cm^{-2}\cdot s^{-1}$ 下运行了足够长时间，并建立平衡氙中毒后突然停堆，设反应堆起动前的初始剩余反应性均为 6%，试画出四种情况下的碘坑曲线以及允许停堆时间，强迫停堆时间和碘坑时间。

18. 设反应堆在恒定中子通量密度下运行,试应用单群理论推导 ^{235}U 和 ^{239}Np 的浓度随时间的变化函数(设 ^{238}U 的共振吸收, ^{235}U 和 ^{239}Np 的中间过程可以省去)。

19. 设反应堆初始时刻富集度为3%,热中子通量密度 $\phi=5\times10^{13}\mathrm{cm}^{-2}\cdot\mathrm{s}^{-1}$,利用习题18结果计算运行一个月后 ^{235}U 和 ^{239}Pu 的浓度($\sigma_a^8=1.0\mathrm{b}$, $\sigma_a^5=476\mathrm{b}$, $\sigma_a^9=707\mathrm{b}$, $\sigma_f^5=400\mathrm{b}$)和热中子通量密度。

20. 试求习题19中反应堆运行一年后, ^{235}U 和 ^{239}Pu 的含量及中子通量密度(计算时把一年分成12个月时间间隔,在每个时间间隔内认为中子通量密度保持常数)。

第6章 反应性控制

为使船用反应堆启动、停闭、提升或降低运行功率,必须采用外部的控制方法来改变堆芯反应性;另一方面,反应堆启动后,也需要有合适的反应性控制手段,随时克服由于温度效应、中毒效应和燃耗所引起的反应性变化。

本章重点研究船用压水堆堆芯反应性控制的任务、原理及方法,并具体介绍控制棒控制和固体可燃毒物两种控制方法的基本特点及相关概念。

6.1 反应性控制的任务、原理及方法

6.1.1 反应性控制中所用的几个物理量

在讨论反应性控制之前,先引入几个与反应性控制有关的物理量。

1. 控制毒物反应性

某一控制毒物投入堆芯时所引起的反应性变化,称为该控制毒物的反应性或价值,以 $\Delta\rho_i$ 表示。

2. 停堆深度

当全部控制毒物都投入堆芯时,反应堆所达到的负反应性称为停堆深度,以 ρ_s 来表示。很显然,停堆深度也是与反应堆运行时间和工况有关。为了保证反应堆的安全,要求在热态、平衡氙中毒的工况下,应有足够大的停堆深度。否则,当堆芯逐渐地冷却和 ^{135}Xe 逐渐地衰变后,反应堆反应性逐渐地增加,而停堆深度逐渐地减小,堆芯有可能又重新恢复到临界或超临界,引发事故风险。所以在反应堆物理设计准则中必须要对停堆深度作出规定。例如在压水反应堆中,一般规定:在价值最大一束控制棒被卡在堆外情况下,冷态和无中毒时的停堆深度必须大于 2~3 元。

3. 总的被控反应性

总的被控反应性等于剩余反应性与停堆深度之和,以 $\Delta\rho$ 表示。即

$$\Delta\rho = \rho_{ex} + \rho_s \tag{6.1}$$

表 6.1 列出了几种典型压水堆的剩余反应性需要量、停堆深度和控制棒组件反应性当量的数值。从表 6.1 可以看出,不同压水堆根据运行的需要,上述各参量值也都不相同。

6.1.2 反应性控制的任务

反应性控制的主要任务是:采取各种切实有效的控制方式,在确保安全的前提下,控制核反应堆剩余反应性,以满足反应堆长期运行的需要;并通过控制毒物合理的空间布置和最

佳提棒方式,使反应堆在全寿期内保持较平坦的功率分布,使功率峰因子尽可能地小;在外界负荷变化时,能调节反应堆运行功率,使它能适应二回路负荷的变化;在核反应堆出现异常需要停堆时能紧急停闭反应堆。

由于不同的物理过程所引起的反应性变化大小和速率不同,所采用的反应性控制的方式和要求也就不同。表 6.1 给出压水堆内几个主要过程引起的反应性变化值和所要求的反应性控制变化率。

表 6.1 压水堆的反应性控制要求

反应性效应	数值/%	变化率要求
温度效应	2.0~5.0	快,秒量级
氙和钐中毒效应	2.5~5.0	较快,小时量级
燃耗效应	3.0~10.0	慢,月量级
功率调节	0.1~0.2	快,秒量级
紧急停堆	2.0~4.0	快,秒量级

按控制毒物在调节过程中的作用和反应性控制的要求,可以把反应性的控制细分为三类。

1. 紧急控制

当反应堆需要紧急停堆时,反应堆的控制系统能迅速地引入一个大的负反应性,以快速停堆,并达到一定的停堆深度。要求紧急停堆系统有极高的可靠性,并满足故障安全原则,以确保核反应堆的安全。

2. 功率调节

当核反应堆外界负荷或堆芯温度发生变化时,控制系统必须引入一个适当的反应性,以满足反应堆功率调节的需要。在操作上要求它既简单又快捷灵活。

3. 补偿控制

如前所述,反应堆的初始剩余反应性比较大,因而在堆芯寿期初,在堆芯中必须引入较多的控制毒物。但随着反应堆的运行,剩余反应性不断地减小,为了保持反应堆临界,必须逐渐地从堆芯中移出控制毒物。由于这些反应性的变化是相对缓慢的,所以相应控制毒物的移动也较慢。

6.1.3 反应性控制的原理及方法

凡是能够有效地影响堆芯有效增殖因数大小的过程原则上都可以用作反应性的控制。对热中子反应堆,可通过改变有效增殖因数 $k=\varepsilon\eta f p P_F P_T$ 的 6 个因子来进行反应性的控制。实际上当反应堆设计完成后,堆芯核燃料的成分就已确定,快中子增殖因数 ε、每次吸收的中子产额 η 值基本上很难改变;此外,对逃脱共振俘获概率 p 的控制也不太有效,而对热中子利用系数 f 及不泄漏概率 P_F、P_T 值的控制比较有效,且容易实现。压水堆常用的反应性方法是改变堆内中子吸收,即通过在堆芯中加入或减少控制毒物以改变堆内中子的吸收。目前广泛采用的反应性控制方法有:控制棒控制,固体可燃毒物控制和可溶性毒物(如硼酸等)控制。

下面简要介绍三种控制方法的特点。

1. 控制棒控制

控制棒是中子的强吸收体,它是由热中子和超热中子吸收截面大的物质,如 B、Ag、In、Cd、Hf 等,根据堆芯的结构制成一定的形状和大小,如圆柱形、十字形、星形等单一形状的棒束组或不同形状的棒束组合等,但不论采用哪种形状,统称为控制棒。利用控制棒驱动机构能使控制棒灵活插入或抽出堆芯,改变堆芯内中子的非裂变吸收和泄漏量来达到控制反应性的目的。控制棒控制反应性的特点是移动速度快、操作准确可靠、使用灵活、控制反应性的准确度高,它是各类反应堆紧急控制和功率调节必不可少的控制方法。

2. 固体可燃毒物控制

反应堆设计时,常利用部分"毒物"会燃耗的特点,如硼、钆、铒等,将这些毒物做成各种形状,在新堆中按一定的布置装入固体可燃毒物。这样随着燃耗的进行,易裂变材料和可燃毒物同时消耗,可燃毒物消耗可补偿燃料燃耗引起的反应性效应。因此,引入固体可燃毒物控制反应性即可减少控制棒的数量,如果设计得当,还可以展平堆芯内中子通量密度的分布,提高反应堆的允许运行功率和延长堆芯寿期。但反应堆投入运行后,这种补偿控制是在运行过程中自动进行的,无法随意改变,它只能补偿缓慢变化的反应性效应,应付不了其他的反应性效应和反应性的突然变化。该方法不能单独使用,只能作为一种辅助的反应性控制方法。

3. 液体毒物控制

除了上述两种反应性控制方式外,核电厂还将热中子吸收截面大的液态物质,如硼酸与冷却剂均匀混合后,通过调节主回路系统中硼的浓度来控制反应性,这种控制方法称为液体可燃毒物控制。该方法主要用来补偿反应性变化不太快的各种效应,如慢化剂温度效应,Xe 和 Sm 中毒效应和燃耗效应。该方法的优点是改变反应性时较为均匀,不会在堆芯引入较大的局部畸变,但需要额外增加复杂的调硼系统和设备,船用反应堆一般只将这种控制方式作为一种应急停堆手段。

在压水堆中,为确保反应堆有足够长的寿期,初始剩余反应性很大,总的被控反应性也很大。如果全部都采用控制棒来控制,则需要的控制棒数目会很多。压水堆的栅格较稠密,反应堆体积较小,安排这么多的控制棒是很困难的,同时压力容器顶盖开孔过多,也将大大影响压力容器的强度。所以,目前压水堆中,一般都是采用控制棒、固体可燃毒物等多种控制方式联合控制,以达到最优的控制目标。图 6.1 给出了典型船

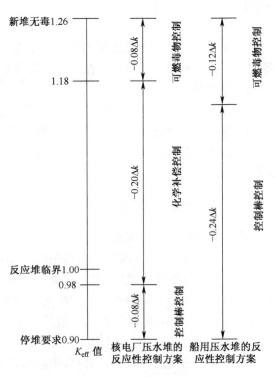

图 6.1 典型压水堆中反应性控制量的分配方式

用压水堆和核电厂压水堆中常用的组合控制方案中反应性控制量的分配方式。

6.2 控制棒控制

控制棒控制反应性由于移动速度快、操作可靠、使用灵活以及控制反应性的准确度高，它是船用核反应堆紧急控制、功率调节和补偿控制所不可缺少的控制方式，它既可以用来控制反应性的快变化，也可以用来控制反应性的慢变化。根据控制功能的不同，控制棒可一般分为三类：

1. 安全棒

安全棒是用来紧急情况下停闭反应堆用的，正常运行时全部抽出堆芯，如出现某种异常需要马上停堆，就将安全棒迅速插入堆芯，使反应堆处于次临界状态。

2. 调节棒

调节棒是用来调节反应性的微小变化。在核反应堆功率运行时用它来应对各种意外的反应堆扰动，并跟踪调节反应堆的功率以适应负荷的变化。反应堆设计时，一般会根据最佳提棒方案挑选其中某一组控制棒担任调节棒。

3. 补偿棒

补偿棒是用来补偿随时间变化相对较慢、但数值比较大的反应性，如启堆升温过程的温度效应、中毒效应、燃耗效应引起的反应性损失。在核反应堆运行初期，补偿棒几乎全部插入堆芯，以抵消核反应堆的后备反应性。到核反应堆运行末期时，补偿棒几乎全部由堆芯抽出。根据补偿数量较多、动作不需要太快的特点，一般采用手动操作。

6.2.1 控制棒的价值

在给定条件下，将一根完全提出的控制棒全部插入临界的反应堆中所引起的反应性变化，称为该控制棒价值或控制棒效率。

1. 控制棒的全价值

将单根控制棒全插入堆底时所抵消的反应性，叫做控制棒的全价值，用 ρ_H 表示。

$$\rho_H = \frac{k_0 - k}{k} \tag{6.2}$$

式中：k_0 为插入前反应堆的有效增殖因数；k 为插入后反应堆的有效增殖因数。如果插棒前反应堆处于临界状态，则 $k_0 = 1, k < 1$，这时上式与反应性的一般定义式(5.2)是一致的，两者仅差一符号。如果控制棒能吸收打在棒上的全部热中子，称为黑体；如果只吸收部分热中子，则称为灰体。黑体对反应堆中子通量密度扰动较大，灰体的扰动则较小。

一般地说控制棒的价值与所在处未插入棒前的热中子通量密度的平方成正比，这就是控制棒理论中的"通量密度平方权重法则"，对于控制棒的全价值，有以下关系式：

$$\frac{\rho_H(r_1)}{\rho_H(r_2)} = \frac{\phi_T^2(r_1)}{\phi_T^2(r_2)} \tag{6.3}$$

式中：$\phi_T(r_1)$ 和 $\phi_T(r_2)$ 分别是未插棒前的位置 r_1 和 r_2 处的热中子通量密度，$\rho_H(r_1)$ 和

$\rho_H(r_2)$ 分别为控制棒插在位置 r_1 和 r_2 处的全价值。在解释平方权重法则之前,首先探讨一下"中子价值"的概念,同样一个中子由于它处在芯部的不同地点 r,它对链式反应和反应堆功率的贡献是不同的。也就是说,不同的 r 处,中子具有不同的"价值"。中子价值是描写堆内的中子由于其所处的位置不同,从而对链式反应或反应堆功率的贡献也不同的物理量。显然,在芯部边界附近的中子,由于泄漏的概率比较大,其中子价值要比芯部中心处的小。通常我们可以用一个函数 $\phi^*(r)$ 来表示中子价值。$\phi^*(r)$ 正比于在 r 点每秒消除或增加一个中子所引起的反应堆反应性的减少或增益。因而,控制棒的价值不仅与被吸收的中子数成比例,而且还与被吸收中子的价值 $\phi^*(r)$ 有关。可以证明:对于单群模型,$\phi^*(r)$ 和中子通量密度分布函数 $\phi(r)$ 是相同的,即 $\phi^*(r)=\phi(r)$。

这样通量密度平方权重法则的物理实质在于:位于较高热通量处的控制棒吸收中子较多,同时该处的中子对链式裂变反应贡献也较大;反之亦然。所以控制棒的价值 $\Delta\rho$ 不是与 $\phi_T(r)$ 成正比,而是与控制棒插入处的中子通量密度平方 $\phi^2(r)$ 成正比。

2. 积分价值

核反应堆运行人员不仅要知道控制棒完全插入的全价值,而且还需要知道控制棒插入不同深度时的价值。如果控制棒部分地插入堆芯中心某一深度 z 处(见图6.2)所抵消的反应性,称为控制棒在深度 z 处的积分价值,用 ρ_z 表示。

$$\rho_z = \frac{k_0 - k_z}{k_z} \tag{6.4}$$

式中:k_0 和 k_z 分别为插棒前后反应堆的有效增殖因数。

根据中子通量密度平方权重法则,控制棒的积分价值与单棒全价值存在如下关系:

$$\rho_z/\rho_H = \frac{\int_0^z \phi_T^2(z)\,dz}{\int_0^H \phi_T^2(z)\,dz} \tag{6.5}$$

式中:ρ_H 是控制棒在该处完全插入堆芯时的全价值。

插棒前假设反应堆内轴向热中子通量密度为

$$\phi_T(z) = A\cos\left(\frac{\pi z}{H}\right) \quad \left(-\frac{H}{2} \leqslant z \leqslant \frac{H}{2}\right)$$

式中:A 是一个与 z 无关的因子,现将坐标原点选堆顶,上述热中子通量密度相应变成

$$\phi_T(z) = A\sin\left(\frac{\pi z}{H}\right) \quad (0 \leqslant z \leqslant H)$$

将此式代入式(6.5)并积分,可得

$$\rho_z = \rho_H \frac{\int_0^z \sin^2(\pi z/H)\,dz}{\int_0^H \sin^2(\pi z/H)\,dz} = \rho_H\left[\frac{z}{H} - \frac{1}{2\pi}\sin\left(\frac{2\pi z}{H}\right)\right] \tag{6.6}$$

在应用时,ρ_H 值可由简化理论计算给出或由实验测量确定。由于上式所表示的是相对价值,所以它对强吸收剂的控制棒也是适用的。对偏心棒只要把式中的 ρ_H 值改用该处偏心棒的全价值时,就可近似给出相应偏心棒的积分价值。

从式(6.6)可见,控制棒的积分价值与插入深度的关系是由两项合成的:线性项与正弦项,它们合成"S 曲线",如图 6.3 所示。

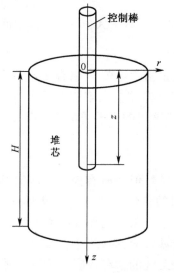

图 6.2　堆芯中心处部分插入控制棒示意图

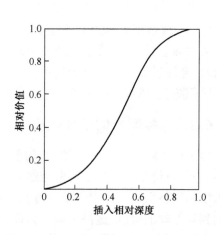

图 6.3　控制棒的相对价值与插入深度的关系

当控制棒在堆芯顶部和底部附近移动时,控制棒的价值 ρ_z 变化很小,并且与控制棒的移动距离成非线性关系,反应性变化不灵敏;而当控制棒在堆芯高度中部附近移动时,ρ_z 随 z 的变化近似成线性关系。根据这一特性,一般反应性的调节棒经常保持的位置都是插入堆芯一半左右,即让调节棒在线性区域里移动,这样,在操作上就比较灵敏和不易误解,对反应性扰动量也便于估计。

3. 微分价值

控制棒在堆内沿着插入方向移动单位距离所引起的反应性变化,称为控制棒的微分价值,常用 a_z 表示,即

$$a_z = \mathrm{d}\rho_z/\mathrm{d}z \tag{6.7}$$

将式(6.6)求导可得:

$$a_z = \overline{a_z}\left[1 - \cos\left(\frac{2\pi z}{H}\right)\right] = a_m \sin^2\left(\frac{\pi z}{H}\right) \tag{6.8}$$

式中:$a_m = 2\overline{a_z} = 2\dfrac{\rho_H}{H}$,这里 $\overline{a_z}$ 和 a_m 分别表示微分价值的平均值和微分价值的最大值,a_z 在 $z = H/2$ 处达到最大值。

控制棒的微分价值 a_z 与所在深度 z 的关系曲线称为控制棒微分价值曲线,如图 6.4 所示。

如果实验得到了微分价值 a_z,可利用积分的方法求出控制棒在该处的积分价值和全价值。

$$\rho_z = \int_0^z a_z \mathrm{d}z \tag{6.9}$$

$$\rho_H = \int_0^H a_z \mathrm{d}z \tag{6.10}$$

图 6.4 表明：当控制棒刚开始插入或几乎已全部插入堆芯时，其微分价值低，此时每插入一小段 $\mathrm{d}z$，a_z 值增加很小，当棒插到堆芯半高度 $z = H/2$ 时，有极大值 $a_m = \dfrac{2}{H}\rho_H$，而且在 $z = H/2$ 附近一段范围 a_z 基本上与 z/H 无关，为一常数，这就是线性区。

从物理上看，因在堆芯底部或顶端区域内的中子通量密度比较小，控制棒端头在此区域移动时，全棒吸收中子数目的变化量相对较小；相反，控制棒端头在堆芯中间半高度附近移动一段距离，全棒吸收中子数目的变化量相对最大，因为这里的中子通量密度最大。

6.2.2 控制棒的干涉效应

由于压水堆后备反应性较大，需要较多数目的控制棒，但当所有控制棒同时插入堆芯时，它们的总价值并不等于每根控制棒单独插入堆芯时的价值总和。这是因为一根控制棒插入堆芯后将引起堆芯中中子通量密度的畸变，根据中子通量密度平方权重法则，这就势必影响到其他棒的价值，这种现象称为控制棒间的相互干涉效应，简称"干涉效应"。

为简单起见，先用两根控制棒的情况来定性说明相互间的干涉效应，如图 6.5 所示。当反应堆堆芯不插控制棒 A 时，堆内通量分布如虚曲线 ϕ_T 所示；当插入控制棒 A 后，通量分布发生畸变，如曲线 ϕ_T' 所示。此时若插入 B 棒，则控制棒 B 的价值 ρ_B' 一般不等于未插入 A 棒时的价值 ρ_B。若两根棒距离较远，$\phi_T' > \phi_T$，此时 $\rho_B' > \rho_B$，若两根棒距离太近，$\phi_T' < \phi_T$，此时 $\rho_B' < \rho_B$。由此可见，由于存在干涉效应，两根棒的总价值一般并不等于两根单独的全价值之和，或者大一些，或者小一些，这根据两根棒之间的距离而定。

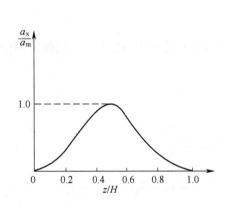

图 6.4 控制棒微分价值曲线

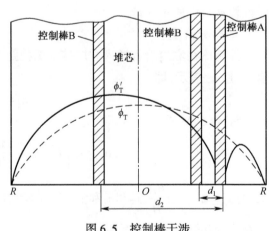

图 6.5 控制棒干涉
--- 无控制棒 A 时通量分布；
—— 有控制棒 A 时通量密度的分布。

6.2.3 控制棒插入深度对堆芯功率分布的影响

控制棒插入不同深度不仅影响控制棒的价值，而且也影响堆芯中的功率分布。控制棒是热中子的强吸收体，它的插入将使中子通量分布和功率分布都产生畸变。在反应堆设计中,要求功率峰因子不超过设计准则所规定的数值,这就需要认真地考虑控制棒插入不同深度时所引起功率分布的变化,使它能符合设计准则的要求。另一方面我们又可以利用这个性质,通过采用部分长度的控制棒和控制棒的合理布置来展平堆芯中的功率分布。

在主要靠控制棒来控制的船用反应堆中,在堆芯寿期的初期,有较大的剩余反应性,控制棒插入比较深。在有控制棒的区域中,中子通量密度和功率都比较低,但由于要保持整个堆芯的总功率输出为常数,因此在没有控制棒的底部,将形成一个中子通量密度的峰值如图 6.6 所示。在中子通量密度高的区域,燃料的燃耗很快。随着反应堆运行时间的加长,控制棒不断地向外移动,到堆芯寿期末时,控制棒都已提到堆芯的顶部,中子通量密度的峰值和功率的峰值也逐渐地向顶部方向偏移,如图 6.7 所示。

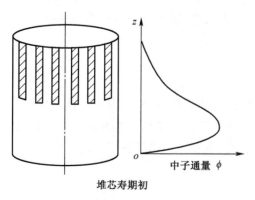

图 6.6 控制棒的插入深度对轴向中子通量密度分布的影响

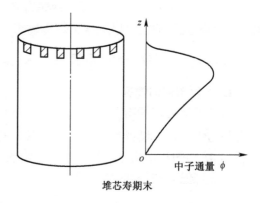

图 6.7 控制棒的插入深度对轴向中子通量密度分布的影响

6.2.4 船用压水堆控制棒的运行要求

从前面的学习知道,控制棒动作对反应堆功率分布将造成较大的影响,从运行安全和延长堆芯寿期的角度,我们需要一个从全寿期角度能使功率分布最均匀的提棒方案,通常也称为最佳提棒方案。最佳提棒方案通常由核设计人员根据大量的核设计方案优化确定,运行过程应严格执行。反应堆功率运行期间,如果发生控制棒卡滞或掉棒事故,最佳提棒方案受到限制时,需要根据应急提棒程序方案来控制反应堆。

6.3 可燃毒物控制

从 6.1 节中已经讨论了小型压水堆完全采用控制棒控制,将相应增加很多驱动机构装置,需要在压力容器的封头上要开更多的孔,结构强度不允许,况且驱动机构越多,出现问题的可能性越大,也不利于安全。因此,人们提出了在新堆芯内添加一定固体可燃毒物的综合控制方案,这样既安全又经济,比较妥善地解决了诸方面的矛盾。

6.3.1 可燃毒物材料

可燃毒物材料要求具有比较大的吸收截面,同时也要求由于消耗了可燃毒物而释放出来的反应性基本上要与堆芯中由于燃料燃耗所减少的剩余反应性相等。另外,还要求可燃毒物在吸收中子后,它的产物吸收截面要尽可能地小,且要求可燃毒物及其结构材料应具有良好的力学性能。

根据以上的要求,目前作为可燃毒物使用的主要元素有硼、钆和铒。它们既可以和燃料混合在一起,也可以做成管状、棒状或板状,插入到燃料组件中。在压水反应堆中应用最广泛的是硼玻璃。到堆芯寿期末,硼基本上被烧尽。残留下的玻璃吸收截面比较小,因此对堆芯寿期影响不大。可燃毒物部件通常做成柱状,为了提高硼的燃耗程度,美国核电厂则采用湿式环状可燃毒物部件(WABA)和涂硼燃料元件(IFBA),即在 UO_2 芯块的外表面上涂上薄的一层硼化锆。目前在核电厂压水堆中还采用在 UO_2 燃料棒中渗和氧化钆(Gd_2O_3,含量可达10%)作为可燃毒物,钆也是一种非常良好的可燃毒物。目前通过控制燃料组件内含可燃毒物燃料元件的数目以及含可燃毒物组件在堆芯内布置,还可以展平堆芯功率分布。

6.3.2 可燃毒物的布置及对 k_{eff} 的影响

1. 均匀布置的情况

为了了解可燃毒物在堆芯内分布及结构对堆芯 k_{eff}(或反应性)的影响,假设有一个可燃毒物与慢化剂—燃料均匀混合的无限大反应堆,这样没有中子从堆芯泄漏出来,而且假设慢化剂、冷却剂和结构材料等对中子的吸收可以忽略,图 6.8 给出了在不同的可燃毒物吸收截面下 k_{eff} 随运行时间的变化规律。

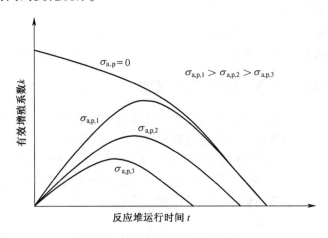

图 6.8 k_{eff} 与运行时间 t 的关系

从图 6.8 中可见:①对含有可燃毒物的反应堆,随着反应堆的运行,开始阶段 k_{eff} 增长较快,这是因为在反应堆开始运行的一段时间里,可燃毒物消耗所引起的反应性释放比燃料消耗引起的反应性下降要快得多。② k_{eff} 增长到某一最大值后又开始下降。这是因为当可燃毒物大量消耗后,每单位体积内含可燃毒物的核数较少,此时可燃毒物消耗所引起反应性的释放又将小于燃料消耗所引起反应性的下降。③可燃毒物的吸收截面 $\sigma_{a,p}$ 越大,k_{eff} 偏离初始值就越大,这说明可燃毒物的消耗与堆芯中剩余反应性减小的不匹配现象严重。理想的情况应该是在整个堆芯寿期里 k_{eff} 的变化尽可能地小,这样对外部反应性控制手段的依赖就越小。根据这一点,希望采用吸收截面较小的可燃毒物。但是 $\sigma_{a,p}$ 值小,可燃毒物消耗得慢,则在反应堆寿期末可能仍有较多毒物留在堆内,它们对中子的吸收将缩短堆芯寿期,即所谓的反应性惩罚。解决这对矛盾的理想情况应该是:在寿期初时,可燃毒物的吸收截面不要太大,以减小 k_{eff} 偏离初始值的大小,但随着可燃毒物的不断消耗,要求其有效吸收截面不断变大,以减少寿期末可燃毒物留存量。实际上可燃毒物怎么布置才能满足上述要求呢?

2. 非均匀布置及其自屏效应

实际堆芯中的可燃毒物并不是与慢化剂-燃料完全均匀混合的,一般是把可燃毒物做成棒状、管状或板状部件,插入堆芯中,这就形成了可燃毒物的非均匀布置。堆内可燃毒物的非均匀布置的主要特点是在可燃毒物棒中存在着较强的自屏效应。图 6.9 给出了几个不同运行时刻可燃毒物棒内中子通量密度分布。

从图 6.9 可见,寿期初时可燃毒物棒内的中子通量密度远低于慢化剂—燃料中的中子通量密度,这说明了可燃毒物的自屏效应很强。此时,可燃毒物中的平均中子通量密度比慢化剂—燃料中的平均中子通量密度低很多,$\sigma_{a,eff}^p$ 很小,因此 k_{eff} 偏离初始值也不会过大。但随运行时间的增加,N_p 不断减小,自屏效应相应减弱,可燃毒物中的平均中子通量密度逐渐增长,$\sigma_{a,eff}^p$ 也逐渐增大,N_p 下降更快,到寿期末时,堆芯内可燃毒物核的留存量很小,因而对堆芯寿期没有明显的影响。图 6.10 表示出可燃毒物的有效微观吸收截面 $\sigma_{a,eff}^p$、宏观吸收截面 $\Sigma_{a,eff}^p$ 和可燃毒物的核密度 N_p 随堆运行时间的变化。

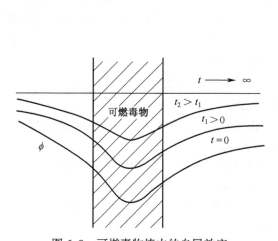

图 6.9 可燃毒物棒内的自屏效应

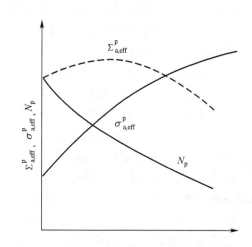

图 6.10 可燃毒物吸收截面、核密度随时间的变化

3. 不同布置方案对 k_{eff} 的影响

图 6.11 给出了可燃毒物不同布置方案对 k_{eff} 的影响。从图 6.11 可以看出,在相同的堆芯寿期条件下,有可燃毒物时,初始 k_{eff} 比无可燃毒物时的初始 k_{eff} 要小,所以控制棒所需控制的反应性值也相应地小。其中当可燃毒物非均匀布置时,在整个堆芯寿期内,k_{eff} 最大值不超过初始值;而当可燃毒物均匀分布时,k_{eff} 最大值大大超过其初始值。因此,从反应堆全寿期来看,可燃毒物非均匀布置时,反应堆所需要的控制棒数目最少。

可燃毒物棒在堆内不仅可以补偿剩余反应性,而且如果使之合理地分布于堆芯内,还可起到展平径向中子通量密度分布的作用。

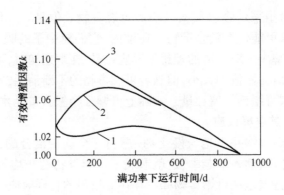

图 6.11 可燃毒物对 k_{eff} 的影响

1—可燃毒物非均匀分布;2—可燃毒物均匀分布;3—无可燃毒物。

习 题

1. 试分析压水堆运行过程中哪些因素将引起反应性快变化？哪些因素会引起反应性慢变化？

2. 压水堆运行过程中，一组控制棒组高度下降，反应堆功率不变，是否会影响反应堆的停堆深度？如果控制棒组棒位不变，反应堆功率下降，是否影响反应堆停堆深度？

3. 反应堆物理实验过程，一般会测量控制棒组的"微分价值"与"积分价值"曲线，对指导反应堆的运行有何意义？

4. 控制棒间的干涉效应对反应堆的实际运行有何影响？

5. 船用压水堆一般采用哪些反应性控制方式，各有什么特点？

6. 电厂压水堆一般采用哪些反应性控制方式，各有什么特点？

7. 一个新投入运行的动力反应堆，在冷态达临界后，不断提升核功率一直到额定状态，然后稳定运行 10 天，试分析：期间堆芯控制棒该如何动作？

8. 船用压水堆一回路系统强迫循环转自然循环过程中，堆芯冷却剂流量将急剧降低并稳定在较低的值，试分析：期间堆芯反应性如何变化？调节棒组棒位如何变化？

9. 反应堆处于某一功率稳定运行时，如果堆芯流量突然增加，堆芯反应性如何变化？为尽快恢复到新的稳态，调节棒组又该如何变化？

第7章 核反应堆中子动力学

核反应堆安全运行的基础在于掌握中子通量密度或反应堆功率在各种情况下随时间的变化规律,并使之处于可控状态。一些因素如燃料同位素成分和裂变产物同位素成分随时间的变化是很缓慢的,一般以小时或日为单位来度量,所以容易加以控制,使反应堆维持在某一功率水平下稳定运行。而另一些因素如反应堆启动、停堆或改变功率时控制棒的移动等,将使反应堆的有效增殖因数发生迅速的变化。此时反应堆将变成超临界或者次临界,而中子通量密度或反应堆功率将随时间急剧地变化。这种变化是很迅速的,一般以秒为单位来度量。了解这种偏离临界状态所引起的中子通量密度或功率的瞬态变化,即其时间特性,对反应堆的控制和安全运行是极其重要的。不仅反应堆运行过程中的启动、停堆和改变功率水平等典型的操作过程涉及上述瞬态过程,而且对一些意外事故,例如冷却剂管道的破裂掉棒、控制棒从堆芯中弹出等,进行事故分析时也都必须考虑偏离临界状态时中子通量密度或功率的瞬态时间特性。

本章重点研究反应堆偏离临界条件下中子密度随时间变化规律。

7.1 中子动态学基础

通过核反应堆静态物理部分内容的学习,我们知道裂变中子中,99%以上的中子是在裂变瞬间(约 10^{-14} s)发射出来的,这些中子称为**瞬发中子**。还有不到1%的中子(对^{235}U裂变,约有0.65%)是裂变碎片衰变过程中发射出来的,这些中子称为**缓发中子**。在静态理论中没有区分中子产生时间的差异,只考虑了生成的中子总数。但在反应堆中子动力学分析中,缓发中子在裂变中子中所占的份额虽然很小,但却有非常重要的影响,这一点将在下面进行详细讨论。

7.1.1 简单的中子动态学

为了阐明缓发中子在反应堆中子动力学中的重要性,首先考虑一个没有缓发中子、所有裂变中与全是瞬发中子均匀反应堆的中子增殖情况。假定在 $t=0$ 时刻以前反应堆处于临界状态,即 $k_{\text{eff}}=1$,而在 $t=0$ 时,改变 k_{eff} 使系统变为超临界或者是次临界。k_{eff} 从一个常数值变为另一个常数值的这种瞬时变化,称为 k_{eff} 的阶跃变化。

令 l_p 为瞬发中子寿命,即从裂变放出瞬发中子时起到该中子在反应堆内某处被吸收的平均时间。在无限反应堆中,l_p 是慢化时间 t_s 和扩散时间 t_d 之和,即 $l_p = t_s + t_d$。由于在热中子堆中 $t_s \ll t_d$,则 $l_p \approx t_d$。考虑中子的泄漏影响,有限大反应堆对于瞬发中子的平均寿命等于 $l_0 = l_p P_L \approx t_d P_L$。由于瞬发裂变中子一吸收就几乎没有延迟地产生新的一代裂变中子,因此在不考虑缓发中子时,l_0 近似等于链式反应中相邻两代中子之间的平均时间,也叫做平均每代时间。

根据增殖因数的定义,在无限大反应堆中裂变产生一个中子平均使下一代产生 k_{eff} 个中子。由此得出:如果 $N_F(t)$ 是时刻 t 在系统中任一点每秒每立方米产生的裂变中子数,则 l_0 秒之后裂变中子数为

$$N_F(t+l_0) = k_{eff} N_F(t) \tag{7.1}$$

而由于 $\dfrac{dN_F(t)}{dt} = \dfrac{N_F(t+l_0) - N_F(t)}{l_0}$,因此,$N_F(t)$ 可由下面方程确定

$$\frac{dN_F(t)}{dt} \approx \frac{(k_{eff}-1)}{l_0} N_F(t) \tag{7.2}$$

积分这个方程得

$$N_F(t) = N_F(0) e^{(k_{eff}-1)/l_0 \cdot t} \tag{7.3}$$

式中:$N_F(0)$ 是 $t=0$ 时的裂变中子数。

按照式(7.3),裂变中子随时间成指数变化,为了方便,把式(7.3)写成如下形式

$$N_F(t) = N_F(0) e^{t/T} \tag{7.4}$$

式中:T 称为反应堆的周期。这说明,经过时间 T,裂变中子增长到初始值的 e 倍或降低到初始值的 e 分之一(这要看 k_{eff} 称为"-1 是正还是负值),因此有时把 T 称为"e 倍时间"。在上述忽略缓发中子的情况下,由式(7.3)给出

$$T = \frac{l_0}{k_{eff} - 1} \tag{7.5}$$

为了说明问题,现假设一个以二氧化铀为燃料的船用压水堆,开始一直处于临界状态,现使 k_{eff} 从 1.0 增加到 1.001,这种 k_{eff} 的变化量在实际反应堆运行过程中会偶尔遇到,假设 $l_0 \approx 10^{-4}$s 量级。于是从式(7.5)得到

$$T = \frac{10^{-4}}{(1.001-1)} = 0.1s$$

这是一个非常短的周期,在 1s 之内,反应堆将经历 10 个 e 倍周期,从而反应堆内裂变中子(或堆功率、裂变率)将增加到 $e^{10} = 2.2 \times 10^4$ 倍。假如反应堆初始运行功率为 1MW,只要反应堆本身不被烧毁的话,那么仅 1s 功率就会上升到 22000MW。周期如此短的反应堆,控制是非常困难的。对于中能中子堆或快中子堆,在没有缓发中子的假设条件下,平均每代时间比热中子堆要短很多。例如,美国建造的第一个大型快中子堆(费米反应堆),其瞬发中子平均每代时间只有 10^{-7}s,k_{eff} 增加 0.1%,就会出现一个只有 10^{-4}s 的周期。实际上反应堆运行过程中有各种因素可使 k_{eff} 增加 0.1%,若没有缓发中子的存在,反应堆是很难控制的,也是不安全的。

7.1.2 缓发中子的作用

注意上述结论是在假设所有的裂变中子都是瞬发中子得出的,事实上,裂变中子由于有少量缓发中子的存在,在一定条件下,实际反应堆的周期比上面计算的值要长得多,其结果使得反应堆控制起来较为容易。

下面将讨论有缓发中子存在的情况对中子平均每代时间、反应堆周期和反应堆控制的影响。当考虑缓发中子时,中子每代循环的平均时间就等于按相对产额权重的瞬发中子寿命和缓发中子寿命之和。

令 β_j 为出现第 j 组的缓发中子占裂变中子的份额,缓发中子总份额是

$$\beta = \sum_{j=1}^{6} \beta_j \tag{7.6}$$

所以裂变中子中有 $(1-\beta)$ 的份额是作为瞬发中子放射出来的。l_0 仍为瞬发中子寿命,l_j 为第 j 组缓发中子的平均寿命(从裂变的瞬时算到中子最终被吸收的时间),则所有瞬发和缓发裂变中子的平均寿命为

$$\bar{l} = (1-\beta) l_0 + \sum_{j=1}^{6} \beta_j l_j \tag{7.7}$$

由于缓发中子是由于裂变生成的部分碎片(也称缓发中子先驱核)衰变而来,因此其产生过程相对于瞬发中子有延迟,延迟的时间就等于缓发中子先驱核的平均寿命 $\bar{t}_j$,对于 ^{235}U 的热中子裂变,其缓发中子数据见表 2.6。

从表 2.6 可以看出,缓发中子的慢化时间和扩散时间比它们的先驱核的平均寿命短得多,即 $t_s + t_d \ll \bar{t}_j$。由于每一个先驱核的衰变只放出一个缓发中子,所以 $\bar{t}_j$ 也等于第 j 组缓发中子的平均寿命,即 $\bar{t}_j = l_j$,则式(7.7)简化为

$$\bar{l} = (1-\beta) l_0 + \sum_{j=1}^{6} \beta_j \bar{t}_j \tag{7.8}$$

由于 $\beta \ll 1$,则有

$$\bar{l} = l_0 + \sum_{j=1}^{6} \beta_j \bar{t}_j \tag{7.9}$$

现在,再来讨论上面压水堆的例子,查表得到得到式(7.9)的 $\sum_{i=1}^{6} \beta_i \bar{t}_i$ 项为 0.085s ≈ 0.1s,因而得到 $\bar{l}$ 大约为 0.1s,而 $l_0 \approx 10^{-4}$s。还是假设 k_{eff} 变化 0.1%,这时 $T = 0.1/0.001 = 100$s。反应堆功率以这个周期增长到 e 倍需 100s 的时间,这样,反应堆的控制很容易地通过移动控制棒来控制。可以看出,平均每代时间和反应堆的周期,在很大程度上是由缓发中子决定,而不是由瞬发中子决定的。特别是对于中能中子堆和快中子堆更是如此,因为这些系统中的瞬发中子寿命更短。

上述分析从考虑或不考虑缓发中子对裂变中子平均每代时间的改变和简单的中子动态学方程,得出缓发中子的存在对反应堆控制的作用。

7.1.3 缓发中子对控制起作用的物理条件

缓发中子对反应堆控制起关键性作用的内在物理原因在于:实际上运行在稳定功率的反应堆,是处在临界状态;反应堆在允许范围内提升功率,是处在超临界状态。不论是在稳定功率下运行的临界状态,还是在允许范围内提升功率的反应堆的超临界状态,这时瞬发中子部分都没有达到临界,必须考虑缓发中子的作用才能使反应堆处在临界或超临界状态,这

时反应堆运行才是安全可靠的。但如果不依靠缓发中子,只靠瞬发中子也能使反应堆达到临界,这时反应堆将如前面所述难以控制。这种仅靠瞬发中子使反应堆达到临界的状态,称为瞬发临界,这是反应堆运行过程绝对不能允许的。

从定量的角度看,反应堆有效增殖因数 k 由两部分组成,第一部分为 $k(1-\beta)$,它代表瞬发中子增殖因数部分;第二部分为 $k \cdot \beta$,它代表缓发中子增殖因数部分。反应堆在运行过程中,若 $k(1-\beta)=1$,这时反应堆仅靠瞬发中子部分就可以达到临界了,这个 $k(1-\beta)=1$ 时,这时反应堆只靠瞬发中子就超临界了,此时反应堆的中子密度 N 的增长,由瞬发中子决定,缓发中子的平均延时作用可以忽略。在这种情况下,中子密度 N 的增长速率非常快,即周期比较短,反应堆很难控制。因此,实际运行的反应堆,一定要避免 $k(1-\beta) \geq 1$ 的情况发生。反应堆在稳定运行或在允许范围内提升功率,都是在 $k(1-\beta)<1$ 而 $k \geq 1$ 的情况下(即 $0<\rho<\beta$ 之间)运行的,这时缓发中子对中子密度的增长速率起决定性作用。在反应堆从稳定运行时 $k=1$ 减小至 $k<1$ 时,缓发中子也影响中子密度的减少速率。反应堆在运行一定时间停堆后,中子密度的最后减少率与 k 无关,而取决于平均寿命最大的先驱核放出的那一组缓发中子。反应堆在次临界时,且有外加中子源存在的条件下,缓发中子的存在,会影响中子密度变化的快慢,但不影响最终中子密度的稳定值,这个结论留在后面讨论。

可以说, $\rho=\beta$ 是反应堆动态由缓发中子决定转为可仅由瞬发中子决定的"转折点",对于 $0<\rho<\beta$ 的情况,反应堆要达到超临界需要有缓发中子补充,因此反应堆的时间响应在很大程度上取决于缓发中子先驱核衰变的时间滞后。通常称 $0<\rho<\beta$ 的状态为缓发超临界,而 $\rho \geq \beta$ 称为瞬发临界与瞬发超临界。显然,在反应堆运行中必须避免后一种情况出现,因为在超过瞬发临界限度后,反应堆中子密度变化的时间响应将过于迅速。

7.1.4 反应堆周期

前面例题提到反应堆内中子通量密度按指数规律改变 e 倍所需要的时间,称为反应堆周期,记作 T,T 由式 $n(t) \sim e^{t/T}$ 确定。

实际应用过程中,根据 ρ 的大小,T 有更广泛的含义。当引入反应性为正时,T 为正值,表示中子密度随时间按指数增多;当引入负反应性时,反应堆周期 T 为负值,表示中子密度随时间而衰减。

有时为了方便起见,通常还用中子密度的相对变化率直接定义反应堆周期 T,有时也称瞬时周期,即令

$$T = n(t)/(\mathrm{d}n/\mathrm{d}t) \tag{7.10}$$

目前,常把式(7.10)作为 t 时刻反应堆周期的严格定义。可以看出,反应堆周期是一个动态参量,当反应堆的功率水平不变(临界)时,周期为无穷大,只有当功率水平变化时,周期才是一个可测量的有限值。通常测定的是周期的倒数 $(\mathrm{d}n/\mathrm{d}t)/n$。实际中测定反应堆周期的仪表是按照式(7.10)定义设计的。

正因为反应堆周期的大小直接反映堆内中子增减变化速率,所以在反应堆运行中,特别是在启动或功率提升过程中,对周期的监督十分重要。周期过小(引入反应性 ρ 较大)时,可能导致反应堆功率失控。为此,通常在反应堆集中控制台上都装有周期指示仪表以实现对功率变化速率的监督,运行过程需要严格限制正周期的值不能过小。同时反应堆还设有

"短周期保护"系统,当因操作失误或控制失灵而出现较小的正周期时,保护系统将自动动作,强迫控制棒插入堆芯,以使 k 迅速减小。

在反应堆实际运行中,为了方便起见,常常使用"倍周期"。它是反应堆功率或中子通量密度变化 2 倍所需的时间,用 T_2 表示,它与反应堆周期 T 具有下列关系:

$$T_2 = \ln2 \cdot T = 0.693T \tag{7.11}$$

7.2 点堆中子动力学方程

在研究中子通量密度或功率的瞬态特性时,仅通过考虑缓发中子的每代时间来分析缓发中子效应,并无法真正反映缓发中子在瞬态变化过程中的时间延迟,以及它对动态过程的影响。本节将根据不同组缓发中子先驱核的衰变常数差异,严格考虑缓发中子产生的时间延迟效应,建立中子通量密度的动力学方程,并通过时—空变量分离空间变量,建立中子密度随时间变化的点堆中子动力学方程。

7.2.1 点堆动力学方程的导出

现设均匀裸堆内 r 处 t 时刻的中子密度为 $N(r,t)$,则由与时间有关的单速扩散方程可得:

$$\frac{\partial N(r,t)}{\partial t} = Dv\,\nabla^2 N(r,t) - \Sigma_a v N(r,t) + S(r,t) \tag{7.12}$$

式中:D 为扩散常数;v 为中子速率;Σ_a 为堆芯介质的宏观吸收截面。右端第一项为 t 时刻每秒内因扩散而进入 r 附近每立方厘米中的中子数;第二项为 r 处 t 时刻每秒每立方厘米内被介质吸收的中子数;第三项为源项,即 t 时刻 r 处每秒每立方厘米内所产生的中子数,它应包括瞬发与缓发中子以及外加中子源的贡献。单速近似模型认为瞬发、缓发以及外加中子源等所有中子,都具有相同的速率 v。方程左端则是中子密度增长率。

t 时 r 处每立方厘米内瞬发中子的生成率为 $(1-\beta)k_\infty \Sigma_a v N(r,t)$;相应的缓发中子生成率,可由该时刻该处的缓发中子先驱核裂变率决定。若令 $C_i(r,t)$ 为 r 处 t 时刻第 i 组先驱核的浓度(单位体积内的原子或核数),λ_i 为相应的衰变常数,则因每一先驱核衰变只放出 1 个缓发中子,故 t 时刻 r 处每立方厘米内缓发中子的生成率为 $\sum_{i=1}^{6}\lambda_i C_i(r,t)$。于是,式(7.12)中的源项应为

$$S(r,t) = (1-\beta)k_\infty \Sigma_a v N(r,t) + \sum_{i=1}^{6}\lambda_i C_i(r,t) + S_0(r,t) \tag{7.13}$$

式中:$S_0(r,t)$ 为 r 处 t 时刻每立方厘米内外加中子源的中子生产率。把式(7.13)代入式(7.12),得

$$\frac{\partial N}{\partial t} = Dv\,\nabla^2 N - \Sigma_a v N + (1-\beta)k_\infty \Sigma_a v N + \sum_{i=1}^{6}\lambda_i C_i + S_0 \tag{7.14}$$

假设先驱核在堆内的运动可以忽略,则第 i 组先驱核的浓度 C_i 应满足下式

$$\frac{\partial C_i}{\partial t} = \beta_i K_\infty \Sigma_a v N - \lambda_i C_i \quad (i=1,2,\cdots,6) \tag{7.15}$$

式中:右端第一项为 t 时刻 r 处每立方厘米内第 i 组先驱核的生成率;第二项为相应的衰变消失率。

式(7.14)及式(7.15)即为考虑缓发中子后单速扩散下的与时间有关的方程组,对热堆或快堆都可近似适用。

点堆模型的基本要点就是假设 N 及 C_i 都可以按时空变量分离成

$$N(r,t) = f(r)n(t)$$
$$C_i(r,t) = g_i(r)c_i(t) \quad (i=1,2,\cdots,6) \tag{7.16}$$

而后重点研究 $n(t)$ 与 $c_i(t)$,把式(7.16)代入式(7.15)可得:

$$\frac{dc_i(t)}{dt} = \beta_i k_\infty \Sigma_a v \frac{f(r)}{g_i(r)} n(t) - \lambda_i c_i(t) \tag{7.17}$$

式中 $f(r)/g_i(r)$ 与 t 无关。但按模型假定,对 C_i 也作了时空分离,c_i 不再是 r 的函数。于是,$f(r)/g_i(r)$ 应为一个常数,即先驱核浓度的空间分布形状与中子密度的空间分布形状相似。为简化问题,不妨令:

$$\frac{f(r)}{g_i(r)} = 1 \tag{7.18}$$

故式(7.17)可简化为:

$$\frac{dc_i(t)}{dt} = \beta_i k_\infty \Sigma_a v n(t) - \lambda_i c_i(t) \quad (i=1,2,\cdots,6) \tag{7.19}$$

再把式(7.16)代入式(7.14),并除以 $f(r)$,得

$$\frac{dn(t)}{dt} = Dv \frac{\nabla^2 f(r)}{f(r)} n(t) - \Sigma_a v n(t) + (1-\beta) k_\infty \Sigma_a v n(t) + \sum_{i=1}^{6} \lambda_i \frac{g_i(r)}{f(r)} c_i(t) + \frac{S_0(r,t)}{f(r)} \tag{7.20}$$

类似地,根据模型的要求,N 及 C_i 能分别按时空分离,即式(7.20)中的 n 与 r 无关,故其右端第一项的因子 $\nabla^2 f(r)/f(r)$ 应与 r 无关,而且只能是一个常数。

在第4章中,我们已经指出均匀裸堆临界(稳态)时的中子通量密度 ϕ 与时间无关且满足亥姆霍兹方程

$$\nabla^2 \phi + B^2 \phi = 0 \tag{7.21}$$

式中:B^2 为反应堆曲率。这时,$N = \phi/v$ 也与时间无关,故有 $N = Af(r)$,其中 A 为常数;而且 N 和 $f(r)$ 也满足方程(7.21)。现在设系统离临界态不远,中子密度的空间分量在很好的近似程度上仍满足临界时的方程。

$$\nabla^2 f(r) + B^2 f(r) = 0$$

其中的 B^2 仍为反应堆的曲率。于是

$$\frac{\nabla^2 f(r)}{f(r)} = -B^2 \tag{7.22}$$

为一常数。

此外,由模型的要求,方程(7.20)中的 $S_0(r,t)/f(r)$ 也应与 r 无关,即外加中子源强度随 t 的变化在整个堆内的分布也是一致的,任何时刻中子源强度的空间分布形状应与通量

的分布形状相似。因此有

$$\frac{S_0(\boldsymbol{r},t)}{f(\boldsymbol{r})} = q(t) \tag{7.23}$$

把式(7.22)、式(7.23)及式(7.18)代入方程(7.20)后,可得

$$\frac{dn}{dt} = \left[(1-\beta)K_\infty - 1 - \frac{D}{\Sigma_a}B^2\right]\Sigma_a vn + \sum_{i=1}^{6}\lambda_i c_i + q \tag{7.24}$$

上述方程可进一步简化。注意到在单速扩散近似下中子没有慢化问题,故中子在无限介质中的平均寿命 $l_\infty(v)$ 就等于平均扩散时间 $t_d(v)$。于是

$$l_\infty(v) = t_d(v) = \frac{\lambda_a(v)}{v} \tag{7.25}$$

式中:$\lambda_a(v)$ 为单速中子在无限大介质中被吸收前因扩散而走过的平均自由程,即 $\lambda_a(v) = \frac{1}{\Sigma_a(v)}$,故

$$l_\infty(v) = \frac{1}{\Sigma_a(v)v} \tag{7.26}$$

根据扩散长度的定义:$L^2 = \frac{D}{\Sigma_a}$。

把式(7.26)及上式代入方程(7.24)后,该方程右端第一项的分子、分母同除以 $(1+L^2B^2)$ 可得

$$\left[(1-\beta)k_\infty - 1 - \frac{D}{\Sigma_a}B^2\right]v\Sigma_a n = \frac{\dfrac{(1-\beta)k_\infty - (1+L^2B^2)}{1+L^2B^2}}{\dfrac{l_\infty}{1+L^2B^2}}n = \frac{(1-\beta)k-1}{l_0}n \tag{7.27}$$

式中:

$$k = \frac{k_\infty}{1+L^2B^2} \tag{7.28}$$

$$l_0 = \frac{l_\infty}{1+L^2B^2} \tag{7.29}$$

因为在单速近似下,$1/(1+L^2B^2)$ 即为中子的不泄漏概率,故上面两式分别为有效增殖因数及有限大介质中的中子平均寿命。

于是方程(7.24)即化为

$$\frac{dn}{dt} = \frac{(1-\beta)k-1}{l_0}n + \sum_{i=1}^{6}\lambda_i c_i + q \tag{7.30}$$

类似地,式(7.19)也可改写为

$$\frac{dc_i}{dt} = \frac{\beta_i k}{l_0}n - \lambda_i c_i \quad (i=1,2,\cdots,6) \tag{7.31}$$

或者,利用反应性定义,并令:

$$\rho = \frac{k-1}{k}, \Lambda = \frac{l_0}{k} \tag{7.32}$$

则式(7.30)及式(7.31)还可写成另一种常见的形式：

$$\frac{\mathrm{d}n}{\mathrm{d}t} = \frac{\rho - \beta}{\Lambda}n + \sum_{i=1}^{6} \lambda_i c_i + q \tag{7.33}$$

$$\frac{\mathrm{d}c_i}{\mathrm{d}t} = \frac{\beta_i}{\Lambda}n - \lambda_i c_i \quad (i = 1, 2, \cdots, 6) \tag{7.34}$$

点堆模型在数学上假定中子密度 N 可按时空变量分离,在物理上就是假定不同时刻中子密度 $N(r,t)$ 在空间中的分布形状都是相似的。换言之,堆内各点中子密度随时间的变化涨落是同步的,堆内中子的时间特性与空间无关。所以反应堆在时间特性问题上,就好像一个没有线度的元件一样,故这个模型称为"点堆模型"。

7.2.2 点堆中子动力学方程的特点及应用范围

(1) 式(7.33)和式(7.34)是反应堆堆芯内中子密度和缓发中子先驱核浓度的守恒表达式。方程(7.33)左端是表示时刻 t 中子密度的变化率,即每秒每单位体积中子密度的变化,右端第一项中 $\rho n/\Lambda$ 为所有中子都是瞬发中子在 t 时刻每秒每单位体积发射中子的总数; $-\beta n/\Lambda$ 为 t 时刻每秒每单位体积被扣发的中子数(即延迟发射的中子数);第二项 $\sum_{j=1}^{6} \lambda_j c_j$ 代表各组缓发中子的先驱核在 t 时刻每秒每单位体积发射缓发中子的总数; q 为外加中子源每秒每单位体积发射的平均中子数。方程(7.34)则是第 i 组缓发中子先驱核浓度的守恒的表达式,该公式左端是表示 t 时刻第 i 组缓发中子先驱核浓度的变化率,即每秒每单位体积 t 时刻第 i 组缓发中子先驱核浓度的变化,该式右端第一项为 t 时刻每秒每单位体积所产生的第 i 组先驱核数,第二项为 t 时刻每秒每单位体积的第 i 组缓发中子先驱核的衰变数。

(2) 点堆模型可以研究反应堆在临界附近的问题(因为推导方程时曾用过反应堆稳态临界的条件),若一个均匀裸堆开始处在临界状态上,然后由于某种原因对临界状态产生了一些小的偏离,处理这类问题用点堆模型是合适的,由点堆模型计算出的结果可以满足工程要求,因此,点堆模型在反应堆热工水力瞬态问题分析与反应堆控制领域得到广泛的应用。

(3) 点堆模型在数学上假定了中子密度 $N(r,t)$ 按时空可以分离,在物理上就假定了不同时刻中子密度 $N(r,t)$ 在空间分布中的分布形状是相似的。或者说,堆内各点中子密度的变化涨落是同步的,堆内中子的时间特性与空间无关。该模型不能描述瞬变时反应堆空间中子通量密度分布的响应,因此不能获得瞬态热工水力计算所需要的轴向、径向及局部的功率不均匀因子,当然也无法进行反应堆三维空间的反应性反馈效应的计算。

(4) 其单群近似的假设条件十分粗糙,不能完整地描述反应堆内快群或热群中子的产生、吸收、泄漏与散射过程。

(5) 点堆模型的方程(7.33)和式(7.34)是由7个一阶微分方程组成的微分方程组,在反应堆增殖因数为阶跃变化时有近似解析解,增殖因数为线性或其他变化时,特别是考虑到反应性反馈效应时,这些方程为变系数的微分方程组,必须采用数值方法求解。由于方程组的刚性问题,应用数值计算过程中,计算步长的选取也有较高要求。

7.3 阶跃引入反应性时点堆动力学方程的解

在反应堆的启动、停闭、正常动态和安全分析中,都会遇到分析中子密度随时间的变化规律问题。本节假设反应堆临界状态下反应性阶跃变化情况下,通过求解点堆中子动力学方程的解,分析中子密度随时间变化的表达式。

7.3.1 倒时方程的导出

若在 $t=0$ 以前核反应堆处在临界状态,堆芯内中子密度为 n_0,第 i 组缓发中子先驱核浓度为 c_{i0},在 $t=0$ 时刻向堆内引入一个阶跃的小反应性 ρ_0,若不计外源项,则点堆动态方程是一组7个常系数线性微分方程,即

$$\frac{\mathrm{d}n(t)}{\mathrm{d}t} = \frac{\rho - \beta}{\Lambda} n(t) + \sum_{i=1}^{6} \lambda_i c_i(t) \tag{7.35}$$

$$\frac{\mathrm{d}c_i(t)}{\mathrm{d}t} = \frac{\beta_i}{\Lambda} n - \lambda_i c_i(t) \tag{7.36}$$

方程写成矩阵形式,有如下形式的特定解:

$$n(t) = n_0 \mathrm{e}^{t/T} \tag{7.37}$$

$$c_i(t) = c_{i0} \mathrm{e}^{t/T} \tag{7.38}$$

式中:n_0 和 c_{i0} 为初始条件给定的数值,T 为待定常数并称为周期。因为动态方程是线性的,所以,所有可能的这种形式解的线性组合将给出点堆动态方程的一般解,因此问题的关键是如何确定方程(7.37)、方程(7.38)表达式中的常数值。

下面将式(7.37)、式(7.38)代入式(7.35)、式(7.36)得到:

$$\frac{n_0}{T} = \frac{\rho_0 - \beta}{\Lambda} n_0 + \sum_{i=1}^{6} \lambda_i c_{i0} \tag{7.39}$$

$$\frac{c_{i0}}{T} = \frac{\beta_i}{\Lambda} n_0 - \lambda_i c_{i0} \tag{7.40}$$

从式(7.40)解出 c_{i0},即

$$c_{i0} = \frac{\beta_i n_0 T}{\Lambda(1 + \lambda_i T)} \tag{7.41}$$

将式(7.41)代入式(7.39)便有:

$$\rho_0 = \frac{\Lambda}{T} + \sum_i \frac{\beta_i}{1 + \lambda_i T} \tag{7.42}$$

由于 $\Lambda = l_0/k$、$k = 1/(1-\rho_0)$,方程(7.42)也可以写成:

$$\rho_0 = \frac{l_0}{T + l_0} + \frac{T}{T + l_0} \sum_i \frac{\beta_i}{1 + \lambda_i T} \tag{7.43}$$

或

$$\rho_0 = \frac{\omega l_0}{1 + \omega l_0} + \frac{1}{1 + \omega l_0} \sum_i \frac{\beta_i \omega}{\omega + \lambda_i} \tag{7.44}$$

式中 $\omega = 1/T$，称为 1 倒时，故上式也称倒时方程，倒时方程把反应性与周期联系起来了，它在反应堆动态研究中占有非常重要的地位。

7.3.2 倒时方程根的分析

如果将倒时方程(7.43)的分母消去，就得到一个 T 的 7 次代数方程，计算表明，对于给定的反应性 ρ_0，T 具有一个符号与 ρ_0 相同的实根及 6 个负根。但倒时方程(7.43)是一个 7 次方程，直接求解它的 7 个根 $T_i(i = 1,\cdots,7)$ 并不是一件容易的事情，而应用图解方法研究方程根的分布却是非常方便的。图 7.1 中的曲线给出了 $\rho \sim T$ 的这种多值对应关系，图中 l_0 为包含缓发中子在内的中子每代时间，$t_1 \sim t_6$ 为各组缓发中子先驱核的平均寿命，ρ_0 的极限值为 1。即
$$-\infty < \rho_0 = (k-1)/k < 1$$

根据图 7.1 关系曲线可以看出，当 $\rho_0 > 0$ 时，T 有一个正根，其余 6 个均为负根；当 $\rho_0 < 0$ 时，T 的 7 个根全是负根。下面进一步研究方程不同反应性阶跃引入时根的特征。

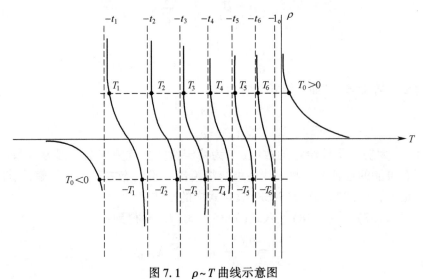

图 7.1 $\rho \sim T$ 曲线示意图

（1）如果引入的反应性很小 $|\rho_0| \ll \beta$，根据图 7.1 可知，$|T_0| \gg \max_i(t_i) = [\min_i(\lambda_i)]^{-1}$，由方程(7.43)可以推出：

即
$$T_0 \approx \frac{1}{\rho_0}(l_0 + \sum_i \beta_i/\lambda_i)$$

处于这种情况，由于缓发中子在瞬变过程对中子密度的增减起着重要的作用，因而反应堆易于控制。

（2）如果引入的反应性很大 $\rho_0 \gg \beta$，根据图 7.1 可知，$T_0 \ll \min_i(t_i) = [\max_i(\lambda_i)]^{-1}$，由方程(7.43)可以推出：
$$\rho_0 \approx \frac{l_0}{T_0} + \beta$$

即
$$T_0 \approx \frac{l_0}{\rho_0 - \beta}$$

这种情况下,即使忽略缓发中子的贡献,在瞬变过程中子密度仍是不断增加的,因而反应堆将处于失控状态。

(3) 当 ρ 为很大的负反应性时,稳定周期将接近第一组缓发中子先驱核平均寿命,约为 80s。如果引入大的负反应性而导致突然停堆,中子通量经过迅速降低后进入一个稳定的衰减周期。即停闭反应堆要有一个时间过程,瞬时停闭是不可能的。

这样,当 $\rho_0 > 0$,倒时方程的正根将最终决定点堆动力学方程解的变化规律;当 $\rho_0 < 0$ 时,倒时方程的最小负根将最终决定点堆动力学方程解的变化规律。因此常把最大正周期和最小负周期称为稳定周期,都用 T_0 表示,它在研究反应堆的渐近特性时特别重要。

根据图解法求出倒时方程的 7 个根 T_j 后,点堆方程的解可以写为:

$$n(t) = n_0(A_0 e^{t/T_0} + A_1 e^{t/T_1} + \cdots + A_6 e^{t/T_6}) = n_0 \sum_{j=0}^{6} A_j e^{t/T_j} \quad (7.45)$$

$$c_i(t) = c_{i0} \sum_{j=0}^{6} c_{ij} e^{t/T_j} \quad (7.46)$$

式中:n_0、c_{i0} 分别为初始时刻的中子密度和第 i 组缓发中子先驱核的浓度,是已知常数;A_j、c_{ij} 为待定常数。

7.3.3 例题分析

设有一压水堆在 $t=0$ 时刻中子密度为 n_0,$l_0=0.0001$s,现引入一个阶跃反应性 $\rho_0=0.001$,缓发中子有关数据取典型值,则中子密度的响应为

$$n(t) = n_0[1.446 e^{0.0182t} - 0.0359 e^{-0.0136t} - 0.140 e^{-0.0598t} - 0.0637 e^{-0.183t}$$
$$- 0.0205 e^{-1.005t} - 0.00767 e^{-2.875t} - 0.179 e^{-55.6t}] \quad (7.47)$$

由上式可见,只有 T_0 为正。其余各根为负,可以认为是瞬态值,随着 t 的增加,式(7.47)右端后 6 个指数项都相继较快地衰减了,只剩下第一项。

图 7.2 中给出了不同反应性阶跃时由 6 组缓发中子计算所得的中子密度变化曲线。$l_0 = 0.0001$s,$\beta = 0.0065$,曲线表明,在引入一个阶跃反应性 $|\rho_0| < \beta$ 后,中子相对水平即有一个相应的突变;几秒后,n/n_0 即按一定的稳定周期以指数律变化,$|\rho_0|$ 越大,稳定变化周期越小。

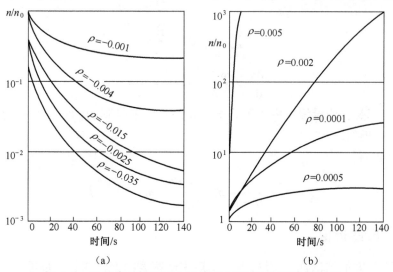

图 7.2 阶跃扰动下相对中子密度水平随时间变化的曲线

7.4 点堆动力学方程的近似解

由前面的讨论可以看出,考虑6组缓发中子时所得的动态方程以及中子密度随时间响应关系是比较复杂的,下面我们用几种简化的近似模型,即单组缓发中子近似模型、常数缓发中子源近似模型和瞬跳近似模型。

7.4.1 单组缓发中子近似模型

求解具有6组缓发中子的动力学方程组非常困难,为此可以把6组缓发中子先驱核等效为一组,从而使问题简化,等效方法如下:

$$\beta = \sum_{i=1}^{6} \beta_i ; c = \sum_{i=1}^{6} c_i$$

$$\frac{\beta}{\lambda} = \sum_{i=1}^{6} \frac{\beta_i}{\lambda_i}$$

假设$t=0$时刻向堆内阶跃引小反应性ρ_0,这样反应性方程(倒时方程)可以简化为:

$$\Lambda \omega^2 + (\beta - \rho_0 + \lambda \Lambda)\omega - \lambda \rho_0 = 0 \tag{7.48}$$

可以直接求出方程的两个根,进而得到中子通量密度的响应曲线。

$$n(t) = \frac{n_0}{\beta - \rho} \left[\beta \exp\left(\frac{\lambda \rho_0 t}{\beta - \rho_0}\right) - \rho_0 \exp\left(-\frac{\beta - \rho_0}{\Lambda} t\right) \right]$$

7.4.2 常数缓发中子源近似模型

求解点堆动力学方程本身是一个十分复杂的问题,但可以根据关心问题的特性进行一些简化,如果研究反应性引入后很短时间内的中子密度的响应特性,可以近似认为动态过程中缓发中子先驱核的浓度还没有来得及变化,从而方程中 $\sum \lambda_i c_i(t)$ 可用 $\sum \lambda_i c_i(0)$ 来代替,而:

$$\sum_{i=1}^{6} \lambda_i c_i(0) = \frac{\beta}{\Lambda} n_0$$

$$\frac{\mathrm{d}n}{\mathrm{d}t} = \frac{\rho_0 - \beta}{\Lambda} n(t) + \frac{\beta}{\Lambda} n_0 \tag{7.49}$$

由于该方程是在假设缓发中子源等于常数的条件下得到的,通常称为常数缓发中子源近似,简称常源近似。

由式(7.49)得

$$n(t) = \frac{\beta}{\beta - \rho_0} n_0 - \frac{\rho_0}{\beta - \rho_0} n_0 \exp\left(\frac{\rho_0 - \beta}{\Lambda} t\right)$$

7.4.3 瞬跳近似

根据前面研究的结论,引入反应性扰动后中子密度的变化在起始很短一段瞬变时间内,中子密度变化迅速,变化的周期主要由瞬发中子的寿期所决定,接着变化逐渐减缓,中子密度主要由稳定项所决定。如果主要考虑短暂瞬变后中子密度的渐近情况,可以认为每代中子时间为0,即认为引入反应性后,中子密度瞬间跳跃变到渐近状态,这一近似称为"瞬跳近似"。

为讨论方便,令 $N(t) = n(t)/n(0)$,$C_i(t) = c_i(t)/c_i(0)$,同时 $C_i(0) = \dfrac{\beta_i n_0}{\Lambda \lambda_i}$,于是得到:

$$\Lambda \frac{dN(t)}{dt} = (\rho_0 - \beta)N(t) + \sum_{i=1}^{6} \beta_i C_i(t) \tag{7.50}$$

$$\frac{dC_i(t)}{dt} = \lambda_i(N(t) - C_i(t)) \tag{7.51}$$

根据 $\Lambda \dfrac{dN(t)}{dt} = 0$ 推出:

$$(\rho_0 - \beta)N(t) + \sum_{i=1}^{6} \beta_i C_i(t) = 0 \tag{7.52}$$

$$\frac{dC_i(t)}{dt} = \lambda_i(N(t) - C_i(t)) \tag{7.53}$$

$$\frac{dn(t)}{dt} = \frac{\lambda \rho_0}{\beta - \rho_0} n(t) \tag{7.54}$$

然后可以方便解出中子通量密度的响应,即

$$n(t) = A\exp\left(\frac{\lambda \rho_0}{\beta - \rho_0}t\right)$$

$$\lim_{t \to -0} \frac{\rho_0 - \beta}{\Lambda} n(t) = \lim_{t \to +0} \frac{\rho_0 - \beta}{\Lambda} n(t)$$

$$A = \frac{\beta}{\beta - \rho_0} n_0$$

$$n(t) = \frac{\beta n_0}{\beta - \rho_0} \exp\left(\frac{\lambda \rho}{\beta - \rho_0}t\right)$$

7.5 有外中子源时稳态与临界问题

根据前面的讨论,忽略外加中子源的贡献,如果 $k_{\text{eff}} = 1$ 或 $\rho = 0$ 时,反应堆是临界的,堆芯内中子密度和裂变率随时间将维持在稳定状态。但对于实际的反应堆,当处于次临界状态或中子密度较低的临界状态时,外中子源对堆芯中子的贡献不能忽略。这样,根据有外加中子源时的点堆方程可知,在 $\rho = 0$ 时,可推出 $\dfrac{dN(t)}{dt} + \dfrac{d}{dt}\sum_{i=1}^{6} C_i(t) = q_0$,这样当 $q_0 \neq 0$ 时,中子密度和缓发中子先驱核浓度变化不等于零,即中子密度无法稳定,因此需要考虑有外加中子源情况下的稳态与临界问题。

7.5.1 次临界公式

如果在次临界反应堆中装入一个外中子源,设它在每代时间内放出 S_0 个源中子,同时假定外中子源和中子通量密度都是均匀分布的,这些中子和裂变中子一样,可以在反应堆内引起增殖,那么,经过一代中子循环时间之后,S_0 个中子就变成了 $S_0 k_{\text{eff}}$ 个中子了;同时每经过一代时间,外中子源又放出了 S_0 个中子。

这样到第一代末堆芯内的中子总数为 $N_1 = S_0 + S_0 k_{\text{eff}} = S_0(1 + k_{\text{eff}})$

第二代末堆芯内的中子总数为 $N_2 = S_0 + [S_0(1 + k_{\text{eff}})]k_{\text{eff}} = S_0(1 + k_{\text{eff}} + k_{\text{eff}}^2)$

第三代末堆芯内的中子总数为

$$N_3 = S_0 + [S_0(1 + k_{\text{eff}} + k_{\text{eff}}^2)]k_{\text{eff}} = S_0(1 + k_{\text{eff}} + k_{\text{eff}}^2 + k_{\text{eff}}^3)$$

...

第 m 代末系统内的中子总数应为

$$N = S_0(1 + k_{\text{eff}} + k_{\text{eff}}^2 + k_{\text{eff}}^3 + \cdots + k_{\text{eff}}^m) \tag{7.55}$$

因反应堆处在次临界状态 $k_{\text{eff}} < 1$,又因为每个中子代时间约为 10^{-4}s,也即经过一秒钟可完成成千上万代的中子循环,所以 m 将非常大(可近似认为 $m \to \infty$)。因此,式(7.55)右端近似为一无限等比数列的和,可表示成

$$N = \frac{S_0}{1 - k_{\text{eff}}} \tag{7.56}$$

这个公式称做次临界公式。它表示了一个次临界反应堆,在外中子源存在的情况下,系统内的中子数趋近于一个稳定值。实际上,$0 < k_{\text{eff}} < 1$,反应堆起着放大外中子源的作用。外中子源 S_0 越强,相应堆内的中子数目就越多,探测到的中子通量密度水平就越高;反之亦然。反应堆设置外加中子源,主要就是为了提高启堆过程的中子通量密度水平,克服测量仪表的盲区。

实际上根据有外源的点堆中子动力学方程,也可直接推出等效的次临界公式,设反应堆处于一定停堆深度上($\rho = \rho_0 < 0$),堆芯内有一外加中子源,每秒放出 q_0 个中子,这样反应堆达到稳态时的中子密度和缓发中子先驱核浓度为

$$n_s = -\frac{q_0 \Lambda}{\rho_0} \tag{7.57}$$

$$c_{is} = \frac{\beta_i n_s}{\lambda_i \Lambda} \tag{7.58}$$

7.5.2 向临界迫近的中子动态学特性

根据有外源情况下的次临界公式,反应堆在从次临界状态不断逼近临界的过程中,堆芯内稳定状态中子数目与 k_{eff} 有关,反应堆越接近于临界,即 k_{eff} 越接近 1,N 就越大,例如 $k_{\text{eff1}} = 0.955$ 时,$N_1 = 22.22 S_0$;$k_{\text{eff2}} = 0.956$ 时,$N_2 = 22.73 S_0$。当系统到达临界,即 $k_{\text{eff}} = 1$ 时,中子数将无限地增大,也就是中子数的倒数趋于零。为分析向临界迫近过程中的中子动态学特性,假设每次提棒阶跃引入反应性的量都比较小,这样中子数的增殖并不激烈,为方

便数学处理,令提棒后的瞬变过程 $dc_i/dt = 0$,这样 $\sum_{i=1}^{6} \lambda_i c_i(t) = \frac{\beta}{\Lambda} n(t)$,根据点堆方程推出:

$$\frac{dn}{dt} = \frac{\rho_0}{\Lambda} n + q_0 = \frac{k-1}{l_0} n + q_0$$

即
$$\frac{dn}{dt} - \frac{k-1}{l_0} n = q_0 \tag{7.59}$$

直接求解(7.59)并利用初始条件 $n(0) = \frac{q_0 l_0}{1 - k_0}$,可以得出

$$n(t) = n_s + (n_0 - n_s) \exp\left(\frac{k-1}{l_0} t\right) \tag{7.60}$$

式中:n_s 为改变临界后达到稳定状态时的中子密度。通过简单的数学转换,可以计算出每次改变次临界度后堆芯内中子密度达到近似稳定所需要的时间

$$t_s = \frac{l_0}{1 - k} \ln\left[\frac{n_s - n_0}{n_s - n(t_s)}\right] \tag{7.61}$$

从次临界向临界逼近过程中中子密度的响应曲线如图 7.3 所示。

图 7.3 中纵坐标为中子密度的相对值 $\frac{n}{q_0 l_0}$,横坐标为以平均寿期 l_0 为单位的时间。稳定值可由式(7.57)得到,为 $\frac{n}{q_0 l_0} = 1/(1 - k)$。不同曲线与不同 k 值对应,可以看到 k 较小时达到稳定所需的时间较短,稳定值较小。当 $k \to 1$ 即 $\rho_0 \to 0$ 时,达到稳定的时间趋向 ∞,稳定值也趋向 ∞。因此,实际启堆从次临界达临界过程,为确保反应堆的安全,每次提棒后应等待一段时间,让中子密度充分增长,越接近临界需要等待的时间也越长。

7.5.3 无限缓慢提棒与下界周期

前面为分析问题的方便,假设反应性都是阶跃引入的,实际上反应堆从次临界逼近临界过程还存在连续提升控制棒、近似线性引入反应性的情况。现假设有一反应堆从停堆深度开始启动并向临界接近,如果其反应性按等速率增长,如:

$$\rho(t) = -|\rho_s| + \gamma t \tag{7.62}$$

式中:ρ_s 为停堆深度;γ 为反应性变化速率,该过程反应性将不断随时间变化,分析存在困难。这里为分析问题的方便,先考虑一种理想情况,即假设提棒速率无限缓慢,$\gamma \to 0$。此时,有足够的时间供全部缓发中子释放出来,所以反应堆临界前任意时刻,有外中子源时反应堆中子通量密度的变化规律为:

$$n(t) = -\frac{\Lambda q_0}{\rho(t)} \tag{7.63}$$

则根据反应堆周期的定义式,反应堆周期为

$$T = \frac{n(t)}{\frac{dn(t)}{dt}} = -\frac{\rho(t)}{\frac{d\rho(t)}{dt}} = \frac{|\rho|}{\gamma} \tag{7.64}$$

无限缓慢提棒从次临界逼近临界过程中 $n(t)/n_0 \sim \rho$ 的关系曲线如图7.4所示。从图7.4可以看出，反应堆越接近临界，平衡值越大，当 $\rho \to 0$ 时，平衡值趋向 ∞。上述过程是假设所有缓发中子充分释放的结果，因此用它来估计实际问题中的中子密度上涨速度是偏快的，特别是在接近临界时，平衡值趋向无穷大，与实际偏离更大。因此该模型用来估计实际过程的周期是偏小的，式(7.64)只是一个下界周期。

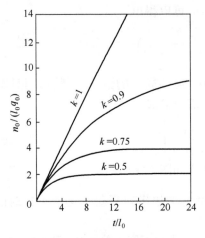

图 7.3 从次临界向临界逼近过程中中子密度的响应曲线

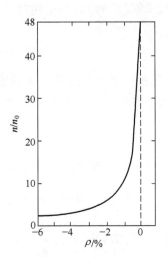

图 7.4 从次临界逼近临界过程中的关系曲线

图 7.5 给出了不同反应性引入速率下相对中子水平随反应性的变化规律，从图中可以看出反应性速率越大，反应堆从次临界到达临界时间越短，临界中子通量密度越低，临界周

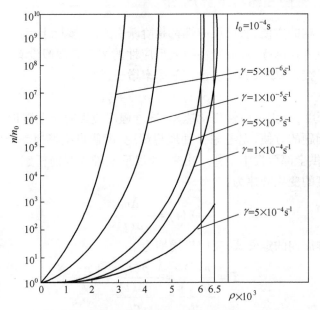

图 7.5 不同反应性引入速率下相对中子水平随反应性的变化规律

期越低,启堆过程越不安全。

因此,为确保反应堆的安全,冷态启堆时,通常采用间断提棒,禁止多组棒同时提升,每次引入的反应性应小于 0.3β,达到临界附近时,控制棒提升速率要放慢,每次提升量要小,防止使冲击周期小于30s。同时提棒前要投入功率保护系统和短周期保护系统。

7.6 点堆中子动力学方程的数值解*

前面都是在极端理想的反应性引入下,来探讨点堆中子动力学方程的解,实际上棒控压水堆反应性的引入既不是阶跃的,也不是无限缓慢的,特别是考虑到反应堆反应性温度反馈的影响,将呈现复杂的非线性关系。在反应堆功率小于1%额定功率前,由于堆芯内温度压力变化较小,温度反馈影响可以忽略,但随着反应堆功率和堆芯温度的升高,反馈效应越来越强烈。这样描述中子动态变化过程的点堆方程将变成变系数的微分方程组,无法直接给出解析解,为此需要探讨其数值解法。

7.6.1 点堆中子动力学方程的矩阵形式

考虑6组缓发中子的点堆中子动力学方程可以用如下形式的一组常微分方程表示

$$\frac{\mathrm{d}n(t)}{\mathrm{d}t} = \frac{\rho(t) - \beta}{\Lambda}n(t) + \sum_{i=1}^{6}\lambda_i c_i(t)$$

$$\frac{\mathrm{d}c_i(t)}{\mathrm{d}t} = \frac{\beta_i}{\Lambda}n(t) - \lambda_i c_i(t) \quad (i = 1,2,\cdots,6) \tag{7.65}$$

方程解的初始条件

$$n(t)|_{t=0} = n(0), c_i(t)|_{t=0} = c_i(0) \tag{7.66}$$

为了讨论问题的方便,将点堆中子动力学方程用矩阵形式表示

$$\frac{\mathrm{d}\boldsymbol{Y}}{\mathrm{d}t} = \boldsymbol{F}(t)\boldsymbol{Y}(t) \tag{7.67}$$

$$\boldsymbol{Y}(t)|_{t=0} = \boldsymbol{Y}_0 \tag{7.68}$$

式中:$\boldsymbol{Y}(t) = [n(t), c_1(t), c_2(t)\cdots c_I(t)]^{\mathrm{T}}$,$\boldsymbol{Y}_0 = [n(0), c_1(0), c_2(0), \cdots, c_I(0)]^{\mathrm{T}}$,均为列向量。

$\boldsymbol{F}(t)$ 表示如下 $(I+1) \times (I+1)$ 矩阵:

$$\boldsymbol{F}(t) = \begin{bmatrix} \dfrac{\rho(t) - \beta}{\Lambda} & \lambda_1 & & \cdots & \lambda_6 \\ \dfrac{\beta_1}{\Lambda} & -\lambda_1 & 0 & & 0 \\ \dfrac{\beta_2}{\Lambda} & & -\lambda_2 & & \\ \vdots & \vdots & & \vdots & \\ \dfrac{\beta_6}{\Lambda} & 0 & \cdots & \cdots & -\lambda_6 \end{bmatrix} \tag{7.69}$$

式中没有写出的矩阵元素都为零。

7.6.2 微分方程的刚性问题

在工程中,对于类似于方程组(7.67)、式(7.68)可写为如下形式:

$$Y'(t) = f(t,y) \tag{7.70}$$
$$Y(0) = Y_0 \tag{7.71}$$

如果微分方程组(7.70)的雅可比矩阵 $\boldsymbol{J} = \dfrac{\partial \boldsymbol{f}}{\partial \boldsymbol{y}}$ 的特征值 ω_i 具有如下两个性质:

(1) $\boldsymbol{J}$ 的所有特征值的实部 $\mathrm{Re}\omega_i < 0$;

(2) $r = \max_i|\mathrm{Re}\omega_i|/\min_i|\mathrm{Re}\omega_i| \gg 1$。

则方程组称为刚性方程组。

其中 r 表示刚性比,表征刚性的大小,r 越大则方程作数值计算时耗时便越多。

1. 点堆方程的雅可比矩阵及其特征值

(1) 方程组的雅可比矩阵就是 $\boldsymbol{F}(t)$;

(2) 特征值 ω_i 为下面的反应性方程的根:

$$\rho = \omega\Lambda + \beta - \sum_{i=1}^{6}\lambda_i\beta_i/(\omega + \lambda_i) = \omega\Lambda + \omega\sum_{i=1}^{6}\beta_i/(\omega + \lambda_i)$$

(3) 如果有 $\lambda_1 < \lambda_2 \cdots < \lambda_6$,则该方程的全部根都是实根,并满足:

$$\omega_1 > -\lambda_1 > \omega_2 > -\lambda_2 \cdots > \omega_6 > -\lambda_6 > l_0^{-1}$$

式中:l_0 为中子寿命(s)。

$$l_0 = \Lambda \cdot k, \quad k = \frac{1}{1-\rho}$$

(4) 动力学方程组的解。动力学方程组的解是由 7 个指数函数之和组成的:

$$n(t) = \sum_{i=1}^{7}A_i\mathrm{e}^{\omega_i t} \tag{7.72}$$

2. 点堆中子动力学方程的刚性分析

(1) 设 $\rho < 0$,由式(7.72)可得 $\omega_i < 0$。

(2) 因为 $\min_i|\omega_i| = |\omega_1|,\max_i|\omega_i| = |\omega_7|$,$|\omega_1|$ 与 λ_1 同阶,大约为 10^{-2},而 $|\omega_7|$ 的值位于 λ_6 与 l_0^{-1} 之间。对于热中子反应堆,$l_0 \approx 10^{-3} \sim 10^{-4}$ s。

(3) 特征值 $|\omega_i|$ 之间有几个数量级的差别。

(4) 点堆方程为"刚性"方程组。

7.6.3 点堆方程数值求解中的刚性问题

所谓数值解,就是寻求解 $y(t)$ 在一系列离散节点上的近似值,相邻两节点的间距称为步长 h。时间步长的选择首先应当满足收敛性和精度的要求,由计算方法的截断误差确定。为了满足收敛性,要求截断误差不能太大,因而步长要充分小,以保证需要的精度。然而,在数值运算过程中总会产生舍入误差。如果某步计算产生的误差在以后的各步计算中不能逐步得到减弱,同时每步又在产生新的计算误差,这样误差积累起来,势必给结果造成很大影响。我们采用的方法应当是对计算过程中任何一步产生的误差都能在以后各步计算中逐步减少,以致最后可以忽略。这样的数值计算方法称为稳定的。计算的稳定性不仅和所选取的计算方法有关,还和步长大小密切相关,有时步长小时是稳定的,但步长稍大一点就不稳定了。因此,只有既收敛又稳定的数值方法才可能在实际计算中使用。

不同的数值方法都有其各自的稳定区域,例如,欧拉方法要求$|\omega h| < 2$,显式四阶龙格—库塔方法要求$|\omega h| < 2.78$。这里ω是方程组雅可比(Jacobi)矩阵的特征值,因而为保证数值求解点堆方程的稳定性,要求选取非常小的步长。

从前面7.3节的讨论可以知道,在阶跃扰动下,方程(7.67)具有式(7.72)形式的解。式(7.72)中ω_i是满足下列反应性方程的根,也是方程(7.67)的雅可比矩阵的特征值

$$\rho = \Lambda\omega + \sum_{i=1}^{6} \frac{\omega\beta_i}{\omega + \lambda_i} = \Lambda\omega + \beta - \sum_{i=1}^{6} \frac{\beta_i\lambda_i}{\omega + \lambda_i} \tag{7.73}$$

且有

$$\omega_1 > -\lambda_1 > \omega_2 > -\lambda_2 \cdots > \omega_6 > -\lambda_6 > l_0^{-1}$$

通常把$\frac{1}{|\omega|}$称为时间常数,$|\omega|$愈大表示解的变化愈快。从前面讨论知道,在开始的一个短暂的瞬变过程中,解(7.72)的变化异常剧烈,这主要是由于$i > 1$的各项(称为瞬变项)所引起的,但当t增大后,$i > 1$各项便很快地衰减到可以忽略了,系统进入较平稳的变化状态,这时方程的解主要由ω_1项决定。

首先,我们讨论负反应性,即$\rho < 0$引入时的情况,这时ω_i是负数,因为$\min_i|\omega_i| = |\omega_1|$,$\max_i|\omega_i| = |\omega_7|$,$|\omega_1|$与$\lambda_1$同阶,大约为$10^{-2}$,而$|\omega_7|$则在$\lambda_6$与$l_0^{-1}$之间,一般$|\omega_7|$在$10^2 \sim 10^4$量级。因而,特征值$|\omega_i|$之间大小相差几个数量级。为了保证解的稳定性,步长需要根据方法的稳定性要求进行选择,例如前述对于欧拉法要求$|\omega h| < 2$,从而在$t > 0$的初始很短的瞬变过程时间内步长h的选择要根据$|\omega|$值最大的特征值$|\omega_7|$来决定,这样就不可避免地要取非常小的步长,例如对所讨论的例子,h大约在$10^{-3} \sim 10^{-4}$量级。但是从前面知道,当经过一定时间后,解已进入平稳状态,$i > 1$的快速变化的瞬变项的贡献已经可以忽略,变得没有什么实际影响了。此时,从截断误差角度来看,为了保证精度,步长完全可以选择大一些,然而从数值稳定性的角度出发,仍然必须采用由贡献最小的解分量$|\omega_{\max}| = |\omega_7|$所规定的很小的时间步长,从而导致不必要的计算时间的浪费。这就是所谓"刚性"(Stiff)问题。通常我们称$\max_i|Re\omega_i| / \min_i|Re\omega_i|$(因为在一般情况下,$\omega$是复数)为微分方程组的刚性比。刚性比愈大,则数值求解愈困难。对于$\rho < 0$的本例刚性比达10^4以上。

对于正反应性($\rho > 0$)的引入,情况有所不同,这时ω_1为正值,其余6个特征值ω_i为负值,其绝对值最大的为$|\omega_7| \to \lambda_6$,约为3s^{-1}。理论研究发现,当$\rho < \beta$,即引入反应性很小,这时步长h如果满足下列要求,则求解过程是稳定的,即

$$h < \frac{1}{\omega_1} \tag{7.74}$$

7.6.4 隐式差分法求解点堆方程

现在我们讨论方程(7.67)的数值解法。它是一个一阶常微分方程组,原则上说可以应用计算方法中一些标准的算法来求解。但是,实践证明,由于问题本身的参数决定了该方程组具有很强的"刚性",使得在应用一些常规的数值方法,例如通常的欧拉法、龙格—库塔法等求解该方程组时会遇到上述刚性的严重困难,将会被迫要求采用非常小的时间步长,从而使计算时间增大并且其结果可能还包含相当大的累积误差。因此讨论该问题的数值解法时,必须充分考虑其刚性,采用稳定性好的方法。

在数值求解类似式(7.67)的常微分初值问题时,差分格式可以分为显式差分格式和隐式差分格式两大类。显式差分格式简单,可以直接求解,例如显式欧拉公式,其缺点是对于刚性比较强的问题,它往往是不稳定或条件稳定的,必须采用很小的时间步长,所以在点堆动力学数值解中不太应用,而往往采用隐式格式。

隐式差分格式可以表示

$$\frac{\mathrm{d}y(t)}{\mathrm{d}t} \approx \frac{y(t+h) - y(t)}{n} \tag{7.75}$$

这样便得到方程(7.67)隐式数值计算公式为

$$y_{n+1} = y_n + hF(t)y_{n+1} \tag{7.76}$$

式(7.76)可以改写成

$$y_{n+1} = y_n + hf(t_{n+1}, y_{n+1}) \tag{7.77}$$

对于方程(7.76)从数值分析知道,可以有许多方法求解,例如最常用的 k 阶隐式线性多步方法

$$y_{j+k} = \sum_{i=0}^{k-1} \alpha_i, y_{j+i} + h \cdot \beta_k f(t_{j+k}, y_{j+k}) \tag{7.78}$$

该方法是用 $j, j+1, \cdots, j+k-1$ 等前面 k 个时间点上近似解之值 $y_j, y_{j+1}, \cdots, y_{j+k-1}$ 来求 $j+k$ 时间点上的近似解值 y_{j+k};系数 α_i, β_k 之数值在有关数值计算方法的教材中给出。方程(7.78)显然是非线性代数方程组,求解时必须采用迭代方法来求解,这就是隐式格式的主要缺点。隐式格式的最主要优点是它的求解过程是稳定的。为了说明这点,把式(7.77)可以改写成

$$y_{n+1} = [I - hF]^{-1} y_n \tag{7.79}$$

设由于计算及舍入等误差的影响,使解 y_n 变为 $\tilde{y}_n$,由式(7.79)有

$$\tilde{y}_{n+1} = [I - hF]^{-1} y_n \tag{7.80}$$

用上式减去式(7.79),我们可以得到在该步长内,误差 ε 的传递关系为

$$\varepsilon_{n+1} = (I - hF)^{-1} \varepsilon_n = [(I - hF)^{-1}]^n \varepsilon_0 \tag{7.81}$$

设 u_i 为矩阵 F 的特征向量函数,ω_i 为其对应特征值,由于

$$[I - hF]u_i = (1 - h\omega_i)u_i \tag{7.82}$$

因而

$$[I - hF]^{-1} u_i = \frac{1}{(1 - h\omega_l)} u_i \tag{7.83}$$

注意式(7.81),这样便求得解的稳定条件为

$$\max_i \left| \frac{1}{(1-h\omega_i)} \right| < 1 \tag{7.84}$$

可以看到,在负反应性($\rho<0$)引入情况下,由于所有的 ω_i 均为负值,因而从式(7.84)可知隐式方法是无条件稳定的(即稳定性对步长 h 没有任何限制)。对于正反应性引入情况,ω_1 大于零,研究表明计算步长必须满足式(7.74)的限值,计算是稳定的。

前面讨论的是当方程(7.67)是线性的情况,也即矩阵 F 中的元素在求解区间内为常数。若考虑到反馈效应,以及反应性 ρ 随时间的变化,则方程(7.67)将是非线性的,这时问题要复杂得多。但是一般情况下,隐式差分方法具有更好的稳定性,允许采用更大的时间步长。

另一方面,可以用高阶的微分公式来代替式(7.75)以减少截断误差,增大时间步长。同时希望能够在计算过程中根据解的变化特性自动地调整步长 h ,以在保证精度的同时增大步长 h ,减小计算时间。对于点堆动力学方程,值得推荐的是对变步长具有预测—校正的吉尔(Gear)方法,它是隐式线性多步法。对于刚性常微分方程组,它被认为是最有效的方法。另外,高阶的广义龙格—库塔法,在点堆动力学问题中也获得了成功的应用。

高阶的广义龙格—库塔法有以下特点:
(1)属于无条件收敛;但需迭代求解,计算耗时。
(2)只要时间步长取得合适,可以得到满意的精度。
(3)应用简单,微型计算机计算能力的发展在很大程度上弥补了该方法计算速度慢的缺点,得到了广泛的应用。

7.7　多群时空中子动力学方程

点堆中子动力学方程忽略了中子能级及中子空间分布随时间的响应,不能完全准确描述瞬变过程中反应堆堆内中子分布的实际情况。对于船用反应堆,由于堆芯活性区相对较小、主要以控制棒控制为主,控制棒移动将引起较大的堆芯功率分布畸变,如果采用"点堆模型"将带来较大的分析误差,甚至得出错误的结论。随着反应堆物理分析方法、数值计算方法及计算条件的进步,在反应堆堆芯动态特性分析普遍采用了多维多群时空中子动力学模型,多维多群时空中子动力学模型可精确分析堆内实际功率分布随时间的响应,目前国际知名的系统瞬态分析程序 RELAP5、RETRAN、TRAC 的堆芯物理分析模型几乎都从早期简化点堆模型或一维模型升级为多群三维时空动力学模型。

7.7.1　反应堆时空中子动力学方程的基本形式

根据某一能群的中子守恒原理:变化率=产生率−消失率,针对反应堆空间的任一微元体积 dV ,可以直接建立反应堆内多维多群中子时空动力学方程组,该方程组包括中子扩散方程和缓发中子先驱核浓度方程。在笛卡儿坐标系中,反应堆多维多群中子扩散时空动力学方程组可以写成以下形式:

$$\frac{1}{v_g}\frac{\partial \phi_g(\boldsymbol{r},t)}{\partial t} = \sum_{g'=1}^{G}\Sigma_{g'g}(\boldsymbol{r},t)\phi_{g'}(\boldsymbol{r},t) + (1-\beta)\chi_{pg}\sum_{g'=1}^{G}\nu\Sigma_{fg'}(\boldsymbol{r},t)\phi_{g'}(\boldsymbol{r},t)$$
$$+ \sum_{i=1}^{I}\chi_{dgi}\lambda_i C_i(\boldsymbol{r},t) + \nabla \cdot D_g(\boldsymbol{r},t)\nabla\phi_g(\boldsymbol{r},t) - \Sigma_{tg}(\boldsymbol{r},t)\phi_g(\boldsymbol{r},t)$$
(7.85)

$$\frac{\partial C_i(\boldsymbol{r},t)}{\partial t} = \beta_i\sum_{g'=1}^{G}\nu\Sigma_{fg'}(\boldsymbol{r},t)\phi_{g'}(\boldsymbol{r},t) - \lambda_i C_i(\boldsymbol{r},t) \tag{7.86}$$

7.7.2 时—空中子动力学方程的求解

时—空中子动力学方程是时间—空间相耦合的方程，必须分别对时间、空间的变量进行处理，将偏微分方程组转化为代数方程，采用数值计算方法求解。时间问题最简单的处理方式是将连续的一段时间轴离散为 $N+1$ 个点，只要求出 $N+1$ 个时间点上的解，就近似认为求出了方程的解随时间的变化曲线，时间区域的离散如图7.6所示。

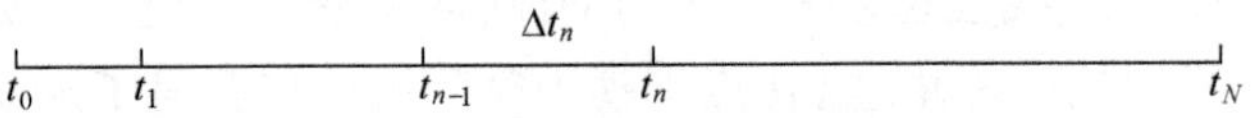

图7.6 时间区域的离散

1. 时间变量的离散

(1) 时空中子动力学方程(7.85)和式(7.86)是一个刚性方程组。

(2) 用全隐向后欧拉格式来离散式(7.85)中的时间导数项，全隐向后有限差分格式可保证求解过程是无条件稳定的。

(3) 采用时间积分方法对式(7.86)进行求解。

(4) 全隐向后有限差分方法。

对中子通量密度时间导数项采用全隐向后有限差分格式近似求解，在 t_n 时刻，该导数项可近似为：

$$\left.\frac{\partial \phi_g(\boldsymbol{r},t)}{\partial t}\right|_{t_n} \approx \frac{\phi_g(\boldsymbol{r},t_n) - \phi_g(\boldsymbol{r},t_{n-1})}{\Delta t_n} \tag{7.87}$$

(5) 时间积分方法。采用时间积分方法求解方程(7.86)，在时间间隔 $[t_{n-1},t_n]$ 上对缓发中子先驱核方程进行积分可以得到 t_n 时刻的缓发中子先驱核浓度：

$$C_i(\boldsymbol{r},t_n) = C_i(\boldsymbol{r},t_{n-1})e^{-\lambda_i\Delta t_n} + \beta_i\int_{t_{n-1}}^{t_n}e^{-\lambda_i(t_n-t)}\sum_{g'=1}^{G}\nu\Sigma_{fg'}(\boldsymbol{r},t)\phi_{g'}(\boldsymbol{r},t)dt \tag{7.88}$$

(6) 中子裂变源项在时间间隔 $[t_{n-1},t_n]$ 内的关于时间的具体表达式近似地认为总的裂变源项在时间间隔 $[t_{n-1},t_n]$ 内是线性变化的，即：

$$\nu\Sigma_{fg'}(\boldsymbol{r},t)\phi_{g'}(\boldsymbol{r},t) = \nu\Sigma_{fg'}(\boldsymbol{r},t_{n-1})\phi_{g'}(\boldsymbol{r},t_{n-1}) +$$
$$\frac{\nu\Sigma_{fg'}(\boldsymbol{r},t_n)\phi_{g'}(\boldsymbol{r},t_n) - \nu\Sigma_{fg'}(\boldsymbol{r},t_{n-1})\phi_{g'}(\boldsymbol{r},t_{n-1})}{\Delta t_n}(t-t_n) \tag{7.89}$$

将式(7.89)代入式(7.88)，可以得到 t_n 时刻的缓发中子先驱核浓度：

$$C_i(\boldsymbol{r},t_n) = C_i(\boldsymbol{r},t_{n-1})\mathrm{e}^{-\lambda_i\Delta t_n} + F_{i_n}^0 \sum_{g'=1}^{G} \nu\Sigma_{fg'}(\boldsymbol{r},t_{n-1})\phi_{g'}(\boldsymbol{r},t_{n-1})$$

$$+ F_{i_n}^1 \sum_{g'=1}^{G} \nu\Sigma_{fg'}(\boldsymbol{r},t_n)\phi_{g'}(\boldsymbol{r},t_n) \tag{7.90}$$

式中：

$$F_{i_n}^0 = \frac{\beta_i}{\lambda_i}(1 - \mathrm{e}^{-\lambda_i\Delta t_n}) - F_{i_n}^1$$

$$F_{i_n}^1 = \frac{\beta_i}{\Delta t_n \lambda_i}\left[\Delta t_n - \frac{1}{\lambda_i}(1 - \mathrm{e}^{-\lambda_i\Delta t_n})\right] \tag{7.91}$$

2. 空间变量的离散

时空中子动力学方程组经过时间离散后，每个时间步长要进行一次全堆芯扩散计算，以分析堆芯中子通量密度的分布情况，空间项的函数表达式是一个二阶微分项，常用的离散方法有细网有限差分法和现代粗网方法（包括节块展开法、节块格林函数法、解析节块法、非线性迭代节块法）。

1) 细网有限差分法

（1）所谓有限差分法就是用差分代替微分，该方法推导简单，并有完善的理论基础。

（2）该方法为了保证计算精度，空间网距必须取得足够小（约等于中子扩散长度，压水堆取 1~2cm），因此常称为细网方法。

（3）空间离散后差分网点较多，未知数量巨大，特别是当空间变量的维数较高时，如三维情形时，用直接数值求解多群时—空动力学方程组所耗费的时间是惊人的。例如，对一个热功率为 140MW 的压水堆，若取网距等于扩散长度，则整个反应堆内大约有 74200 个空间网点。如果再考虑时间变量，则计算所需存储量之大，计算时间之长都是惊人的。

2) 节块法

（1）为了提高计算效率，从 20 世纪 70 年代末开始，各国相继开展了现代粗网方法的研究；已经先后发展了节块展开法、解析节块法、格林函数节块方法及非线性迭代节块法等具有代表性的节块方法。

（2）节块法能在很粗的空间网格下（一般是一个组件一个网格），获得良好的精度；极大地提高了计算效率，使解稳态扩散问题的时间比有限差分方法缩短了一个数量级，同时又能满足工程所需的精度。

（3）节块法已在反应堆稳、瞬态扩散计算中获得了广泛的应用。

习 题

1. 有一反应堆初始 k_eff 为 0.96，现每次增加 δk_eff 为 0.01，试分析第一次、第二次、第三次增加 k_eff 后，次临界反应堆的功率分别增加了多少倍？

2. 下列问题是否适合应用点堆动力学模型进行分析：

（1）单束控制棒失控抽出事故；

（2）二回路系统故障引起的堆芯瞬变过程。

3. 临界反应堆的功率为 $0.5\%P_H$，增加反应性后经过 100s 功率达到了 $2\%P_H$。求反应堆周期及反应性增量。

4. 反应堆启动提升功率时，反应堆周期为 50s，求反应堆反应性。

5. 反应堆反应性阶跃变化 0.003 或 −0.003 后，反应堆功率将会立即从初始值变化百分之几？

6. 某压水堆的热中子寿命为 10^{-4}，假设突然引入一个正反应性为 0.002，试基于单组缓发中子假设分析中子密度随时间的变化规律。

7. 试估算分析一压水堆紧急停堆后裂变功率降为初始值的 10^{-8} 时所需要的最短时间。

8. 向堆芯阶跃引入负反应性 5β，反应堆功率从额定值阶跃下降到多少？

9. 反应堆启动时，反应堆周期为 50s，为反应堆功率从 $10^{-4}\%P_H$ 提升到 $1.0\%P_H$ 需要多长时间？

第8章 舰船核反应堆核设计

不同于核电厂，舰船核反应堆堆芯换料难度大、牵连影响大，一般采用整炉换料方案，现代舰船核反应堆换料周期不断提高，甚至追求与艇体同寿命，为此，一炉核燃料需要满足核舰船航行几十年，优良的堆芯核设计方案是核反应堆安全运行的基础。舰船核反应堆核设计分析的主要目标是确定反应堆堆芯燃料的装载方式，使之能在预期燃耗深度下满足舰船动力需求，设计分析的内容主要包括：堆芯装载方式、可燃毒物组件布置方式、控制棒分组及布置方式、反应堆堆芯的燃耗特性（包括燃料燃耗、裂变产物积累及可燃毒物燃耗等）。本章将简要介绍一下舰船核反应堆的核设计准则、核设计内容、核设计分析方法，下一章重点介绍舰船核反应堆物理试验。

8.1 舰船核反应堆的核设计准则

为确保核安全，我国制定了舰船核反应堆的核设计准则，主要从燃料燃耗、功率分布控制、堆芯反应性控制、反应性反馈系数、核设计可信度等方面给出了核设计分析必须遵守的要求。

8.1.1 堆芯燃耗要求

根据国军标的要求，反应堆堆芯的初始燃料装载，必须提供足够的剩余反应性，满足舰船核反应堆堆芯的设计寿期要求，一般以反应堆在一定功率水平最大氙下仍能启堆作为确定堆芯设计寿期的依据。核设计分析还必须提供一套满足反应堆全寿期运行的最佳提棒方案。

8.1.2 功率分布控制要求

核设计分析必须给出反应堆全寿期内稳定功率运行时堆芯的径向功率分布、轴向功率分布以及燃料组件的局部功率峰值，并确保给出的功率分布必须满足热工水力设计要求，即：

（1）在反应堆正常运行工况下，燃料元件不同高度处的最大线功率密度满足失水事故安全准则所确定的限值。

（2）在正常运行工况和预期运行瞬变工况下，堆芯燃料元件表面不会发生偏离泡核沸腾（DNB）。

8.1.3 堆芯反应性控制

控制棒系统应具有足够的冷停堆能力，并应满足"卡棒准则"；同时还应具有紧急快速停堆能力,控制棒的落棒时间应小于设计基准事故分析所确定的时间。在假想的极限事故工况下(例如弹棒事故、主蒸汽管道断裂事故等),反应堆能实现快速停堆并维持在次临界状态。控制棒系统的反应性引入速率应满足运行安全要求。

8.1.4 反应性系数

核设计分析必须给出不同寿期下的反应性系数,反应性系数包括堆芯的慢化剂反应性温度系数、密度系数、压力系数、空泡系数、燃料温度系数和功率系数。慢化剂反应性温度系数必须保持负值,使堆芯反应性具有负的反馈特性,反应堆具有良好的自稳自调性。

8.1.5 核设计可信度要求

为确保核设计分析的可信度,核设计所采用的计算机程序应通过基准问题的检验,证明程序的理论模型和程序的编制是正确的;程序中所使用的核数据应采用评价过的核数据库;同时要求使用的核数据库和计算机程序应是配套和自洽的,且能达到一定的设计精度。新堆核设计还必须通过零功率堆的试验、反应堆物理启动试验或反应堆运行的实测数据的分析,证明所采用的计算机程序和核数据库是合理的,其计算精度能满足工程设计要求。

8.2 舰船核反应堆设计分析概述

一个优良的堆芯核设计方案,需要与燃料组件设计、堆芯热工水力设计、主冷却剂系统设计、安全分析等多专业分析计算结果进行反复迭代、不断修正。但本书所述的堆芯核设计是指在反应堆总体参数、各类燃料组件和堆内构件的材料成分、几何尺寸和热工水力等参数确定的基础上开展的核设计分析工作。

舰船核反应堆堆芯一般由不同类型燃料组件组成,燃料组件又由燃料栅元、控制棒栅元、可燃毒物栅元等按一定的规则排列组成,栅元基本结构为棒状或板状。每个燃料基本栅元由燃料芯块、包壳和慢化剂等部分组成。物质核不同,中子与物质相互作用的类型与反应截面也不相同,同时不同能量的中子与物质核发生反应的特性也不相同,在制作中子与物质核反应基本数据库时常将能群划分得非常细,新制作的中子核设计数据库高达500多群。显然在进行全堆芯物理特性分析计算时,详细考虑空间结构非均匀性和反应堆能谱效应将非常困难。目前,堆芯核设计分析采用的基本策略是:在核数据库的基础上,空间上先从局部简单的区域(如栅元)开始进行空间"均匀化"处理,逐步扩展到组件均匀化计算,也可直接开展整组件均匀化分析;能群则从多群逐步归并到少群(2群或4群),然后在少群组件均匀化截面参数基础上进行全堆芯临界燃耗计算,分析提供反应堆总体、热工水力分析专业所需的有关数据,计算流程如图8.1所示。

8.2.1 核数据库

核数据是核反应堆核设计分析的出发点和依据,也是制约核设计分析精度的关键因素。有关单个原子核性质的数据,常称作核结构数据或放射性衰变数据;有关原子核与其他粒子(如中子、带电粒子、光子等)或核发生相互作用的数据,常称作核反应数据。中子核数据即

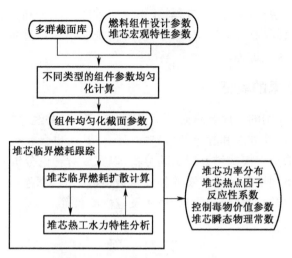

图 8.1 堆芯核设计分析流程图

是后者的一种,此外还有带电粒子数据、光子数据等均属此类。中子核数据主要用于堆芯核设计分析,而光子数据主要用于屏蔽分析。一个优异的中子核数据库中应包含有核反应堆核设计分析所用到的各种同位素在可能域内的核数据,即不同能量(10^{-5}eV~20MeV)的中子和各种物质(包括燃料、慢化剂、结构材料、可燃毒物和裂变产物等)相互作用的核反应及其相应的微观截面和有关常数,主要包括:

(1) 所有可能发生的中子反应的微观截面;
(2) 弹性和非弹性散射时中子的角度分布;
(3) 裂变中子的能量分布;
(4) 每次裂变的二次中子平均数;
(5) 共振参数;
(6) 裂变产物的产额及截面;
(7) 反应中放出的中子、质子、γ射线和粒子等的能量—角度分布等。

8.2.2 燃料组件均匀化计算

所谓燃料组件均匀化计算,是针对特定燃料组件设计方案和运行参数,在假设边界条件下开展输运计算,分析得到组件内详细的中子通量密度,然后基于等效均匀化理论,得到燃料组件的等效截面参数。围绕上述目标,人们开发了大量的分析程序,主输运计算、共振数据处理及燃耗计算方法不断发展,等效均匀化理论不断完善,模拟分析的精度越来越高,程序对复杂几何结构的处理能力越来越强。

8.2.3 堆芯临界燃耗分析

为获得舰船核反应堆功率运行时易裂变材料、功率分布形状函数、堆芯临界棒位及物理瞬态特性参数的变化规律,全面掌握反应堆全寿期内物理特性参数,确定最佳提棒方案,核设计分析时,通常在假定的堆芯运行状态下,跟踪分析堆芯物理特性参数随运行的变化特征,也即是堆芯临界燃耗分析。堆芯临界燃耗分析包括两部分内容,一是全堆芯的临界计算,目前主要是基于求解全堆芯扩散方程,获得反应堆的功率分布;另一方面是全堆芯燃耗计算,是假设在一段时间内堆芯功率分布不变,分析堆芯核素浓度的变化情况,实际上上述两过程是一个非线性迭代过程。

8.2.4 分析结果的验证

核设计分析中所使用的程序要求必须经过充分的验证,并经过核安全当局认可,同时为了进一步检验所采用计算方法和程序的可靠性、计算精度,也会针对所设计的堆芯开展零功率试验验证,甚至建造陆上模式堆开展试验分析,以完成对理论分析的校核。零功率试验验证的项目一般包括:不同堆芯装载方案的临界参数、堆芯不同状态的临界参数、反应性反馈系数、控制毒物价值参数、通量分布测量、后备反应性测量等。

习 题

1. 简述核设计分的主要内容。
2. 核设计准则为什么要求舰船核反应堆温度反馈系数必须为负值?
3. 什么是最佳提棒方案?
4. 中子核数据库中主要包含哪些核反应数据?
5. 核设计准则为什么对功率分布控制提出要求?

第 9 章　核反应堆物理试验

反应堆物理试验是反应堆设计、维护和管理工作中的重要组成部分。在设计反应堆时，虽然经过周密的物理、热工水力学计算，同时在零功率反应堆上做过大量的模拟试验，校核了理论设计，对堆芯物理、热工性能有了一定的了解，但是由于理论计算过程的简化，模拟试验条件的差异，这些工作还不能帮助我们全面准确地掌握反应堆的物理性能。为确保核反应堆的安全运行，在核反应堆首次启动过程中需要做一系列的物理试验，测定必要的物理参数，全面了解反应堆的物理特性。根据核反应堆状态和试验目的的差异，核反应堆物理试验分为物理启动试验和定期物理试验，所谓"物理启动"试验是指新建造的反应堆、刚换过燃料的反应堆，或停堆维修时间过长导致堆芯中子通量密度处于测量仪表盲区的反应堆（三类堆），人们为掌握反应堆临界参数、物理性能所开展的一系列测量试验。定期物理试验主要是指反应堆运行一定燃耗期后，为了解堆芯物理性能随燃耗寿期的变化规律所开展的系列测量试验。

试验所得的数据，也可进一步校核理论计算结果，不断改进完善反应堆设计工具；同时这些数据也是指导反应堆安全运行的基础。因此，了解掌握核反应堆物理试验的内容、方法及原理，对核反应堆的运行安全有着非常重要的意义。

9.1　概　　述

反应堆物理启动试验的主要任务有：

（1）采用临界外推的方式启动反应堆达临界，确保新建造或更换过燃料的反应堆第一次安全地开到运行功率。

（2）检验反应堆的可控性，校核冷态停堆深度和"卡棒"准则。

（3）检验堆芯径向中子通量分布的对称性，防止堆芯燃料组件装载错误。

（4）刻度不同控制棒组的价值，测量堆芯等温温度系数、压力系数及平衡中毒反应性，了解反应堆的调节操控性能。

具体的试验项目包括：

1. 临界外推实验

首次启动反应堆时由于不知道准确的临界参数，为了确保反应堆安全，需要按照临界外推方法逐步提升控制棒，使反应堆安全过渡到临界状态，并达到测量特定状态下临界参数的目的。

2. 控制棒价值测量

控制棒是反应堆内唯一可以移动的部件，是操纵员控制堆芯反应性的唯一载体，其移动对反应堆堆芯的中子通量密度分布和反应堆的安全有着重要的影响。控制棒价值是控制棒所能补偿或压住反应性的能力,对于核反应堆的运行管理人员来说,掌握控制棒价值曲线特别重要,它对估算临界参数和反应性引入速率起着决定性的作用。虽然随着反应堆数值计算技术的进步,控制棒价值可以通过理论计算给出,但试验测量仍是校核计算结果、确保分析精度的关键手段。因此,控制棒价值测量是反应堆物理启动模拟试验的一项重要内容,其主要包括微分价值测量和积分价值测量。

3. 冷态停堆深度测量和"卡棒"准则试验

为了确保反应堆安全,设计时要求反应堆必须有足够的冷态停堆深度,以确保事故条件下价值最大的一束控制棒被卡在堆顶时仍有足够的停堆深度。这是衡量反应堆安全可控性的重要指标之一,因此,冷态停堆深度测量和"卡棒"试验也是物理启动试验的重要内容;同时该试验可以验证该堆芯目前燃耗的可信性,并为燃耗反应性系数测量试验(停堆深度比较法)提供数据。

4. 堆芯径向中子通量分布对称性试验

通过本试验,检查冷态参数和低功率运行条件下堆芯径向中子通量密度分布对称性情况,测试堆芯燃料组件有无错装的情况或经过多年运行后,有无出现"烧偏"现象。

5. 慢化剂温度系数测量

温度系数的大小是衡量压水堆自稳自调性能的一个重要指标,对反应堆控制与运行安全有重要意义。由于慢化剂密度是温度的非线性函数,不同温度点的温度系数也不相同,因此需要测量从冷态到热态各个温度点的温度系数。测量过程是利用电加热使反应堆系统升温升压,在升温升压过程中,测量由于慢化剂温度升高,引起反应性变化量 $\Delta \rho_i$,并测量慢化剂温度相应的变化量 Δt_i 得 $\alpha_t = \Delta \rho_i / \Delta t_i$,即为 $t_i + \frac{1}{2}\Delta t_i$ 稳定点的温度系数。

6. 反应性压力系数测量

对于压水堆,堆芯压力变化往往会引起堆芯冷却剂密度变化,进而影响反应性,反应性压力系数是指反应堆回路压力升高一个单位压力(kgf/cm^2)所引起的反应性变化值,通常用 α_p 表示,它是反应堆运行过程中一个重要参数。

9.2 外推法测量反应堆临界参数

临界问题是反应堆物理中最基本的问题,在反应堆设计阶段,有关人员就对临界质量、临界棒位等做过周密的计算,但新堆投入运行或三类堆开展物理试验时,为了反应堆的运行安全,一般还需要采用外推的方法测量反应堆的临界参数。这种试验是在有外中子源的情况下测量的,为此,本节将简要介绍外中子源源强的估算方法及外推方法测量临界参数的基本原理。

9.2.1 外加中子源源强的估算方法

启动中子源的作用是把反应堆达到临界以前较低的中子通量提高到足够高的起始水平,使源量程核测量仪器能以较好的统计特性测出此中子通量的水平。在反应堆启动时,中子通量增长的全过程将置于监督之下,确保安全启动。

一般压水堆堆芯中都装载有一次中子源和二次中子源,一次中子源主要有 Po-Be 中子源、Pu-Be 中子源和^{252}Cf 源,新堆启动主要靠此源,^{252}Cf 的半衰期为 2.52 年,Po-Be 中子源半衰期为 138 天。考虑到反应堆停堆后的再次启动,二次中子源(亦称光激中子源)常用的有 Sb-Be 中子源,Sb-Be 中子源是反应堆运行时在中子和 γ 作用下放出中子,反应堆运行的功率越高,时间越长,则 Sb-Be 中子源强越高。而当反应堆停堆后,Sb-Be 中子源强也要衰减,其半衰期为 60 天。停堆时间越长,则 Sb-Be 源的强度就越弱。

1. 一次中子源源强的估算

根据一次中子源的原理,一次中子源衰减服从指数规律:

$$Q_1(t) = Q_0 2^{(-t/T_{1/2})}$$

式中:$Q_1(t)$ 为一次中子源当前时刻源强(中子/秒);Q_0 为一次中子源初始时刻的源强;t 为子源衰变经历时间(天);$T_{1/2}$ 为中子源的半衰期(天)。

2. Sb-Be 中子源计算

根据 Sb-Be 源的基本原理,其强度计算公式:

$$S(T_i, T_2) = 3.61 \times 10^{-7} \phi \cdot X(1 - e^{-\lambda T_1}) e^{-\lambda T_2} r_2^3 \tag{9.1}$$

$$Q_{SB} = S \times L \tag{9.2}$$

式中:ϕ 为额定功率运行时的热中子通量密度;X 为额定功率的百分数;λ 为 Sb-Be 中子源的衰变常数,即 0.01156 天$^{-1}$;r_2 为中子源外半径(cm);T_1 为反应堆在某功率下运行时间(天);T_2 为反应堆停堆后的时间(天);L 为中子源总长度(cm);Q_{SB} 为 Sb-Be 源源强(中子/s)。

3. 堆内自发裂变中子源强计算

堆内各种自发裂变元素产生的自发裂变中子总源强由下式计算:

$$Q_\text{自} = V \times X_{UO_2} \sum_i \lambda_i \times N_i \times \nu_i \tag{9.3}$$

式中:$Q_\text{自}$ 为堆内自发裂变中子源强总强度(中子/s);V 为反应堆堆芯体积(cm^3);X_{UO_2} 为堆内 UO$_2$ 的体积比;λ_i 为第 i 种裂变元素的单位时间有发裂变的概率;N_i 为第 i 种裂变元素的平均核密度(核子数/cm^3);ν_i 为第 i 种元素每次裂变放出的中子数。

4. 总源强的计算

这样,任一时刻反应堆堆内总的外中子源源强可表示为:

$$Q_\text{总} = Q_{SB} + Q_\text{自} + Q_1$$

式中:$Q_\text{总}$ 为反应堆总中子源源强;Q_{SB} 为 Sb-Be 中子源源强;$Q_\text{自}$ 为自发裂变中子源源强;Q_1 为一次中子源源强。

9.2.2 外推法测量临界参数的基本原理

根据有外源情况下的次临界公式,堆芯内稳定的中子数目与 k_{eff} 有关,反应堆越接近于临界,即 k_{eff} 越接近 1,N 就越大,假设 S_0 为反应堆每代时间放出的中子数,则:$k_{eff1} = 0.9$ 时,$N_1 = 10S_0$;$k_{eff2} = 0.99$ 时,$N_2 = 100S_0$,当系统到达临界,k_{eff} 等于 1 时,中子数将无限地增大,也就是中子数的倒数趋于零。图 9.1 给出了中子数倒数 $1/N$ 与 k_{eff} 的关系。根据 k_{eff} 与 $1/N$

的关系,人们提出了外推法来测量反应堆的临界参数。

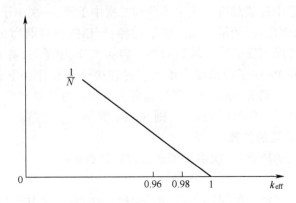

图 9.1　$1/N$ 与 k_{eff} 关系

根据有外源情况下的次临界公式,推出堆内初始的中子数为:

$$N_0 = \frac{S_0}{1 - k_{eff0}} \tag{9.4}$$

任一时刻的中子数为:

$$N = \frac{S_0}{1 - k_{eff}} \tag{9.5}$$

如果归一,则:

$$M = \frac{N}{N_0} \tag{9.6}$$

根据式(9.6)、式(9.5)和式(9.4)可得

$$M = \frac{1 - k_{eff0}}{1 - k_{eff}} \tag{9.7}$$

所以

$$k_{eff} = 1 - \frac{1 - k_{eff0}}{M}$$
$$= 1 - \frac{\Delta k_{eff0}}{M} \tag{9.8}$$

从式(9.8)可以看出 k_{eff} 与 $1/M$ 成线性关系,这样改变堆内 k_{eff} 时,可以测得不同的 $1/M$ 值,通过 $1/M$ 曲线外推可以预测反应堆的临界参数。对于主要采用控制棒改变反应性的船用反应堆,具体的办法是:根据运行规程,提棒至 h_1 时,得 $1/M_1$;再提棒至 h_2 时,得相应的 $1/M_2$,如果 Δk_{eff} 与 Δh 成正比,两点连成直线,外推与横坐标轴相交,交点 h_c 即为外推临界棒位,见图 9.2。

当然,理想的 $1/M$ 曲线是直线,但实际上 $1/M$ 曲线有可能是凹形,也可能是凸形,如图 9.3 所示。尽管两种情况,最后外推临界结果都归于 h_c,但对外推过程来讲,凹形走向较为安全。影响 $1/M$ 曲线的因素有中子源在堆芯内的位置与中子探测器(包括堆内、外)的位

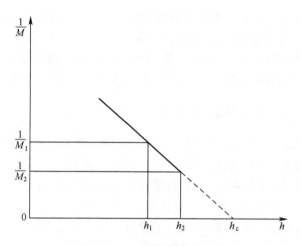

图 9.2 $1/M$ 与控制棒棒位

置。为了安全,在启动过程中,要求有至少两套独立的源量程中子计数系统是可运行的,否则将不能启动。实际上,对首次启动,往往还临时增添一套源量程中子计数系统,以增加其结果的可靠性。

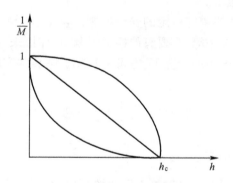

图 9.3 $1/M$ 外推曲线

实际启堆过程中,也可以根据中子计数率的增长水平判断反应堆接近临界的程度,表 9.1 中列出了已给出初始 k_{eff0} 情况下堆内中子水平不同翻番后的 k_{eff} 值。

表 9.1 反应堆启动过程中不同 M 下的 k_{eff} 值

中子计数率/番	M	k_{eff}	k_{eff}	k_{eff}
0	1	0.90000	0.92000	0.80000
1	2	0.95000	0.96000	0.90000
2	4	0.97500	0.98000	0.95000
3	8	0.98750	0.99000	0.97500
4	16	0.99375	0.99500	0.98750
5	32	0.99688	0.99750	0.99375
6	64	0.99844	0.99875	0.99688
7	128	0.99922	0.99938	0.99844

从表 9.1 可见，$k_{eff0}=0.9$，如果中子计数率翻了 6 番，即 $M=64$ 的情况下，k_{eff} 值已达到 0.99844 了，反应堆已经非常接近临界了。在完全重复临界时，往往不需要作 $1/M$ 外推，此时，可以仔细观察源量程中子计数率翻番来判断反应堆能否到达临界。压水堆启动过程中，判断反应堆能否到达临界的运行经验是源量程计数率能否翻 5~7 番。

9.2.3 外推临界安全的具体措施

在反应堆由次临界趋近临界的过程中，由于外推临界值的不准确性以及操作不当等原因，系统存在意外超临界的可能性，严重时就会危及反应堆的安全。为了保证临界安全，可以采取以下措施。首先，从制度上，必须有完善的操作规程和明确的试验大纲，在新堆的首次启动试验中，尤其要实行明确的岗位责任制，协调好反应堆物理试验人员和反应堆运行值班人员之间的关系；建立严格的规章制度，采用特别通行证，防止过多人员进入中央控制室和试验场地等等。其次，从设备上，必须保证至少要有两套独立的中子计数装置，以便相互校核并予监测。为了避免出现凸形的外推曲线（这种曲线的外推值偏大，不安全），中子探测器的位置要布置得当，使它探测到的中子，不是直接来自源中子，而是经过系统增殖后的裂变中子。同时，还必须具有至少两套独立的安全保护装置，以便在临界试验中发生意外时，能有效地迅速关闭反应堆。

从技术要求上，还应严格遵守一定的安全准则。例如，在趋近临界的过程中，每次的反应性添加量以及反应性添加率等，都要有严格的限制，具体说来，必须注意以下几点：

(1) 必须在引入外中子源的情况下，方可进行趋近临界的实验，以防止出现意外超临界事故时不能被及时觉察。

(2) 趋近临界过程中，每次添加量均按 $\frac{1}{3} \sim \frac{1}{2}$ 规律，即每次引入反应性添加量均取该次外推临界值所需最大添加量的 $\frac{1}{3} \sim \frac{1}{2}$。

(3) 启动过程中禁止同时提升两组不同的控制棒，并严格控制提棒速率，根据国际通用的安全标准，接近临界时的反应性添加速率不得超过 $2\times10^{-4}\text{s}^{-1}$。

(4) 只有反应堆很接近临界（如 $k_{eff}>0.996$）时，才允许点动控制棒直接由次临界向临界过渡。

(5) 短周期保护和功率保护系统投入工作，并经电模拟试验证明其性能完好。

9.3 堆芯中子通量密度的测量

测量堆芯内中子通量密度分布的目的在于监测堆芯功率分布，确定最佳提棒方案，提高允许运行功率，增加燃耗深度，这样既保证了堆芯的安全性，又提高了经济性，因此对反应堆的运行有重要的意义。

为了达到测量堆内中子通量密度分布的目的，就必须在堆内安装大量的中子探测器。从使用角度，对堆芯探测器的基本要求是：性能可靠、测量准确、寿命长、响应快、动态范围宽、尺寸小、结构牢固、对中子场的扰动小、能在高温和高辐照条件下工作等。

堆芯探测器的种类比较多,从目前看来,主要有以下几种类型:活化探测器,微型裂变室、热电偶探测器(包括中子温度计和温度计)、微波热中子探测器、契伦柯夫辐射探测器、半导体探测器、自给能探测器(即 PENA 探测器)等。本节只对其中常用的两种加以介绍,即:

(1)活化探测器。这种探测器的历史比较悠久,其优点是体积小、成本低、在空间上可进行连续测量,但缺点是不能在时间上进行连续测量。

(2)自给能探测器。这种探测器是最近几年才发展起来的新型探测器,它的优点是构造简单,对周围环境的适应性好,寿命也比较长,并能用在线计算机对数据进行及时处理,以提供反应堆控制所需的重要参数。它的缺点是时间响应还不够理想,灵敏度稍低,有待进一步研究和改进。

9.3.1 活化探测器

实验发现,很多稳定的同位素在俘获中子后就变成放射性同位素,这种现象叫做"激活"。激活产物的放射性称为激活放射性,或简称活性,其放射性活度与照射的中子通量密度成正比。因此,把这样一些物质做成探测片或探测丝,就成为一个活化探测器,将它放在反应堆内需要测量中子通量密度的地方去进行照射。经过一定时间的照射以后,将探测器取出来测量放射性活度,就可以测知该处的中子通量密度,这种测中子通量密度的方法就称为"激活法"或"活化法"。

从第 2 章中知道,很多元素对慢中子都能发生 (n,γ) 反应,即辐射俘获。当靶核吸收中子发生 (n,γ) 反应后,核中就多了一个中子,这种核通常是不稳定的,它总是自发地放出 β^- 粒子(同时放出反中微子 $\bar{\nu}$),以调整中子和质子的比例,使其符合稳定性要求。因此,激活产物几乎都是 β^- 放射性的,经过 β^- 衰变后的子核有时并未回到基态,而是处于激发态,当它向基态跃迁时,则放出 γ 射线将多余能量带走。因此,激活产物有时还具有 γ 放射性。由于 γ 射线的发射是在极短时间内(约 10^{-14}s)完成的,所以 γ 衰变与 β^- 衰变几乎是同时发生的(同质异能跃迁除外)。

例如,^{55}Mn 的 (n,γ) 反应生成 ^{56}Mn,^{56}Mn 就同时具有 β^- 和 γ 活性:

$$^{56}\text{Mn} \xrightarrow{2.587h} {}^{56}\text{Fe}^* + \beta^- + \bar{\nu}$$

$$^{56}\text{Fe}^* \longrightarrow {}^{56}\text{Fe} + \gamma$$

对于 ^{197}Au、^{164}Dy、^{115}In 等也具有完全类似的情况。

设探测物质的宏观吸收截面为 Σ_a,探测器体积为 V,它所在处的中子通量密度为 ϕ,则 $V\Sigma_a\phi$ 就是探测器每秒钟内俘获的中子总数,也就是每秒内被激活的原子核数。由于放射性原子核一方面因激活产生,另一方面又因自发衰变而消失,因此在任一时刻 t 放射性原子核的净生成率 dN/dt 等于产生率减去衰变率。即

$$\frac{dN(t)}{dt} = V\Sigma_a\phi - \lambda N(t) \tag{9.9}$$

式中:$N(t)$ 代表时刻探测器的放射性核数;λ 为衰变常数。

方程(9.9)在 $N(0)=0$ 的初始条件下的解为

$$N(t) = \frac{V\Sigma_a\phi}{\lambda}(1 - e^{-\lambda t}) \tag{9.10}$$

根据式(9.10),探测器在照射 t 秒后的活度 $J(t)$ 为

$$J(t) = \lambda N(t) = V\Sigma_a\phi(1 - e^{-\lambda t}) \tag{9.11}$$

令

$$J_H = \lim_{t \to \infty} J(t) = V\Sigma_a\phi \tag{9.12}$$

式中:J_H 为饱和活度。式(9.12)表明:探测器的饱和活度 J_H 与照射的中子通量密度 ϕ 成正比。

将式(9.12)代入式(9.11)则得:

$$J(t) = J_H(1 - e^{-\lambda t}) \tag{9.13}$$

根据式(9.13)可以给出活度与照射时间的关系曲线,如图 9.4 所示。一般认为当 $t>5/\lambda$ 时,活性就已达到饱和了。因此,达到饱和活度所需的照射时间与放射性核的半衰期有关:若半衰期短,所需照射时间就短;若半衰期长,所需照射时间也长。

设探测器的照射时间为 t_0,然后从反应堆内取出停止照射。

根据指数衰减规律,其活度将按指数衰减:

$$J(t_0, t) = J_H(1 - e^{-\lambda t_0})e^{-\lambda t} \tag{9.14}$$

式中:t 为停止照射后开始计算的时间,称为等候时间;$J(t_0, t)$ 表示照射时间为 t_0、等候时间为 t 的活度。

如果在等候时间 t_1 到 t_2 之间测量探测器的活度,则 $\Delta t = t_2 - t_1$ 称为测量时间。假定计数装置的探测效率为 ε,那么计数器测得的计数 C 应为

$$\begin{aligned}
C &= \varepsilon \int_{t_1}^{t_2} J(t_0, t) \mathrm{d}t \\
&= \varepsilon J_H(1 - e^{-\lambda t_0}) \int_{t_1}^{t_2} e^{-\lambda t} \mathrm{d}t \\
&= \frac{\varepsilon}{\lambda} J_H(1 - e^{-\lambda t_0})(e^{-\lambda t_1} - e^{-\lambda t_2}) \\
&= \frac{\varepsilon}{\lambda} J_H(1 - e^{-\lambda t_0}) e^{-\lambda t_1}(1 - e^{-\lambda \Delta t}) \\
&= \frac{\varepsilon}{\lambda} J(t_0, t_1)(1 - e^{-\lambda \Delta t})
\end{aligned} \tag{9.15}$$

如果测量时间 $\Delta t \ll 1/\lambda$,则式(9.15)的指数项还可以进一步简化,其最后结果是:

$$C = \Delta \varepsilon J(t_0, t_1) \Delta t \tag{9.16}$$

现将照射时间 t_0、等候时间 t_1、测量时间 Δt 各相应的活度绘于图 9.5 中,以加深理解。

测量堆内中子通量密度的探测物质,一般从以下几个方面进行挑选:

(1) 天然含量(即丰度)要高,并且容易取得,易于加工,具有良好的环境相容性。
(2) 激活产物的半衰期要合适,不宜太长或太短,一般在几小时到几天较好。
(3) 对 (n, γ) 反应截面的要求应根据工作条件而定。中子通量密度很低时,宜选用截面较大的元素;但在中子通量密度较高时,就要选用截面较小的元素了。

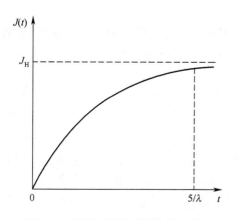

图 9.4 活度与照射时间的关系曲线

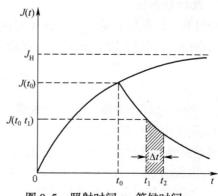

图 9.5 照射时间 t_0、等候时间 t_1、测量时间 Δt 各相应的活度

表 9.2 中列出了某些常用的探测物质特性,在反应堆物理测量中经常使用的探测物质是 ^{55}Mn、^{115}In、^{164}Dy、^{197}Au。

表 9.2 常用发射极材料的特性

发射极材料	丰度/%	σ_γ(0.0253eV) b	活化产物	半衰期	最大 β^- 能量 MeV
^{7}Li	92.5	0.037	^{8}Li	0.85s	13.1
^{27}Al	100	0.023	^{28}Al	2.243min	2.863
^{51}V	99.75	4.88	^{52}V	3.76min	2.545
^{55}Mn	100	13.3	^{56}Mn	2.587h	2.838
^{59}Co	100	17	^{60}Co	5.26a	0.313
		20	^{60m}Co	10.5min	1.545
^{103}Rh	100	139	^{104}Rh	43s	2.47
		11	^{104m}Rh	4.41min	0.52
^{109}Ag	48.18	89	^{110}Ag	24.57s	2.893
		4.5	^{110m}Ag	250.4d	1.47
^{115}In	95.72	45	^{116}In	14.2s	3.33
		65	^{116m}In	54.1min	1.026

必须指出,式(9.15)或式(9.16)给出的 C 是理论上应该测得的计数值,而实际上测得的计数值 $C' \neq C$,因此必须对 C' 进行某些修正,主要的修正如下。

1. 本底计数修正

如果不放任何照射样品时,计数器在单位时间内的计数(称为本底计数)为 B,因此必须从实际计数 C' 中扣除测量时间内的本底计数。即

$$C_1 = C' - B\Delta t \tag{9.17}$$

式中：C_1 为经过本底计数修正后的计数值。

2. 漏计数修正

任何脉冲计数装置都有一定的死时间 τ，在死时间 τ 内至多只能记录一个脉冲，如在这段时间内输入的脉冲不止一个，计数器就会漏计。漏计数的修正公式为

$$C_2 = \frac{C_1}{1 - C_1 \tau / \Delta t} \quad (9.18)$$

式中：C_2 为经过漏计数修正后的计数值。

3. 探测片（丝）非均匀修正

布置在堆内各处的探测片（丝）要求其几何物理性质完全相同，这从制造工艺上是很难办到的，因此必须进行非均匀修正。常常预先将各个探测片（丝）放在均匀中子场中进行照射，再在相同的测量条件下进行计数比较，定出各自的校正因子 k，然后才将它们装入堆内。因此非均匀修正可以表示为

$$C_3 = kC_2 \quad (9.19)$$

式中：C_3 为经过非均匀修正后的计数值。

从测量堆内中子通量密度的相对分布来说，进行以上三项修正已经足够。因此，令 $C_3 = C$，代入式（9.15）或式（9.16），即可测知堆内各处的相对 ϕ 值。其计算公式如下：

$$\phi \propto C_3 e^{\lambda t} \quad (9.20)$$

这里，假定测量条件都相同，仅保留了等候时间的差别。因为被测样品很多，通常只能进行分批测量，所以 t_1 是不完全相同的。

顺便指出，式（9.20）中测出的 ϕ 已将热中子通量密度和超热中子通量密度均包括在内，如果需要对中子能量的空间分布加以区别，例如只测量热中子通量密度的空间分布，可以采用"镉差法"。因为在动力堆芯的大部分区域内，中子能谱基本上是相同的（仅在反射层附近和反射层内有所差别），因此在实际测量中并无采用镉差法的必要。

9.3.2 自给能探测器

某些金属放入堆内受中子照射产生 β 放射性，这些 β 粒子向四面八方辐射，如果能将它们收集起来，即使不加外电压也会形成可观的电流，用这种原理制成的中子探测器由于不需要外电源供给能量，所以称为自给能探测器。

自给能探测器一般是圆筒形结构，如图 9.6 所示。中央电极为发射极，用 Rh、V 等金属材料做成，它能吸收中子而活化，产生 β 放射性，发射极接到同轴电缆的芯线上。外围电极（外壳）为收集极，用镍、不锈钢等金属材料做成，它们几乎不吸收中子，收集极接到同轴电缆的接地端。在两同心电极之间充填氧化铝（Al_2O_3）或氧化镁（MgO）等绝缘材料。当探测器放在中子场中照射时，β 射线便从发射极发射出来，通过两电极间的绝缘材料到达收集极，从而形成可观的电流。只要测出这个电流值就能求得照射的中子通量密度。

与式（9.14）的推导相仿，自给能探测器的输出电流公式为

$$I(t) = \varepsilon N \sigma \phi g (1 - e^{-\lambda t}) \quad (9.21)$$

式中：N 为发射极的总核数；σ 为发射极的活化截面；ϕ 为照射的中子通量密度；g 为发射极吸收一个中子放射的 β 射线所带的电荷；λ 为 β 放射性的衰变常数；ε 为探测器的效率（取

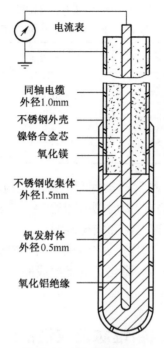

图 9.6 自给能探测器

决于几何条件、β 自吸收、中子自屏蔽和通量密度衰减等因素)。

由于发射极的原子核吸收中子不断地燃耗掉,因此 N 将随积分中子通量密度而指数衰减,即

$$N(t) = N_0 e^{-\sigma\phi t} \tag{9.22}$$

式中:N_0 为发射极总核数的初始值。常用发射极材料的特性参见表 9.2。

由于发射极与电缆均有噪声电流,因而影响测量精度。为了补偿噪声电流引入的测量误差,目前研制了一种双发射极性的自给能探测器。这种探测器的中央有两个并列的电极:一个是发射极,另一个是补偿发射极。发射极仍用铑、钒等材料;补偿发射极用钯、镍等材料做成,它们与发射极材料具有相近的原子序数(最好密度也相近),而活化截面与发射极材料相比则可以忽略。测量两个发射极输出电流的差值,就把发射极产生的噪声电流补偿了。由于两个发射极分别接在双芯电缆的芯线上,所以电缆的噪声电流也同时补偿了。采取了补偿措施后,提高了测量精度。表 9.3 列出了补偿发射极材料的特性,供参考。

表 9.3 补偿发射极材料的特性

补偿材料	丰度/%	σ_γ(0.0253eV) b	活化产物	半衰期	最大 β^- 能量 MeV
^{64}Ni	1.08	1.49	^{65}Ni	2.56h	2.139
^{108}Pd	26.71	12	^{109}Pd	13.47h	1.028
		0.2	^{109m}Pd	4.69min	—

注:用 V(密度为 $6.0×10^3$kg/m^3)作发射极时,则用 Ni(密度为 $8.9×10^3$kg/m^3)作补偿发射极;
　　用 Rh(密度为 $12.5×10^3$kg/m^3)作发射极时,则用 Pd(密度为 $12.2×10^3$kg/m^3)作补偿发射极

表9.4列出了几种自给能探测器的灵敏度和燃耗量。

表9.4 自给能探测器的灵敏度和燃耗量

发射极材料	$^{51}_{23}V$	$^{59}_{27}Co$	$^{103}_{45}Rh$
灵敏度（A/单位通量/m）	7.7×10^{-25}	1.7×10^{-25}	1.2×10^{-23}
每月燃耗量（在10^{18}中子/$(m^2 \cdot s)$照射下）	0.12%	0.35%	3.9%

以上所述均为"延迟型探测器"，这类探测器时间响应不够快，主要用于稳态中子通量密度精确测量。目前正在研制的有"瞬时型探测器"和"自给能γ探测器"，这类探测器由于时间响应快，可用于反应堆的快速控制和安全监测。

自给能探测器具有很多独特的优点，它体积小（目前已能做到外径ϕ为1mm），结构简单，易于制造，并且不需用外接电源，简化了电子学线路，因此是最有前途的堆芯探测器，目前世界各国正在大力研制发展中。

9.4 堆芯反应性的测量

反应性表征了反应堆偏离临界的程度，其符号和大小反映了堆芯内中子通量密度变化趋势和快慢，是表征反应堆堆芯物理特性的一个重要物理量，堆芯内很多物理特性参量也都用反应性表示，如：停堆深度、"卡棒"次临界度、控制棒的积分价值，控制棒微分价值、堆芯等温湿度系数、压力系数、中毒反应性等，因此反应性的准确测量非常重要。

根据被测反应性的大小，堆芯反应性测量的原理和方法也不相同，对于大反应性的测量，主要采用落棒法；对于小反应性的测量，主要采用模拟机动态跟踪法和周期法。

9.4.1 周期法测量反应性

周期法的基本思想是测出稳定周期T_0，再通过倒时方程求出反应性ρ。实际应用中为了方便起见，常将反应性ρ与稳定周期T_0事先制成表格或绘成曲线，刻棒时测出稳定周期T_0，直接查表（或查曲线）就可立即得到控制棒的效率。制作$\rho \sim T_0$表格并不困难，在倒时方程式(7.43)中代入不同的T_0值便可得到对应的ρ值，填入事先准备好的表格中就可以了，见附录4。

必须指出，周期法由于它的基本原理和实施方法限定只能用于测量小的反应性。

设棒的被刻高度分别为$z_1, z_2, \cdots, z_n$，见图9.7。

用周期法刻度z_1处的微分效率方法如下：首先，将被刻棒置于高度z_1处，选择调节棒的位置，使堆功率按较长的稳定周期（40~50s）上升。由$\rho \sim T_0$表中查得反应性为ρ_i。随之使调节棒位置固定不变，将其他任何一组提升到顶的控制棒逐步下插到底（这样的棒称为"过渡棒"），使反应堆处于次临界状态。然后，将被刻棒提升至一个适当的微小高度$\Delta z_i = z_{i+1} - z_i$，再将过渡棒提升到顶，以完成由次临界向超临界过渡，这时堆功率将按较短的稳定周期

(例如 20~30s)上升,查得反应性为 ρ_{i+1},则 $\Delta\rho=\rho_{i+1}-\rho_i$ 便是被刻棒的 Δz_i 段的反应性当量,故得该段棒的微分效率为 $\alpha_i=\dfrac{\Delta\rho_i}{\Delta z_i}$。测完后下插过渡棒使反应堆处于次临界。若改变被刻棒的初始位置,重复上述测量,便得所有各段棒的微分价值。

稳定周期 T_0 的测量可以利用线性功率表。当反应性扰动引入后,经过约 1min 左右,反应堆内瞬变过程结束,表头指示便以稳定周期指数上升,每隔一段时间间隔(例如每隔 5s)读一次表头指示数,然后在半对数坐标纸上作图,将各次测点连接成一条直线,选出线性最好的一部分用来确定稳定周期 T_0。如图 9.8 所示,所确定的稳定周期 $T_0=20s$。

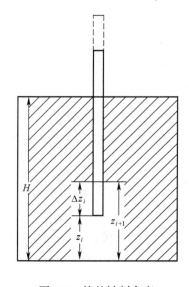

图 9.7 棒的被刻高度

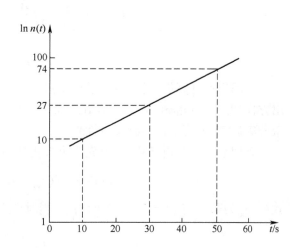

图 9.8 确定稳定周期 T_0

确定稳定周期 T_0 也可以不用作图,不过精度稍微差些,这就是测量倍增周期法。

中子密度增加一倍所需要的时间,叫做倍增周期,用 T_d 表示,T_d 可用秒表直接测出。由简单的换算可知,T_0 与 T_d 关系如下:

$$T_0=\dfrac{T_d}{\ln 2}=1.443 T_d \tag{9.23}$$

如上例,测得 $T_d=13.9s$,则 $T_0=20s$。

周期法的主要优点是设备简单,准确可靠,不受中子探测器位置的影响,测量精度一般可达 2%~3%。它主要用于刻度棒的微分价值。周期法的缺点是测量时间长,只适于在零功率工况下测量小的正反应性,不适于作棒的积分价值刻度。

9.4.2 动态跟踪法测量反应性

点堆动态方程的通常解法,是根据引入的反应性值求中子通量密度的响应曲线。现在反向进行,即根据中子通量密度的响应求引入的反应性大小,这种方法称为逆动态法。为此,重写点堆动态方程(不计外源项)如下:

$$\frac{\mathrm{d}n(t)}{\mathrm{d}t} - \sum_{i=1}^{M} \lambda_i c_i(t) = \frac{\beta}{\Lambda}\left(\frac{\rho}{\beta} - 1\right) n(t) \tag{9.24}$$

$$\frac{\mathrm{d}c_i(t)}{\mathrm{d}t} + \lambda_i c_i(t) = \frac{\beta_i}{\Lambda} n(t) \tag{9.25}$$

令

$$x_i(t) = \frac{\Lambda}{\beta} c_i(t) \tag{9.26}$$

$$\alpha_i = \frac{\beta_i}{\Lambda}, \$ = \frac{\rho}{\beta} \tag{9.27}$$

利用式(9.26)、式(9.27),可将式(9.24)和式(9.25)改写如下:

$$|\$| = 1 + \frac{1}{n(t)}\left[\frac{\Lambda}{\beta}\frac{\mathrm{d}n}{\mathrm{d}t} - \sum_i \lambda_i x_i(t)\right] \tag{9.28}$$

$$\frac{\mathrm{d}c_i}{\mathrm{d}t} + \lambda_i c_i(t) = \alpha_i n(t) \tag{9.29}$$

若用模拟计算机解算,由中子探测器输出的信号 $n(t)$,直接送到计算机输入端,就可解出方程(9.29)的解 $c(t)$($i = 1 \sim 6$),再将信号 $c_i(t)$ 和 $n(t)$ 按式(9.28)要求的进行求和与微分等运算,就可求得待测反应性$。

若用数字计算机计算,则要先解出方程(9.29)的形式解:

$$c_i(t) = \mathrm{e}^{-\lambda_i t}\left(c_{i0} + \alpha_i \int_0^t n(t')\mathrm{e}^{\lambda_i t'}\mathrm{d}t'\right) \tag{9.30}$$

式中:c_{i0} 为落棒前($t = 0$) $c_i(t)$ 的初值,当时反应堆处于稳定运行状态,根据式(9.29)应有:

$$c_{i0} = \frac{\alpha_i}{\lambda_i} n_0 \tag{9.31}$$

其中,n_0 为落棒前的稳定中子密度。将式(9.31)代入式(9.30)后变成:

$$c_i(t) = \alpha_i\left(\frac{n_0}{\lambda_i}\mathrm{e}^{-\lambda_i t} + \int_0^t n(t')\mathrm{e}^{-\lambda_i(t-t')}\mathrm{d}t'\right) \tag{9.32}$$

再将式(9.32)代入式(9.28)最后得到:

$$\$ = 1 + \frac{1}{n(t)}\left[\frac{\Lambda}{\beta}\frac{\mathrm{d}n}{\mathrm{d}t} - \sum_i \alpha_i\left(n_0 \mathrm{e}^{-\lambda_i t} + \lambda_i \int_0^t n(t')\mathrm{e}^{-\lambda_i(t-t')}\mathrm{d}t'\right)\right] \tag{9.33}$$

将中子探测器测得的信号,输入到数字计算机,按式(9.33)的要求进行微分和积分等运算,就可求得待测反应性$。

根据以上讨论不难看出,逆动态法不仅可以用于刻棒、测量阶跃反应性,也可以测量某些参数变化引入的瞬时反应性。目前,已有按逆动态法求解反应性的专用计算机用来在线测定,这样就能及时发现意外引入的反应性,以便迅速采取措施,保证反应堆运行的安全。

9.4.3 落棒法测量反应性

落棒法是控制棒刻度中广泛采用的测量方法,也是目前船用核反应堆对于大反应性测量(如控制棒的积分价值、停堆深度)采用的主要方法。以刻度控制棒的全价值为例,其基本步骤如下:首先,将被刻棒提至堆顶,把堆开到一定功率运行,运行一定时间后,测出稳定

运行时的中子密度 n_0；然后将被刻棒迅速落入堆底，相当于在堆内引入一阶跃的负反应性，这时中子密度 n 便随时间而衰减，测出 $n(t)$ 随 t 的变化规律，就可求得被测的反应性当量 ρ，即被刻棒的全价值。根据对 $n(t)$ 曲线的分析方法不同，落棒法又可分为"微分法""积分法"和"逆动态法"等三种。下面主要介绍微分法。

当被刻棒迅速下落后，中子密度 $n(t)$ 随时间的变化大致可分为两个阶段：第一阶段为瞬时跳变阶段，主要是瞬发中子起作用；第二阶段为缓慢变化阶段，主要是缓发中子起作用。在瞬时跳变阶段，可以认为缓发中子先驱核的密度保持不变，即 $c_i = c_{i0}$，于是点堆动态方程可以写成

$$\frac{\mathrm{d}n(t)}{\mathrm{d}t} = \frac{\rho - \beta}{\Lambda}n(t) + \sum_i \lambda_i c_{i0} \tag{9.34}$$

因为落棒前反应堆处于临界状态，这时 $\rho = 0$，$\Lambda = l_0/k$，$n = n_0$，$c_i = c_{i0}$，$\mathrm{d}n/\mathrm{d}t = 0$，根据平衡关系应有：

$$\sum_i \lambda_i c_{i0} = \frac{\beta}{\Lambda}n_0 \tag{9.35}$$

将式(9.35)代入式(9.34)，则瞬时跳变动态方程变为

$$\frac{\mathrm{d}n(t)}{\mathrm{d}t} + \frac{\beta - \rho}{\Lambda}n(t) = \frac{\beta}{\Lambda}n_0 \tag{9.36}$$

这是一个一阶线性常系数微分方程，它在初始条件 $n(t) = n_0$ 时的解是：

$$n(t) = n_0 \exp\left(-\frac{\beta-\rho}{\Lambda}t\right) + \frac{\beta(1-\rho)}{\beta - \rho}n_0\left(\left(1 - \exp\left(-\frac{\beta-\rho}{\Lambda}t\right)\right)\right) \tag{9.37}$$

注意，现在 $\rho = -\rho_H$，上式中的两个负指数项衰减得很快。对于压水堆，落棒后零点几秒内指数项就迅速消失，于是式(9.37)中的 $n(t)$ 立即跃变到 n_ρ：

$$n(t) \to n_\rho = \frac{\beta(1-\rho)}{\beta - \rho}n_0 \tag{9.38}$$

上式表明：阶跃反应性引入堆内后，中子密度（或通量密度）迅速跳变到 $\beta(1-\rho)/(\beta-\rho)$ 倍。因此，如果测得落棒后中子水平跳变的倍数，就可以根据式(9.38)求得 ρ 值，这就是微分法的基本思想。

因为 $\rho \ll 1$，所以式(9.38)可以简化为

$$\frac{n_\rho}{n_0} \approx \frac{\beta}{\beta - \rho} = \frac{1}{1 - \$} \tag{9.39}$$

其中，$\$$ 表示以"元"为单位的反应性。从式(9.39)解出 $\$$：

$$\$ = \frac{\rho}{\beta} \tag{9.40}$$

$$\$ = 1 - \frac{n_0}{n_\rho} \tag{9.41}$$

用微分刻棒法的实施方法如下：将中子探测器给出的中子信号输入到记录仪器（如笔录仪、$X \to Y$ 记录仪等）。落棒前保持堆功率稳定，使缓发中子进入平衡，打开记录仪，记下初始中子水平 n_0。然后切除周期保护系统（否则一落棒可能会造成周期保护系统误动作），

使被刻棒迅速落入堆底,记录仪便自动画出落棒曲线来,如图 9.10 所示,将 $n(t^*)$ 的缓发曲线部分外推到 $t=0$(见图 9.9);求得 n_ρ 值,则被刻棒的全价值(以"元"为单位)为

$$\frac{\rho_H}{\beta} = |S| = \frac{n_0}{n_\rho} - 1 \tag{9.42}$$

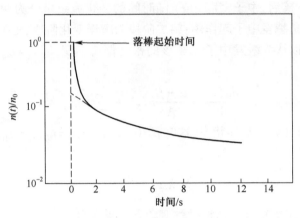

图 9.9 落棒曲线

由于外推时具有一定的随意性,很不容易推准,因此此法误差较大。一种较好的方法是:测出落棒后某一时刻 t^* 的中子水平 $n(t^*)$,求出比值 $n(t^*)/n_0$。根据所用堆型,将动态方程组对不同的负阶跃输入进行求解,预先作出一套换算后的响应曲线备用,见图 9.10。

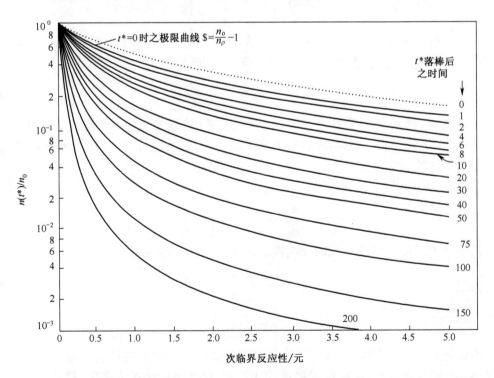

图 9.10 换算后的响应曲线(此曲线 $l_0 = 10^{-4}$ s, $\beta = 0.0065$,适用于压水堆)

根据落棒后的时间 t^* 以及相应的 $n(t^*)/n_0$ 值,由曲线就可以查出引入堆内的阶跃反应性 $|\$|$,从而直接给出被刻棒的全价值 ρ_H(当被刻棒从堆顶落棒时)或积分价值 ρ_z(当被刻棒从高度 z 处落棒时),通常测出一组数据再求平均,以减小测量误差。

习 题

1. 试根据点堆动态方程推导反应堆的次临界公式。

2. 某反应堆停堆深度为 -0.079,燃耗初期,冷启动时按最佳提棒程序开堆,试估算临界棒位是多少?(控制棒均按 1200mm 上线性处理,并设:$\beta = 0.0075$,$\rho_{C_1} = 5.53\beta$,$\rho_{F_1} = 5.16\beta$,$\rho_{F_2} = 2.99\beta$,$\rho_{E_1} = 4.76\beta$,反应堆提棒顺序 $C_1 \uparrow 600mm$,F_1 到顶、F_2 到顶、$E_1 \uparrow$。

3. 某堆有 2 种中子源,Po-Be 源和 Sb-Be 源,新装堆时 Po-Be 源的初始源强为 1.5×10^8 中子/s,现距出厂时间 690 天(半衰期为 138 天),现已知 Sb-Be 源源强为 2.3×10^6 中子/s,试估算此次开堆前的中子源强。

4. 在提棒外推临界过程中,于某一时刻读得反应堆的源区中子计数为 300,先将某一组控制棒提升 0.12m 后,中子计数增长到 500,若该棒组的微分价值曲线刚好是线性的,试预测该组控制棒再提升多少反应堆方能临界?

5. 在启动反应堆时,反应性增加 0.005 后,堆芯中子密度增加到原来的 3 倍,试分析反应堆的次临界度是多少?

6. 某反应堆调节棒位于 0.8m 高度时,反应堆的周期为 30s,而当位于高度 0.7m 时,反应堆的周期为 50s,试分析此区域内调节棒组的微分价值,并估算反应堆的临界棒位。

7. 简述外推临界法的基本原理。

8. 简述周期法刻度控制棒的基本原理。

附录1 核常数表及转换因子表

Ⅰ.各种物理常数

阿伏伽德罗数,N_A	$6.022142 \times 10^{23} \mathrm{mol}^{-1}$
玻耳兹曼常数,k	$1.38065 \times 10^{-23} \mathrm{J/K}$ $0.86173 \times 10^{-4} \mathrm{eV/K}$
电子静止质量,m_e	$9.109382 \times 10^{-31} \mathrm{kg}$ $0.51100 \mathrm{MeV}$
基本电荷,e	$1.602176 \times 10^{-19} \mathrm{C}$
中子静止质量,m_a	$1.674927 \times 10^{-27} \mathrm{kg}$ $939.5654 \mathrm{MeV}$
普朗克常数,h	$6.626069 \times 10^{-34} \mathrm{J \cdot s}$
质子静止质量,m_p	$1.67262 \times 10^{-27} \mathrm{kg}$ $938.2716 \mathrm{MeV}$
光速,c	$2.99792458 \times 10^8 \mathrm{m/s}$

Ⅱ.一些有用的转换因子

1eV	$1.602176 \times 10^{-19} \mathrm{J}$
1MeV	$10^6 \mathrm{eV}$
1u	$1.6605387 \times 10^{-27} \mathrm{kg}$
1W	1J/S
1d	86400s
1平均年	365.25d 8766h $3.156 \times 10^7 \mathrm{s}$
1Ci	$3.7000 \times 10^{10} \mathrm{Bq}$
1工程大气压	$9.807 \times 10^4 \mathrm{Pa}$
1马力	735.5W

部分数据摘自 P.J.Mohr,B.N.Taylor,J.Phys.chem.Ref.Data28,1713(1999)。

附录2 核素基本参数及微观截面

原子序数	质量数	核素符号	微观截面(中子动能为0.0253eV的数值)		
			散射	俘获	裂变
1	1	H	3.010E+1	3.320E-1	
1	2	H	4.240E+0	5.057E-4	
1	3	H	1.940E+0		
2	3	He	3.860E+0	5.499E-5	
2	4	He	8.640E-1		
3	6	Li	7.780E-1	3.850E-2	
3	7	Li	1.040E+0	4.540E-2	
4	7	Be	2.040E+1		
4	9	Be	6.500E+0	1.003E-2	
5	10	B	2.290E+0	4.999E-1	
5	11	B	5.060E+0	5.500E-3	
6	—	C	4.940E+0	3.860E-3	
7	14	N	1.030E+1	7.499E-2	
7	15	N	4.570E+0	2.401E-5	
8	16	O	3.970E+0	1.900E-4	
8	17	O	3.850E+0	3.829E-3	
9	19	F	3.740E+0	9.578E-3	
11	22	Na	7.420E+1	2.521E+2	
11	23	Na	3.390E+0	5.280E-1	
12	24	Mg	3.830E+0	5.029E-2	
12	25	Mg	2.650E+0	1.904E-1	
12	26	Mg	2.890E+0	3.831E-2	
13	27	Al	1.450E+0	2.335E-1	
14	28	Si	1.990E+0	1.691E-1	
14	29	Si	2.630E+0	1.200E-1	
14	30	Si	2.500E+0	1.071E-1	
15	31	P	4.170E+0	1.694E-1	

（续）

原子序数	质量数	核素符号	微观截面(中子动能为0.0253eV的数值)		
			散射	俘获	裂变
16	32	S	9.790E−1	5.282E−1	
16	33	S	2.890E+0	3.501E−1	
16	34	S	2.110E+0	2.236E−1	
16	36	S	2.220E+0	1.505E−1	
17	35	Cl	2.100E+1	4.361E+1	
17	37	Cl	1.150E+0	4.331E−1	
18	36	Ar	7.460E+1	5.045E+0	
18	38	Ar	8.940E+0	8.018E−1	
18	40	Ar	6.550E−1	6.602E−1	
19	39	K	2.090E+0	2.127E+0	
19	40	K	2.790E+0	3.001E+1	
19	41	K	2.600E+0	1.461E+0	
20	40	Ca	3.060E+0	4.076E−1	
20	42	Ca	1.240E+0	6.831E−1	
20	43	Ca	4.210E+0	1.166E+1	
20	44	Ca	3.360E+0	8.886E−1	
20	46	Ca	2.970E+0	7.404E−1	
20	48	Ca	3.760E+0	1.093E+0	
21	45	Sc	2.240E+1	2.716E+1	
22	46	Ti	2.730E+0	5.897E−1	
22	47	Ti	3.270E+0	1.626E+0	
22	48	Ti	4.040E+0	8.318E+0	
22	49	Ti	5.460E−1	1.863E+0	
22	50	Ti	3.760E+0	1.795E−1	
23	50	V	7.700E+0	4.468E+1	
23	51	V	4.970E+0	4.919E+0	
24	50	Cr	2.420E+0	1.540E+1	
24	52	Cr	3.080E+0	8.561E−1	
24	53	Cr	7.900E+0	1.809E+1	
24	54	Cr	2.540E+0	4.112E−1	
25	55	Mn	2.120E+0	1.328E+1	
26	54	Fe	2.200E+0	2.252E+0	

(续)

原子序数	质量数	核素符号	微观截面(中子动能为0.0253eV的数值)		
			散射	俘获	裂变
26	56	Fe	1.220E+1	2.589E+0	
26	57	Fe	2.620E+0	2.427E+0	
26	58	Fe	3.130E+0	1.150E+0	
27	58	Co	7.210E+1	1.856E+3	
27	58m	Co	7.060E+3	1.009E+5	
27	59	Co	6.030E+0	3.718E+1	
28	58	Ni	2.500E+1	4.227E+0	
28	59	Ni	2.350E+0	8.077E+1	
28	60	Ni	1.100E+0	2.401E+0	
28	61	Ni	8.800E+0	2.509E+0	
28	62	Ni	9.720E+0	1.491E+1	
28	64	Ni	2.830E-1	1.480E+0	
29	63	Cu	5.140E+0	4.470E+0	
29	65	Cu	1.390E+1	2.149E+0	
30	64	Zn	3.930E+0	7.875E-1	
30	65	Zn		6.403E+1	
30	66	Zn	4.940E+0	6.180E-1	
30	67	Zn	2.110E+0	7.472E+0	
30	68	Zn	4.550E+0	1.066E+0	
30	70	Zn	4.340E+0	9.174E-2	
31	69	Ga	8.130E+0	1.731E+0	
31	71	Ga	5.280E+0	4.731E+0	
32	70	Ge	1.390E+1	3.053E+0	
32	72	Ge	8.930E+0	8.859E-1	
32	73	Ge	4.810E+0	1.471E+1	
32	74	Ge	7.220E+0	5.190E-1	
32	76	Ge	8.420E+0	1.547E-1	
33	74	As	5.190E+0	1.168E+1	
33	75	As	5.470E+0	4.502E+0	
34	74	Se	7.320E+0	5.182E+1	
34	76	Se	1.850E+1	8.502E+1	
34	77	Se	8.490E+0	4.201E+1	

(续)

原子序数	质量数	核素符号	微观截面(中子动能为0.0253eV的数值)		
			散射	俘获	裂变
34	78	Se	8.450E+0	4.301E-1	
34	79	Se		5.002E+1	
34	80	Se	6.990E+0	6.102E-1	
34	82	Se	5.030E+0	4.442E-2	
35	79	Br	3.290E+0	1.100E+1	
35	81	Br	5.790E+0	2.365E+0	
36	78	Kr	8.660E+0	6.356E+0	
36	80	Kr	7.340E+0	1.150E+1	
36	82	Kr	1.480E+1	1.917E+1	
36	83	Kr	1.350E+1	1.982E+2	
36	84	Kr	3.740E+0	1.100E-1	
36	85	Kr	6.350E+0	1.663E+0	
36	86	Kr	5.470E+0	8.782E-4	
37	85	Rb	6.290E+0	4.936E-1	
37	86	Rb	4.240E+0	1.563E+0	
37	87	Rb	4.380E+0	1.200E-1	
38	84	Sr	5.490E+0	8.222E-1	
38	86	Sr	2.800E+0	1.006E+0	
38	87	Sr	6.940E+0	1.601E+1	
38	88	Sr	7.300E+0	8.688E-3	
38	89	Sr		4.202E-1	
38	90	Sr		1.501E-2	
39	89	Y	7.730E+0	1.279E+0	
39	90	Y	9.610E+0	3.301E+0	
39	91	Y		1.401E+0	
40	90	Zr	5.530E+0	9.976E-3	
40	91	Zr	9.910E+0	1.216E+0	
40	92	Zr	7.150E+0	2.292E-1	
40	93	Zr	5.800E+0	6.951E-1	
40	94	Zr	8.660E+0	4.988E-2	
40	95	Zr		1.201E+0	
40	96	Zr	5.740E+0	2.285E-2	

(续)

原子序数	质量数	核素符号	微观截面(中子动能为0.0253eV 的数值)		
			散射	俘获	裂变
41	93	Nb	6.370E+0	1.156E+0	
41	94	Nb	6.490E+0	1.577E+1	
41	95	Nb		7.003E+0	
42	92	Mo	6.040E+0	7.989E−2	
42	94	Mo	5.860E+0	3.404E−1	
42	95	Mo	6.130E+0	1.340E+1	
42	96	Mo	4.750E+0	5.956E−1	
42	97	Mo	6.690E+0	2.197E+0	
42	98	Mo	5.670E+0	1.300E−1	
42	99	Mo		8.004E+0	
42	100	Mo	5.330E+0	1.991E−1	
43	99	Tc	5.750E+0	2.001E+1	
44	96	Ru		2.901E−1	
44	98	Ru		8.004E+0	
44	99	Ru	3.700E+0	7.312E+0	
44	100	Ru	9.470E+0	5.792E+0	
44	101	Ru	5.610E+0	5.226E+0	
44	102	Ru	8.550E+0	1.270E+0	
44	103	Ru	5.060E+0	1.172E+0	
44	104	Ru	5.260E+0	4.716E−1	
44	105	Ru	4.090E+0	3.867E−1	
44	106	Ru		1.461E−1	
45	103	Rh	4.340E+0	1.421E+2	
45	105	Rh	9.030E+3	1.583E+4	
46	102	Pd	6.010E+0	1.822E+0	
46	104	Pd	4.800E+0	6.488E−1	
46	105	Pd	7.360E+0	2.088E+1	
46	106	Pd	4.630E+0	3.083E−1	
46	107	Pd	3.330E+0	2.008E+0	
46	108	Pd	2.440E+0	8.481E+0	
46	110	Pd	5.690E+0	2.291E−1	
47	107	Ag	7.370E+0	3.761E+1	

(续)

原子序数	质量数	核素符号	微观截面(中子动能为0.0253eV的数值)		
			散射	俘获	裂变
47	109	Ag	2.520E+0	9.026E+1	
47	110	Ag	6.360E+0	8.233E+1	
47	111	Ag	5.380E+0	2.999E+0	
48	106	Cd	4.560E+0	9.859E-1	
48	108	Cd	3.350E+0	9.060E-1	
48	110	Cd	4.250E+0	1.100E+1	
48	111	Cd	5.620E+0	6.868E+0	
48	112	Cd	5.100E+0	2.199E+0	
48	113	Cd	2.470E+1	1.996E+4	
48	114	Cd	5.710E+0	3.055E-1	
48	115	Cd	4.940E+0	5.002E+0	
48	116	Cd	4.960E+0	7.618E-2	
49	113	In	3.680E+0	1.213E+1	
49	115	In	2.520E+0	2.023E+2	
50	112	Sn	4.450E+0	8.503E-1	
50	113	Sn	4.320E+0	8.869E+0	
50	114	Sn	4.570E+0	1.253E-1	
50	115	Sn	9.090E+0	5.802E+1	
50	116	Sn	4.320E+0	1.277E-1	
50	117	Sn	5.330E+0	1.071E+0	
50	118	Sn	4.680E+0	2.198E-1	
50	119	Sn	5.010E+0	2.175E+0	
50	120	Sn	5.640E+0	1.396E-1	
50	122	Sn	4.460E+0	1.461E-1	
50	123	Sn		3.001E+0	
50	124	Sn	4.810E+0	1.338E-1	
50	125	Sn	4.310E+0	1.503E-1	
50	126	Sn		9.004E-2	
51	121	Sb	4.040E+0	5.773E+0	
51	123	Sb	3.690E+0	3.875E+0	
51	124	Sb		1.741E+1	
51	125	Sb		5.002E+0	

(续)

原子序数	质量数	核素符号	微观截面(中子动能为0.0253eV的数值)		
			散射	俘获	裂变
51	126	Sb	3.890E+0	1.300E+1	
52	120	Te		2.341E+0	
52	122	Te	1.720E+0	3.273E+0	
52	123	Te	7.250E−1	4.183E+2	
52	124	Te	7.180E+0	6.325E+0	
52	125	Te	3.280E+0	1.287E+0	
52	126	Te	3.930E+0	4.423E−1	
52	127	Te		3.381E+3	
52	128	Te	4.410E+0	2.000E−1	
52	129	Te		1.601E+3	
52	130	Te	4.610E+0	1.952E−1	
52	132	Te	5.350E+0	1.249E−1	
53	127	I	3.730E+0	6.146E+0	
53	129	I	1.030E+1	3.041E+1	
53	130	I	3.220E+0	1.745E+1	
53	131	I		8.003E+1	
53	135	I	1.020E+1	8.003E+1	
54	123	Xe	1.160E+1	8.256E+1	
54	124	Xe	1.310E−1	1.502E+2	
54	126	Xe	5.060E+0	3.487E+0	
54	128	Xe	6.860E+0	5.192E+0	
54	129	Xe	3.570E+0	2.101E+1	
54	130	Xe	6.260E+0	4.779E+0	
54	131	Xe	1.190E+0	9.003E+1	
54	132	Xe	3.770E+0	4.507E−1	
54	133	Xe		1.901E+2	
54	134	Xe	4.520E+0	2.649E−1	
54	135	Xe	3.000E+5	2.665E+6	
54	136	Xe	8.250E+0	2.607E−1	
55	133	Cs	3.990E+0	2.906E+1	
55	134	Cs	2.270E+1	1.397E+2	
55	135	Cs	6.380E+0	8.663E+0	

(续)

原子序数	质量数	核素符号	微观截面(中子动能为0.0253eV 的数值)		
			散射	俘获	裂变
55	136	Cs		1.301E+1	
55	137	Cs		2.501E-1	
56	130	Ba	9.940E-1	8.680E+0	
56	132	Ba	7.860E+0	6.531E+0	
56	133	Ba	2.460E+0	2.814E+0	
56	134	Ba	5.220E+0	1.504E+0	
56	135	Ba	2.750E+0	5.872E+0	
56	136	Ba	3.010E+0	6.796E-1	
56	137	Ba	6.240E+0	3.597E+0	
56	138	Ba	4.080E+0	4.035E-1	
56	140	Ba	1.890E+0	1.595E+0	
57	138	La	1.300E+1	5.710E+1	
57	139	La	1.020E+1	9.042E+0	
57	140	La	1.980E+0	2.704E+0	
58	136	Ce	4.190E+0	7.458E+0	
58	138	Ce	2.600E+0	1.037E+0	
58	139	Ce	2.940E+1	5.001E+2	
58	140	Ce	3.620E+0	5.775E-1	
58	141	Ce	7.030E+0	2.901E+1	
58	142	Ce	2.860E+0	9.650E-1	
58	143	Ce	8.100E+0	6.003E+0	
58	144	Ce		1.000E+0	
59	141	Pr	2.720E+0	1.151E+1	
59	142	Pr	3.210E+0	2.001E+1	
59	143	Pr	3.210E+1	8.989E+1	
60	142	Nd	7.960E+0	1.870E+1	
60	143	Nd	8.040E+1	3.252E+2	
60	144	Nd	1.450E+0	3.595E+0	
60	145	Nd	1.670E+1	4.200E+1	
60	146	Nd	1.030E+1	1.490E+0	
60	147	Nd	1.120E+2	4.407E+2	
60	148	Nd	4.400E+0	2.585E+0	

（续）

原子序数	质量数	核素符号	微观截面(中子动能为0.0253eV的数值)		
			散射	俘获	裂变
60	150	Nd	4.630E+0	1.041E+0	
61	147	Pm	2.100E+1	1.677E+2	
61	148m	Pm	2.390E+1	1.067E+4	
61	148	Pm		2.001E+3	
61	149	Pm		1.401E+3	
61	151	Pm	5.670E+0	1.501E+2	
62	144	Sm	2.750E+0	1.631E+0	
62	147	Sm	7.190E+0	5.700E+1	
62	148	Sm	4.470E+0	2.401E+0	
62	149	Sm	1.860E+2	4.051E+4	
62	150	Sm	2.280E+1	1.000E+2	
62	151	Sm	6.130E+1	1.514E+4	
62	152	Sm	3.110E+0	2.060E+2	
62	153	Sm	4.090E+0	4.202E+2	
62	154	Sm	1.080E+1	8.325E+0	
63	151	Eu	4.710E+0	9.185E+3	
63	152	Eu	2.340E+1	1.280E+4	
63	153	Eu	9.140E+0	3.580E+2	
63	154	Eu	5.230E+0	1.353E+3	
63	155	Eu	6.600E+0	3.761E+3	
63	156	Eu		1.000E+2	
63	157	Eu	6.470E+0	1.108E+2	
64	152	Gd	3.020E+2	7.351E+2	
64	153	Gd	1.950E+1	2.232E+4	
64	154	Gd	5.740E+0	8.521E+1	
64	155	Gd	6.060E+1	6.074E+4	
64	156	Gd	4.900E+0	1.795E+0	
64	157	Gd	1.000E+3	2.529E+5	
64	158	Gd	5.660E+0	2.203E+0	
64	159	Gd			
64	160	Gd	9.380E+0	1.410E+0	
65	159	Tb	6.950E+0	2.336E+1	

(续)

原子序数	质量数	核素符号	微观截面(中子动能为0.0253eV的数值)		
			散射	俘获	裂变
65	160	Tb	3.970E+0	3.339E+2	
66	156	Dy	4.090E+0	3.306E+1	
66	158	Dy	6.530E+0	4.308E+1	
66	160	Dy	5.720E+0	5.600E+1	
66	161	Dy	1.750E+1	6.002E+2	
66	162	Dy	1.700E-1	1.940E+2	
66	163	Dy	3.280E+0	1.234E+2	
66	164	Dy	3.280E+2	2.654E+3	
67	165	Ho	8.830E+0	6.470E+1	
67	166m	Ho	3.990E+0	3.609E+3	
68	162	Er	8.030E+0	1.892E+1	
68	164	Er	9.130E+0	1.296E+1	
68	166	Er	1.430E+1	1.688E+1	
68	167	Er	2.460E+0	6.498E+2	
68	168	Er	9.660E+0	2.742E+0	
68	170	Er	1.170E+1	8.853E+0	
69	168	Tm	1.940E+1	1.359E+2	
69	169	Tm	6.980E+0	1.050E+2	
69	170	Tm	5.470E+0	1.705E+1	
71	175	Lu	6.440E+0	2.308E+1	
71	176	Lu	2.520E+0	2.097E+3	
72	174	Hf	4.810E+1	5.495E+2	
72	176	Hf	5.560E+0	2.138E+1	
72	177	Hf	2.120E-1	3.737E+2	
72	178	Hf	6.610E+0	8.395E+1	
72	179	Hf	6.780E+0	4.280E+1	
72	180	Hf	2.240E+1	1.307E+1	
73	180	Ta	8.800E+1	7.912E+2	
73	181	Ta	6.170E+0	2.113E+1	
73	182	Ta	3.120E+1	8.288E+3	
74	180	W	9.990E+0	2.966E+1	
74	182	W	8.870E+0	2.072E+1	

(续)

原子序数	质量数	核素符号	微观截面(中子动能为0.0253eV的数值)		
			散射	俘获	裂变
74	183	W	2.390E+0	1.012E+1	
74	184	W	7.370E+0	1.502E+0	
74	186	W	8.550E-2	3.809E+1	
75	185	Re	8.890E+0	1.122E+2	
75	187	Re	9.960E+0	7.671E+1	
77	191	Ir	1.440E+1	9.545E+2	
77	193	Ir	1.310E+1	1.112E+2	
79	197	Au	7.930E+0	9.870E+1	
80	196	Hg	1.100E+2	3.079E+3	
80	198	Hg	1.280E+1	1.986E+0	
80	199	Hg	6.670E+1	2.150E+3	
80	200	Hg	1.460E+1	1.443E+0	
80	201	Hg	1.380E+1	4.904E+0	
80	202	Hg	1.460E+1	4.955E+0	
80	204	Hg	2.950E+1	4.316E-1	
81	203	Tl	9.300E+0	1.141E+1	
81	205	Tl	9.250E+0	1.305E-1	
82	204	Pb	1.120E+1	6.609E-1	
82	206	Pb	1.130E+1	2.979E-2	
82	207	Pb	1.080E+1	7.122E-1	
82	208	Pb	1.140E+1	2.321E-4	
83	209	Bi	9.320E+0	3.381E-2	
88	223	Ra	1.240E+1	1.301E+2	7.003E-1
88	224	Ra	1.250E+1	1.200E+1	
88	225	Ra	1.240E+1	1.000E+2	
88	226	Ra	9.820E+0	1.279E+1	7.002E-6
89	225	Ac	1.260E+1	4.002E+1	5.003E-4
89	226	Ac	1.260E+1	1.000E+3	2.001E+0
89	227	Ac	1.250E+1	8.003E+2	1.000E-4
90	227	Th	1.250E+1	4.052E+2	2.021E+2
90	228	Th	3.130E+1	1.229E+2	1.501E-1
90	229	Th	1.040E+1	7.056E+1	3.092E+1

(续)

原子序数	质量数	核素符号	微观截面(中子动能为0.0253eV 的数值)		
			散射	俘获	裂变
90	230	Th	1.040E+1	2.341E+1	9.494E-3
90	231	Th	1.200E+1	1.631E+3	4.001E+1
90	232	Th	1.300E+1	7.338E+0	
90	233	Th	1.200E+1	1.291E+3	1.501E+1
90	234	Th	1.190E+1	1.801E+0	5.002E-3
91	229	Pa	1.180E+1	3.999E+2	1.000E+0
91	230	Pa	1.200E+1	3.801E+2	1.500E+3
91	231	Pa	1.120E+1	2.007E+2	1.500E+3
91	232	Pa	2.390E+1	5.890E+2	1.487E+3
91	233	Pa	1.240E+1	4.252E+1	
92	230	U	1.180E+1	2.001E+2	2.501E+1
92	231	U	1.170E+1	2.001E+1	2.501E+2
92	232	U	1.080E+1	7.539E+1	7.652E+1
92	233	U	1.220E+1	4.526E+1	5.314E+2
92	234	U	1.730E+1	1.009E+2	6.710E-2
92	235	U	1.510E+1	9.869E+1	5.850E+2
92	236	U	8.840E+0	5.134E+0	4.711E-2
92	237	U	2.440E+1	4.523E+2	1.702E+0
92	238	U	9.300E+0	2.683E+0	1.680E-5
92	239	U	1.090E+1	2.233E+1	1.425E+1
92	240	U	7.680E+0	1.917E+1	1.079E-3
92	241	U	9.150E+0	4.761E+2	4.165E-1
93	234	Np	1.140E+1	1.101E+2	2.001E+3
93	235	Np	1.130E+1	1.551E+2	5.302E+1
93	236	Np	9.660E+0	1.213E+2	2.808E+3
93	237	Np	1.590E+1	1.754E+2	2.037E-2
93	238	Np	1.230E+1	4.795E+2	2.202E+3
93	239	Np	1.100E+1	4.501E+1	2.801E-2
94	236	Pu	9.200E+0	2.756E+1	1.400E+2
94	237	Pu	1.110E+1	2.001E+2	2.296E+3
94	238	Pu	1.550E+2	4.129E+2	1.777E+1
94	239	Pu	7.990E+0	2.707E+2	7.479E+2

(续)

原子序数	质量数	核素符号	微观截面(中子动能为0.0253eV的数值)		
			散射	俘获	裂变
94	240	Pu	9.510E-1	2.876E+2	6.405E-2
94	241	Pu	1.130E+1	3.630E+2	1.012E+3
94	242	Pu	8.720E+0	2.127E+1	1.382E-2
94	243	Pu	1.980E+1	8.813E+1	1.814E+2
94	244	Pu	1.040E+1	1.710E+0	1.715E-3
94	246	Pu	1.090E+1	8.003E+1	3.201E-3
95	240	Am	1.130E+1	2.801E+2	1.500E+3
95	241	Am	1.180E+1	6.843E+2	3.122E+0
95	242	Am	5.270E+0	1.231E+3	6.400E+3
95	242	Am	7.680E+0	2.190E+2	2.095E+3
95	243	Am	7.880E+0	8.042E+1	8.134E-2
95	244	Am	1.170E+1	4.001E+2	1.601E+3
95	244	Am	1.170E+1	6.002E+2	2.301E+3
96	240	Cm	1.090E+1	5.001E+1	3.001E+1
96	241	Cm	1.060E+1	2.000E+2	1.000E+3
96	242	Cm	1.260E+1	1.913E+1	4.665E+0
96	243	Cm	8.850E+0	1.314E+2	5.873E+2
96	244	Cm	1.240E+1	1.524E+1	1.022E+0
96	245	Cm	1.030E+1	3.470E+2	2.054E+3
96	246	Cm	9.220E+0	1.179E+0	4.401E-2
96	247	Cm	8.350E+0	5.993E+1	9.474E+1
96	248	Cm	6.990E+0	2.872E+0	3.366E-1
96	249	Cm	9.920E+0	1.601E+0	1.000E+1
96	250	Cm	1.090E+1	8.133E+1	2.137E-2
97	245	Bk	1.030E+1	1.000E+3	2.902E+0
97	246	Bk	1.020E+1	7.001E+2	1.801E+3
97	247	Bk	1.010E+1	1.000E+3	3.702E+0
97	248	Bk	1.010E+1	8.601E+2	2.001E+3
97	249	Bk	3.940E+0	7.110E+2	3.970E+0
97	250	Bk	9.720E+0	7.805E+2	9.805E+2
98	246	Cf	1.060E+1	1.701E+3	1.401E+3
98	248	Cf	1.060E+1	1.700E+3	7.002E+2

(续)

原子序数	质量数	核素符号	微观截面(中子动能为0.0253eV 的数值)		
			散射	俘获	裂变
98	249	Cf	6.250E+0	5.065E+2	1.673E+3
98	250	Cf	2.250E+0	2.018E+3	1.120E+2
98	251	Cf	8.940E+0	2.864E+3	4.939E+3
98	252	Cf	1.110E+1	2.071E+1	3.303E+1
98	253	Cf	1.050E+1	2.000E+1	1.301E+3
98	254	Cf	1.070E+1	4.502E+0	2.001E+0
99	251	Es	9.920E+0	2.001E+2	4.303E+1
99	252	Es	1.030E+1	2.001E+2	2.001E+3
99	253	Es	7.130E+0	1.839E+2	2.502E+0
99	254	Es	9.420E+0	2.501E+2	2.001E+3
99	254	Es	1.020E+1	2.831E+1	2.129E+3
99	255	Es	9.320E+0	5.500E+1	5.004E-1
100	255	Fm	9.320E+0	2.701E+2	3.362E+3
取自 ENDF/B-Ⅶ.1,质量数为--表示为天然核素,相应数值为天然同位素的平均值					

附录3 贝塞尔函数

1. 贝塞尔函数

贝塞尔方程为

$$x^2 f'' + xf' + (x^2 - n^2)f = 0 \tag{附3.1}$$

若 n 为整数或零,它的两个解为

$$f(x) = \begin{cases} J_n(x) \\ Y_n(x) \end{cases} \tag{附3.2}$$

$$J_n(x) = \sum_{k=0}^{\infty} \frac{(-1)^k}{\Gamma(k+1)\Gamma(k+n+1)} \left(\frac{x}{2}\right)^{n+2k} \tag{附3.3}$$

$$Y_n(x) = \frac{J_n(x)\cos(n\pi) - J_n(x)}{\sin(n\pi)} \tag{附3.4}$$

函数 $J_n(x)$ 和 $Y_n(x)$ 分别称为第一类和第二类贝塞尔函数。

2. 修正贝塞尔函数

修正贝塞尔方程为

$$x^2 f'' + xf' + (x^2 - n^2)f = 0 \tag{附3.5}$$

若 n 为整数或零,它的两个解为

$$f(x) = \begin{cases} I_n(x) \\ K_n(x) \end{cases} \tag{附3.6}$$

其中

$$I_n(x) = i^{-n} J_n(ix) = i^n J_n(-ix) \tag{附3.7}$$

$$K_n(x) = \frac{\pi}{2} i^{n+1} [J_n(ix) + iY_n(ix)] \tag{附3.8}$$

函数 $I_n(x)$ 和 $K_n(x)$ 分别称为第一类和第二类修正贝塞尔函数。

3. 递推关系式及微分、积分关系式

$$xJ'_n = nJ_n - xJ_{n+1} = -nJ_n + xJ_{n-1} \tag{附3.9}$$

$$2nJ_n = xJ_{n-1} + xJ_{n+1} \tag{附3.10}$$

$$xI'_n = nI_n + xI_{n+1} = -nI_n + xI_{n-1} \tag{附3.11}$$

$$xK'_n = nK_n - xK_{n+1} = -nK_n - xK_{n-1} \tag{附3.12}$$

$$J'_0 = -J_1, Y'_0 = -Y_1 \tag{附3.13}$$

$$I'_0 = I_1, K'_0 = -K_1 \tag{附3.14}$$

$$\int x^n J_{n-1}(x)\,\mathrm{d}x = x^n J_n \tag{附3.15}$$

$$\int x^n Y_{n-1}(x)\,\mathrm{d}x = x^n Y_n \tag{附3.16}$$

$$\int x^n I_{n-1}(x)\,\mathrm{d}x = x^n I_n \tag{附3.17}$$

$$\int x^n K_{n-1}(x)\,\mathrm{d}x = -x^n K_n \tag{附3.18}$$

4. 近似表达式

对于小的 x 值

$$J_0(x) = 1 - \frac{x^2}{4} + \frac{x^4}{64} - \frac{x^6}{384} + \cdots \tag{附3.19}$$

$$J_1(x) = \frac{x}{2} - \frac{x^3}{16} + \frac{x^6}{384} + \cdots \tag{附3.20}$$

$$Y_0(x) = \frac{2}{\pi}\left[\left(\gamma + \ln\frac{x}{2}\right)J_0(x) + \frac{x^2}{4} + \cdots\right], \gamma = 0.577216 \tag{附3.21}$$

$$Y_1(x) = \frac{2}{\pi}\left[\left(\gamma + \ln\frac{x}{2}\right)J_1(x) - \frac{1}{x} - \frac{x}{4} + \cdots\right] \tag{附3.22}$$

$$I_0(x) = 1 + \frac{x^2}{4} + \frac{x^4}{64} + \frac{x^6}{2304} + \cdots \tag{附3.23}$$

$$I_1(x) = \frac{x}{2} + \frac{x^2}{16} + \frac{x^5}{384} + \cdots \tag{附3.24}$$

$$K_0(x) = -\left(\gamma + \ln\frac{x}{2}\right)I_0(x) + \frac{x^2}{4} + \frac{3x^4}{128} + \cdots \tag{附3.25}$$

$$K_1(x) = \left(\gamma + \ln\frac{x}{2}\right)I_1(x) + \frac{1}{x} - \frac{x}{4} - \frac{5x^3}{64} + \cdots \tag{附3.26}$$

对于大的 x 值

$$I_0(x) = \frac{\mathrm{e}^x}{\sqrt{2\pi x}}\left(1 + \frac{1}{8x} + \cdots\right) \tag{附3.27}$$

$$I_1(x) = \frac{\mathrm{e}^x}{\sqrt{2\pi x}}\left(1 - \frac{3}{8x} + \cdots\right) \tag{附3.28}$$

$$K_0(x) = \sqrt{\frac{\pi}{2x}}\,\mathrm{e}^{-x}\left(1 - \frac{1}{8x} + \cdots\right) \tag{附3.29}$$

$$K_1(x) = \sqrt{\frac{\pi}{2x}}\,\mathrm{e}^{-x}\left(1 + \frac{3}{8x} + \cdots\right) \tag{附3.30}$$

$$\frac{I_1(x)}{I_0(x)} \approx 1 - \frac{1}{2x} - \frac{1}{8x^2} \tag{附3.31}$$

$$\frac{K_1(x)}{K_0(x)} \approx 1 + \frac{1}{2x} - \frac{1}{8x^2} \tag{附3.32}$$

附录4 反应性-周期($\rho \sim T_0$)关系表

根据 $\rho = \dfrac{l_0}{T_0 + l_0} + \dfrac{T_0}{T_0 + l_0} \sum\limits_{i} \dfrac{\beta_i}{1 + \lambda_i T_0}$ 公式,制作反应性—周期关系表,其中 l_0 取 10^{-4},λ_i, β_i 取教材中 6 组缓发中子数据。

T_0/s	ρ	T_0/s	ρ	T_0/s	ρ
1	0.005181	34	0.001337	76	0.000774
2	0.004456	36	0.001290	78	0.000759
3	0.003986	38	0.001247	80	0.000747
4	0.003641	40	0.001207	82	0.000731
5	0.003371	42	0.001169	84	0.000718
6	0.003151	44	0.001134	86	0.000705
7	0.002967	46	0.001101	88	0.000693
8	0.002809	48	0.001071	90	0.000681
9	0.002672	50	0.001041	92	0.000670
10	0.002552	52	0.001014	94	0.000659
12	0.002348	54	0.000988	96	0.000648
14	0.002181	56	0.000964	98	0.000638
16	0.002041	58	0.000940	100	0.000628
18	0.001921	60	0.000918	102	0.000618
20	0.001816	62	0.000897	104	0.000609
22	0.001724	64	0.000877	106	0.000600
24	0.001642	66	0.000858	108	0.000591
26	0.001569	68	0.000839	110	0.000582
28	0.001503	70	0.000822	112	0.000574
30	0.001443	72	0.000805	115	0.000562
32	0.001387	74	0.000789	119	0.000547

参考文献

[1] 张法邦. 核反应堆运行物理[M]. 北京:原子能出版社,2000.
[2] 谢仲生,吴宏春,张少泓. 核反应堆物理分析(修订本)[M]. 西安:西安交通大学出版社,2004.
[3] 赵新文,陈力生,蔡琦,等. 舰艇核动力一回路装置[M]. 北京:海潮出版社,2001.
[4] 张大发. 船用核反应堆运行管理[M]. 哈尔滨:哈尔滨工程大学出版社,2010.
[5] 蔡章生. 核动力反应堆中子动力学[M]. 北京:国防工业出版社,2005.
[6] 黄祖洽. 核反应堆动力学基础[M]. 北京:北京大学出版社,2007.
[7] 谢仲生,张育曼,张建民,等. 核反应堆物理数值计算[M]. 北京:原子能出版社,1997.
[8] 谢仲生. 压水堆核电厂堆芯燃料管理计算及优化[M]. 北京:原子能出版社,2001.
[9] 罗璋琳,史永谦,潘泽飞. 实验反应堆物理导论[M]. 哈尔滨:哈尔滨工程大学出版社,2011.
[10] 丁大钊,叶春堂,赵志祥,等. 中子物理学——原理、方法与应用[M]. 北京:原子能出版社,2005.
[11] 胡济民. 核裂变物理学[M]. 北京:北京大学出版社,1995.
[12] 曹欣荣. 核反应堆物理基础[M]. 哈尔滨:哈尔滨工程大学出版社,2011.
[13] GJB 843.18-94,压水型反应堆核设计准则,1994.
[14] 陈雄月. 核动力工程中的反应堆物理实验[M]. 北京:原子能出版社,2013.
[15] 卢希庭. 原子核物理[M]. 北京:原子能出版社,2000.
[16] 郭江. 原子及原子核物理[M]. 北京:科学出版社,2014.